计算机科学前沿丛书·十讲系列

互联网技术
十讲

主　编　苏金树　赵宝康

副主编　王兴伟　徐明伟　程　光

参　编　董德尊　何　倩　阳　旺　张圣林

机械工业出版社
CHINA MACHINE PRESS

互联网技术作为在计算机技术的基础上开发的一种信息技术，已得到普遍应用，改变着人们生活、工作、学习的方式，在其几十年间的迅速发展过程中，出现了多种不同的形态，也随之诞生了诸多经典理论、方法和技术。本书邀请了相关领域的 9 位资深专家学者，基于各自多年的科研成果，分别从 10 个方面系统化介绍互联网技术的前沿进展和最新趋势，包括互联网体系结构、网络路由技术、网络服务云化等，为互联网技术的学习者、研究者、从业者提供帮助。

本书可作为高等院校互联网相关专业以及其他相近专业的高年级本科生、研究生的教科书，也可以作为高校教师和互联网技术从业人员的参考书。

图书在版编目（CIP）数据

互联网技术十讲／苏金树，赵宝康主编 . —北京：机械工业出版社，2022. 11
（计算机科学前沿丛书 . 十讲系列）
ISBN 978-7-111-72056-0

Ⅰ. ①互… Ⅱ. ①苏… ②赵… Ⅲ. ①互联网络–基本知识 Ⅳ. ①TP393.4

中国版本图书馆 CIP 数据核字（2022）第 212531 号

机械工业出版社（北京市百万庄大街 22 号 邮政编码 100037）
策划编辑：梁 伟 责任编辑：梁 伟 游 静
责任校对：李 杉 张 薇 责任印制：常天培
北京铭成印刷有限公司印刷
2023 年 9 月第 1 版第 1 次印刷
186mm×240mm · 24 印张 · 406 千字
标准书号：ISBN 978-7-111-72056-0
定价：89.00 元

电话服务 网络服务
客服电话：010-88361066 机 工 官 网：www.cmpbook.com
010-88379833 机 工 官 博：weibo.com/cmp1952
010-68326294 金 书 网：www.golden-book.com
封底无防伪标均为盗版 机工教育服务网：www.cmpedu.com

党的十八大以来，我国把科教兴国战略、人才强国战略和创新驱动发展战略放在国家发展的核心位置。当前，我国正处于建设创新型国家和世界科技强国的关键时期，亟需加快前沿科技发展，加速高层次创新型人才培养。党的二十大报告首次将科技、教育、人才专门作为一个专题，强调科技是第一生产力、人才是第一资源、创新是第一动力。只有"教育优先发展、科技自立自强、人才引领驱动"，才能做到高质量发展，全面建成社会主义现代化强国，实现第二个百年奋斗目标。

研究生教育作为最高层次的人才教育，在我国高质量发展过程中将起到越来越重要的作用，是国家发展、社会进步的重要基石。但是，相对于本科教育，研究生教育非常缺少优秀的教材和参考书；而且由于科学前沿发展变化很快，研究生教育类图书的撰写也极具挑战性。为此，2021年，中国计算机学会（CCF）策划并成立了计算机科学前沿丛书编委会，汇集了十余位来自重点高校、科研院所的计算机领域不同研究方向的著名学者，致力于面向计算机科学前沿，把握学科发展趋势，以"计算机科学前沿丛书"为载体，以研究生和相关领域的科技工作者为主要对象，全面介绍计算机领域的前沿思想、前沿理论、前沿研究方向和前沿发展趋势，为培养具有创新精神和创新能力的高素质人才贡献力量。

计算机科学前沿丛书将站在国家战略高度，着眼于当下，放眼于未来，服务国家战略需求，笃行致远，力争满足国家对科技发展和人才培养提出的新要求，持续为培育时代需要的创新型人才、完善人才培养体系而努力。

郑纬民

中国工程院院士
清华大学教授
2022年10月

由于读者群体稳定，经济效益好，大学教材是各大出版社的必争之地。出版一套计算机本科专业教材，对于提升中国计算机学会（CCF）在教育领域的影响力，无疑是很有意义的一件事情。我作为时任 CCF 教育工作委员会主任，也很心动。因为 CCF 常务理事会给教育工作委员会的定位就是提升 CCF 在教育领域的影响力。为此，我们创立了未来计算机教育峰会（FCES），推动各专业委员会成立了教育工作组，编撰了《计算机科学与技术专业培养方案编制指南》并入校试点实施，等等。出版教材无疑也是提升影响力的最重要途径之一。

在进一步的调研中我们发现，面向本科生的教材"多如牛毛"，面向研究生的教材可谓"凤毛麟角"。随着全国研究生教育大会的召开，研究生教育必定会加速改革。这其中，提高研究生的培养质量是核心内容。计算机学科的研究生大多是通过阅读顶会、顶刊论文的模式来了解学科前沿的，学生容易"只见树木不见森林"。即使发表了顶会、顶刊论文，也对整个领域知之甚少。因此，各个学科方向的导师都希望有一本领域前沿的高级科普书，能让研究生新生快速了解某个学科方向的核心基础和发展前沿，迅速开展科研工作。当我们将这一想法与专业委员会教育工作组组长们交流时，大家都表示想法很好，会积极支持。于是，我们决定依托 CCF 的众多专业委员会，编写面向研究生新生的专业入门读物。

受著名的斯普林格出版社的 *Lecture Notes* 系列图书的启发，我们取名"十讲"系列。这个名字有很大的想象空间。首先，定义了这套书的风格，是由一个个的讲义构成。每讲之间有一定的独立性，但是整体上又覆盖了某个学科领域的主要方向。这样方便专业委员会去组织多位专家一起撰写。其次，每本书都按照十讲去组织，书的厚度有一个大致的平衡。最后，还希望作者能配套提供对应的演讲 PPT 和视频（真正的讲座），这样便于书籍的推广。

"十讲"系列具有如下特点。第一，内容具有前沿性。作者都是各个专业委员会中活跃在科研一线的专家，能将本领域的前沿内容介绍给学生。第二，文字具有科普性。

定位于初入门的研究生，虽然内容是前沿的，但是描述会考虑易理解性，不涉及太多的公式定理。第三，形式具有可扩展性。一方面可以很容易扩展到新的学科领域去，形成第 2 辑、第 3 辑；另一方面，每隔几年就可以进行一次更新和改版，形成第 2 版、第 3 版。这样，"十讲"系列就可以不断地出版下去。

祝愿"十讲"系列成为我国计算机研究生教育的一个品牌，成为出版社的一个品牌，也成为中国计算机学会的一个品牌。

中国人民大学教授

2022 年 6 月

　　经过 50 多年的迅猛发展与广泛应用，互联网已经成为人类社会的重要基础设施、推动数字经济发展的重要引擎和影响世界的重要力量，在促进国民经济发展、提升资源配置效率、加快产业优化升级、丰富群众日常生活、加强社会治理、提供公共服务等方面发挥了重要作用。随着网络强国战略的部署和实施，我国的互联网基础设施规模、网络用户数量、网络覆盖普及程度、互联网产业融合和应用创新能力已居于世界前列，有力支撑了经济社会高质量发展，在满足人民日益增长的美好生活需求方面作用显著。

　　互联网核心技术是互联网关键基础设施构建与互联网产业应用的核心和关键，也是创新最活跃、应用最广泛的现代技术创新领域之一。首先，蓬勃发展的网络应用对互联网核心技术有着迫切需求，无论是以电商网购、直播、短视频、即时通信、搜索引擎、社交网络等为代表的典型互联网应用，还是以"互联网+"赋能的工业制造、智慧农业、智慧教育、智慧医疗、电子政务等为代表的行业互联网融合应用，都离不开互联网体系结构、路由传输、网络服务、网络安全等互联网核心技术，都迫切需要在互联网核心技术上进行攻关和突破。与此同时，信息技术跨代发展也对互联网核心技术提出了迫切需求，特别是算力网络、卫星互联网、工业互联网、超大规模云数据中心、元宇宙等新模式、新业态使得互联网核心技术发展面临严峻挑战，亟需在新体系结构、新算法、新机制、新协议等方面取得创新和突破。因此，通过阅读本书，深入了解互联网最新技术进展、掌握互联网核心技术并在实践中灵活创新应用，对于互联网领域的学生、从业人员、教学人员、研发人员、管理人员等均有着极为重要的意义。

适读人群

　　首先，本书可作为高等院校计算机科学与技术、网络工程、物联网、网络空间安全、软件工程等专业的高年级本科生和研究生学习互联网技术的教科书，适用于课堂讲授、案例学习、班级研讨等课程形式，学生可通过阅读本书并围绕特定主题开展研讨，打下深入学习和开展科研的基础；其次，本书可作为高等院校上述专业的教师开设计算机网络相关必修课或选修课的教材、教辅用书、课程补充材料等，教师可根据所在专业的培养目标和研究方向，给学生指定本书特定章节进行阅读并开展研讨；最后，本书可作为互联网和网络通信、网络空间安全领域从业人员的技术指导类书籍，帮助他们针对政府、企事业单位，特别是网络安全与信息化管理部门、互联网公司、运营商等的网络需求开展互联网业务创新和关键技术攻关，大规模网络及分布式系统的设计、构建、运维与优化等工作。

本书特点

本书第 1 讲从互联网体系结构入手，介绍新型网络体系结构的前沿问题、基础理论、发展历程和最新进展。第 2~8 讲对互联网核心技术的最新研究进展进行介绍，包括路由、多路径传输、拥塞控制、测量分析、智能运维、网络功能虚拟化和服务云化等。第 9~10 讲介绍互联网与产业融合发展的前沿研究，重点针对工业互联网和卫星互联网两大热点技术进行深入剖析。每一讲内容相对保持独立，自成体系，又共同构成有机整体。在聚焦互联网核心技术的同时，本书突出前沿热点和产业应用，对关键技术的讲解均围绕数据中心、网络直播、网络安全、云网融合等前沿研究热点展开，方便读者理解和应用。

内容结构

第 1 讲介绍互联网体系结构，对新型互联网体系结构面临的问题与挑战、发展历程进行介绍，并对 AI、元宇宙等智能时代的互联网体系结构的发展途径进行展望。第 2 讲介绍网络路由技术，在介绍路由技术发展历程和当前互联网主流路由协议的同时，重点介绍了新兴的数据中心路由技术和以 SRv6 为代表的分段路由技术。第 3 讲面向移动互联网多路径传输优化问题，深入介绍了最新的 MPTCP 和 MPQUIC 技术，这些技术是当前网络直播、Web 3.0 等领域的研究热点。第 4 讲面向数据中心网络传输优化问题，对近 8 年来直接影响数据中心性能的新型拥塞控制协议优化机制进行了深度剖析，这一优化机制对于互联网公司提升电商、直播、搜索、社交媒体等互联网业务的质量以及用户体验有着至关重要的作用。第 5 讲介绍加密网络测量分析技术，随着 Web 等加密流量占比超过 90%，对加密流量的测量分析已成为互联网安全监测、行为分析和性能优化的必备技术。第 6 讲介绍数据中心智能运维，对海量服务器和网络设备构成的数据中心进行故障诊断、异常检测和根由分析等运行维护，是大规模云计算数据中心面临的重要研究问题。第 7 讲介绍网络功能虚拟化，这是 5G 时代云计算和网络融合共生的发展趋势，也是目前云网协同和算网融合时代的热点研究问题。第 8 讲介绍网络服务云化，深入讲解了计算、网络、存储融合条件下网络关键服务的云化关键技术。第 9 讲介绍工业互联网技术，探讨将互联网与先进制造业技术相结合所需的体系、平台、标识、安全等关键技术。第 10 讲介绍卫星互联网技术，探讨赋能 6G 时代"陆海空天"一体化泛在组网的卫星互联网技术，从互联网关键技术角度深入介绍卫星互联网协议体系发展现状与趋势。

授课教师注意事项

对采纳本书作为教材或课程参考书的授课教师来说，建议按照所讲授课程的需要，对第 1~10 讲进行个性化的章节筛选和次序编排。

编写团队

本书由中国计算机学会（CCF）互联网专业委员会（以下简称专委会）组织编写，召集了九位资深委员共同参与。国防科技大学的苏金树教授和赵宝康副教授担任主编，东北大学的王兴伟教授、清华大学的徐明伟教授、东南大学的程光教授担任副主编，参编人员包括国防科技大学的董德尊教授、桂林电子科技大学的何倩教授、中南大学的阳旺副教授、南开大学的张圣林副教授。他们对本书的内容结构进行规划，召集在各个研究主题上有深厚积累的专委会委员参与到本书的编写工作中。这些学者长期从事互联网领域的学术研究和教学工作，承担了一系列与互联网密切相关的科研项目，在互联网顶级期刊（如 *ACM/IEEE Transactions on Networking*）和国际会议（如 ACM SIGCOMM 等）上担任学术职务，多年来积累了丰富的科研成果和教学经验，在国内外均有较高的学术知名度。需要说明的是，除了这些学者本人，其所在团队中的刘宇靖等年轻教授和博士生也参与了各讲的撰写工作，在此一并表示感谢。

本书从 2021 年 9 月开始规划；2021 年 10 月获得 CCF 教育工作委员会批准立项；2021 年 12 月形成了全书的详细目录和样章并听取了 CCF 组织的评审专家的意见；2022

年 4 月完成全书初稿；2022 年 6 月开始，经过数轮校对修改，最终形成了目前所见的书稿。

致谢

感谢中国计算机学会教育工作委员会、机械工业出版社对本书的编写和出版的大力支持！

编　者

2022 年 6 月

**第 4 讲　数信双平面与收发端到端深度协同的
拥塞控制技术**

第 5 讲　加密网络测量分析技术

第 6 讲　数据中心智能运维

第 7 讲　网络功能虚拟化

第 8 讲　网络服务云化

第 9 讲 工业互联网技术

第 10 讲　卫星互联网技术

第 1 讲
新型互联网体系结构技术

以 TCP/IP 网络体系结构为基础的互联网从 1983 年开始逐步成熟，并成为 20 世纪最伟大的发明之一。伴随着网络体系结构模型逐渐成熟并快速发展，相关网络技术也得到了蓬勃发展，网络规模和应用数量都飞速增长，逐渐出现了可扩展性、安全性、可控性等一系列问题。

1996 年以来，学术界和产业界一直在探索新一代或者下一代互联网，相关技术的发展谱系如图 1-1 所示，横轴为技术出现或标志性 RFC 标准制定的时间，纵轴为技术主要涵盖的网络体系结构层次。

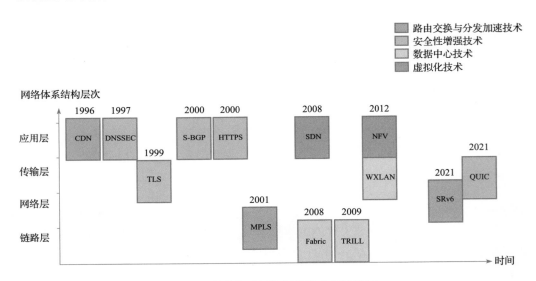

图 1-1 网络体系结构相关技术发展谱系

以政府、学术界或工业界发起的重要项目为代表，从时间上，新一代互联网技术发展可分为以下 4 个阶段。

第一阶段是由美国政府于 1996 年发起的 NGI（Next Generation Internet）项目和由 100 多所美国大学联合推广的 Internet2 项目。

第二阶段是美国国家科学基金会于 2005 年启动的 FIND（Future Internet Design）项目和 GENI（Global Environment for Networking Innovations）项目。FIND 项目的愿景是研究未来 15 年的基本网络体系结构、边缘网络体系结构，以及网络体系结构对用户需求的支持。GENI 项目的愿景是研究新一代的网络体系结构以满足 21 世纪的需求。另外，欧盟在 2007 年启动了 FIRE（Future Internet Research and Experimentation）项目。这些项目旨在摆脱当前互联网体系结构的束缚，重新设计网络体系结构，以满足未来互联网的发展需要。

第三阶段包括由美国国家科学基金会支持的 5 个项目：XIA 项目主要研究面向安全的网络体系结构；MobilityFirst 项目则侧重于面向移动的网络体系结构，以及考虑面向 5G 融合；Nebula 项目主要研究面向云计算的网络体系架构；NDN 项目关注面向内容分发的网络体系架构；ChoiceNet 项目主要研究面向商业模式选择的网络体系结构。

第四阶段主要是以谷歌、阿里巴巴等公司为代表的工业界围绕数据中心网络等开展的研究工作。谷歌公司在全球许多数据中心使用软件定义网络（Software Defined Network，SDN）技术，建立了谷歌 SDN 技术框架的四大支柱，大幅提高链路利用率，从而引爆 SDN 技术热潮。四大支柱包括 Expresso、Jupiter、B4 和 Andromeda。Expresso 主要负责与互联网服务提供商（Internet Service Provider，ISP）的对等连接，重点是提高网络性能和与这些 ISP 的对等连接的可用性。通过对端到端网络连接的实时监控，Expresso 能够动态地选择服务内容的交付地点，而不是依赖更多的静态分析和路由路径。Jupiter 负责处理单个数据中心的流量并提高交换效率。B4 是专门设计的交换机，用于数据中心之间的连接。Andromeda 负责网络功能的可视化并提供监控和管理功能。通过上述四大支柱的实施，终端用户得到更好的感知体验，谷歌云的网络可用性和性能也得到显著提高。

从内容上，新一代互联网可以分为路由交换与分发加速技术、安全性增强技术、数据中心技术、虚拟化技术 4 个方面，考虑到虚拟化技术在第 7 讲中作了专门介绍，国内外重要研究计划和课题在中国工程院蓝皮书《新一代互联网关键技术》[1]《互联网关键设备核心技术》[2] 中已有阐述，在此不再赘述。

本讲主要从路由交换与分发加速技术、安全性增强技术、数据中心技术 3 个方面阐述互联网体系结构的发展。由于 GENI 是一个在数据中心背景下发展起来的技术，延续时间比较长，在国际上影响力比较大，为此把 GENI 相关的内容放在 1.3 节数据中心技术中。

1.1 路由交换与分发加速技术

1.1.1 CDN

1. 产生背景

互联网发展初期，拨号上网作为主要的接入方式具有低带宽、低速率、低用户量的特点，且当时的传输内容以文字为主，占用带宽低，没有给服务器及核心网造成很大压力。但伴随在线音乐、在线视频等新型业务的出现，互联网用户数量激增，大量的网络内容请求经常造成网络拥塞现象。引发网络拥塞现象的因素主要包括以下几点[3]。

（1）服务器的接入链路

指内容服务器向用户传输数据的第一个网络出口带宽，决定了用户访问速度、并发访问量等性能指标。针对单个网站，用户数越多，访问请求量越大，也就需要越高的带宽，若用户的访问请求量接近或者超过服务器的出口带宽，就会造成网络拥塞现象。

（2）用户接入链路的汇聚点

指内容服务器向用户传输数据的"最后一公里"的汇聚点。运营商基于成本等方面的考虑，使得用户的接入带宽成为主要瓶颈。例如，小区有 1000 个用户，每个用户的接入链路可以支持百兆甚至千兆带宽，但是整个小区的出口链路可能只有万兆，甚至只有千兆的带宽，用户汇聚点自然成为瓶颈。

（3）运营商之间的连通点

指不同的运营商为实现彼此之间的相互连通所建立的交叉点，业界俗称直连点。我国早期互联网的不同运营商用户须经过国外中转，随后北京、广州、上海等直连点相继建立。由于交叉点带宽有限，易造成网络拥塞。

（4）远距核心网链路

指内容服务器向用户传输数据的过程中所经过的城域网、核心网等。由于服务器与用户之间的物理距离远，因此存在长时延传输的问题。此外，大部分网络流量均须通过核心网传输，因此要求核心网具备极高的承载能力。如果核心网扩容相对滞后，就会影响网络传输的质量，形成拥塞。

上述引发网络拥塞问题的因素导致用户等待时长变长和不确定性变大。经验表明，超过8秒的等待将超出用户耐心上限，造成用户流失等严重后果，进而造成直接的经济损失。为缓解网络拥塞问题，缩短数据内容的网络传输时延，业界提出内容分发网络（Content Distribute Network，CDN），通过分布式地部署内容服务器，使服务器更加靠近用户，降低网络传输时延，提升用户体验。

2. 技术内容

CDN在传统网络的基础上新增了一种内容分发架构[4]，使源网站的内容分布在靠近用户的网络边缘，以距离优势缩短网络传输时延、提高访问速度。将部署在不同区域的分布式缓存服务器作为载体，利用全局调度、内容分发等功能，实现用户与访问内容的近距离交互，提高网络的传输效率与可靠性，为用户提供高质量的访问体验。

不同于传统网络的集中式访问，CDN调度系统对用户请求具有解释权，通过合理的调度策略，将用户所需内容关联至最优的CDN边缘缓存服务器中，再通过该服务器为用户提供内容传输服务。由于不同用户的内容关联服务器分别处于与用户就近的不同位置，因此用户请求与服务器内容无须跨区域传输，减缓了核心网的传输负载，保证了通信性能、提高了访问质量。

CDN主要包括内容注入、请求调度、内容分发、内容服务4个部分。

（1）内容注入

将源网站的内容注入CDN系统中，使用户通过CDN获得所需内容。

（2）请求调度

用户向源网站发送内容请求，CDN系统将用户导引至最优适配的CDN缓存服务器，CDN用户请求调度的具体过程如图1-2所示，图中过程①~⑦具体如下。

①用户发起访问请求，经网站DNS服务器解析，通过递归的方式将域名解析权授予CDN DNS服务器。

②CDN DNS服务器将域名解析后的CDN全局负载均衡系统服务器的IP地址传送至用户。

③用户根据接收的IP地址向CDN全局负载均衡系统服务器发送访问请求。

④、⑤CDN全局负载均衡系统服务器根据用户IP地址及请求内容进行全局-区域的多层级的综合性分析，以选择最佳的CDN缓存服务器，参考依据包括用户与CDN缓存服务器的距离、缓存内容是否存在、CDN缓存服务器的负载状态等。

⑥CDN 全局或区域负载均衡系统服务器将所选的 CDN 缓存服务器 IP 地址返回至用户。

⑦用户向对应 CDN 缓存服务器发送内容请求，由 CDN 缓存服务器传输用户所请求的内容。若该服务器内部尚未存储用户所需内容，则向上级服务器发送请求，层层递进，直至在源网站服务器中获取相关内容并向用户传输。

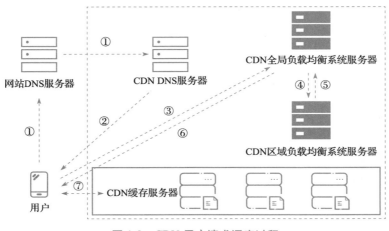

图 1-2　CDN 用户请求调度过程

（3）内容分发

若就近的 CDN 缓存服务器中已存放用户所需内容，则直接向用户传输；反之，若未存放用户所需内容，则须向上层节点获取相关内容（即上层节点向下层节点分发内容）。

（4）内容服务

将对应 CDN 缓存服务器中的相关内容传输至用户。

3. 技术应用

CDN 的应用主要包括网页加速、文件传输加速、流媒体加速等。

（1）网页加速

CDN 发展初期主要针对静态网页内容进行加速处理，将文字、图片等内容缓存在各个 CDN 服务器节点中。伴随互联网的飞速发展，CDN 也将实时的动态网页内容作为加速对象，如在线游戏等。

（2）文件传输加速

针对文件下载传输类应用，可将文件缓存交付至分布式的 CDN 服务器中，用户可直接向就近 CDN 服务器获取下载文件，降低网络传输的压力，提高文件传输的速度。

（3）流媒体加速

伴随网络视频的普及与流行，流媒体内容已构成互联网的最大流量，占比最高。因此，流媒体加速是 CDN 的必要应用。流媒体内容被推送至与用户的距离最短、可直接向用户提供服务的服务器节点，极大提高了流媒体内容的传输质量。流媒体加速应用包括流媒体直播加速与流媒体点播加速两类。其中，流媒体直播面向现场直播节目，具有较高的实时性要求；流媒体点播则将相关内容以片段的形式缓存于 CDN 服务器中，加速传输，用户可随时获取特定的内容。

1.1.2　MPLS

1. 产生背景

多协议标签交换（Multi-Protocol Label Switching，MPLS）协议是一种叠加在传统互联网上的高效网络报文交换标准。2001 年，国际互联网工程任务组（The Internet Engineering Task Force，IETF）正式发布 MPLS 架构描述文件——*RFC 3031*。MPLS 协议的提出是为了简化核心网络转发行为，提高网络转发速度技术。传统 IP 技术使用无连接协议，原理简单、部署容易，但必须进行复杂的路由查收，受当时硬件能力的约束，一般采用软件路由查找，影响了转发速度。相比较而言，异步传输模式（Asynchronous Transfer Mode，ATM）技术采用了信元技术，仅需要维护一个远小于路由表的标签表，大大提高了转发速度。虽然 ATM 技术看似解决了转发效率的问题，但是存在两个突出的问题：一是信元开销太高；二是 ATM 复杂度高，不方便扩展。因此，ITU 在 1999 年宣布停止 B-ISDN/ATM 技术发展。业界随后提出了 MPLS，希望结合两者的优点，也就是 IP 网络部署容易，信元网络转发速度快、效率高。

2. MPLS 协议的技术原理

从协议层次上看，MPLS 协议位于网络层和链路层之间。实现路由与交换协议的接口，即通过将 IP 地址映射为简单且定长的标签，使得数据包可以适应不同的转发和交换技术。

图 1-3 描述了 MPLS 网络的基本组成。MPLS 网络是指从 MPLS 协议视角看到的网络拓扑和协议运行机制，又称为 MPLS 域。实际上，MPLS 网络是由配置了 MPLS 协议的普通路由器组成的。在 MPLS 网络中，标签交换路由器（Label Switching Router，LSR）

用于标签交换和报文转发。其中，位于 MPLS 域中心的路由器称为核心 LSR（Core LSR），位于域边缘且可以连接其他 MPLS 网络的路由器称为边缘路由器（Label Edge Router，LER）。IP 报文在 MPLS 域内经过的路径称为标签交换路径（Label Switched Path，LSP）。LSP 上的入口路由器称为入节点（Ingress）；LSP 上的中间路由器称为中间节点（Transit）；LSP 上的出口路由器称为出节点（Egress）。为了简化转发流程，MPLS 定义了等价转发类（Forwarding Equivalence Class，FEC），指的是具有某一相同特征（例如源地址、目的地址、源端口、目的端口和 VPN 等）的报文。属于同一个 FEC 的报文在转发过程中被路由器同等处理和转发[5]。

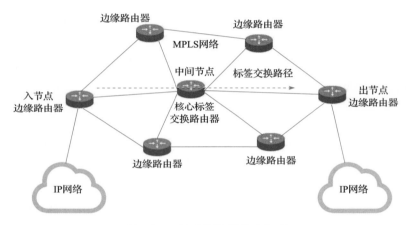

图 1-3　MPLS 网络的基本组成

当 IP 网络的报文进入 MPLS 网络时，入口路由器通过分析 IP 报文的内容，自动为 IP 报文生成 MPLS 标签等头部信息。图 1-4 是 MPLS 报文结构。从该结构可以看出，MPLS 协议位于网络层协议和链路层协议的中间。MPLS 报文的头部信息包括 4 个字段共 4Byte，即标签域（Label）、扩展域（Exp）、栈底域（S）和生存期域（TTL）。标签域长度为 20bit，用于标识分组所属的 FEC；扩展域长度为 3bit，用于标识 MPLS 报文的优先级；栈底域长度为 1bit，用于标识是否是栈底，以支持标签嵌套；生存期域长度为 8bit，用于防止报文回环和实现 Traceroute 功能。当 MPLS 使用标签嵌套时，靠近链路层的标签为标签栈（Label Stack）的栈顶，即栈顶 MPLS 标签；靠近网络层的标签为标签栈的栈底，即栈底标签。标签栈按照后进先出的顺序进行组织和处理[6]。

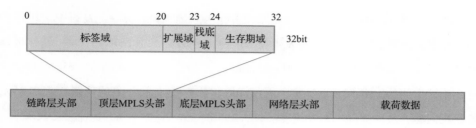

图 1-4 MPLS 报文结构

为了完成 MPLS 报文分发，MPLS 需要提前为报文建立一条 LSP。构建 LSP 有静态和动态两种方式。静态方式是通过用户手工为各个 FEC 分配标签，并建立转发路径。静态方式不需要交互控制报文，但是不能自适应网络拓扑变化，适用于稳定的小型 MPLS 网络。动态方式则是通过标签分发协议（Label Distribution Protocol，LDP）完成 FEC 分类、标签分发、路径建立和维护等操作，常见的 LDP 有 LDP 和 CR-LDP（Constraint-Based LDP）。动态方式可以动态根据网络拓扑变化调整 LSP，便于路径管理和维护。标签分发过程如图 1-5 所示。

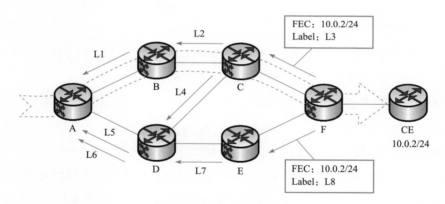

图 1-5 标签分发过程示例

MPLS 在流量转发的过程中主要进行压入（Push）、交换（Swap）和弹出（Pop）等动作。Push 操作在两种情况下发生：一是当 IP 报文进入一个新 MPLS 网络时，入口路由器会在该报文的链路层和网络层信息之间插入 MPLS 标签；二是当 MPLS 报文从上一个 LSR 转发给一个新的 MPLS 域边界的 LSR 时，当前 LSR 可能会在栈顶插入新 MPLS 标签，即实现标签嵌套。Swap 操作同样发生在 MPLS 报文在 LSP 内部转发时。此时，当前 LSP 使用 Swap 操作将 MPLS 报文标签替换为新的 MPLS 标签。通过 Pop 操作，去掉 MPLS 报文标签。Pop 操作一般发生在 LSP 中的倒数第二个 LSR 上。这一特性也称为倒数第二跳弹出特性（Penultimate Hop Popping，PHP）。如图 1-6 所示，MPLS 报文在转发过程中，中间的 LSR 仅读取标签，无须读取和分析 IP 包头，也就无须考虑 IP 转发中最长匹配问题，从而提高了转发速度。

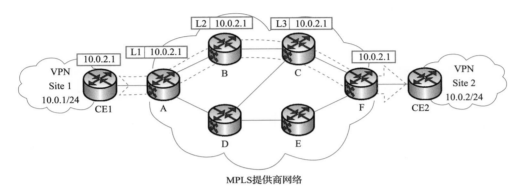

图 1-6 MPLS 网络流量转发过程示例

3. 典型应用

MPLS 的典型应用有 3 类，基于 MPLS 的流量工程、基于 MPLS 的 QoS 和基于 MPLS 的 VPN。下面对这 3 种典型应用的技术要点进行简要介绍。

（1）基于 MPLS 的流量工程（Traffic Engineering，TE）是为了解决网络拥塞的问题。传统 IP 网络采用最短路径优先的路由算法，不考虑网络实际负载情况。因此，容易出现网络拥塞的问题。为了支持 TE 应用，MPLS 引入了 RSVP-TE 技术。RSVP-TE 的特点是流量在源点就可以知道整个完整路由信息。为此，RSVP-TE 通过扩展 IGP，收集全网拓扑和链路状态信息，并实时调整流量管理参数、路由参数和资源约束参数等，使网络带宽资源得到合理利用，避免负载不均衡导致的网络拥塞。

（2）基于 MPLS 的 QoS 是通过差分服务模型 Diff-Serv 实现的。Diff-Serv 模型可以在网络边缘根据业务的服务质量要求，将该业务映射到一定的业务类别中，并在 IP 报文中的差分服务编码点（Differentiated Services Code Point，DSCP）字段对该类业务进行标记。骨干网络各节点可以预先设定相应的服务策略，保证相应标记业务达到相应的服务质量。由于 Diff-Serv 模型的机制和 MPLS 的标签分配机制相似，因此通过在 MPLS 的扩展域携带 DSCP 信息，即可实现基于 MPLS 的 QoS。

（3）基于 MPLS 的 VPN 通过 LSP 将多个私有网络连结起来，可以支持不同分支网络的 IP 地址复用。

MPLS 通过简化转发提高转发速度，但随着路由器硬件能力的增强，报文的线速转发已经不成问题。RSVP-TE 相当复杂，资源预约的 N 平方问题没有解决，只能在一个 MPLS 域内保证服务质量，无法实现端到端的服务质量保证。因此，MPLS 协议有点成为高性能路由器的累赘。

1.1.3 SRv6

1. 产生背景

采用 IPv6 编址的段路由（Segment Routing IPv6，SRv6）是新一代 IP 承载协议。SRv6 技术的出现是为了解决传统 IP/MPLS 网络面临的问题。一是 MPLS 能力受限制，MPLS 标签空间长度固定为 20bit，不仅缺少扩展性，而且难以满足新型业务的编程需求。MPLS 技术背景下，IP 骨干网、城域网和移动承载网是相互独立、相互隔离的 MPLS 域。各个独立的 MPLS 域之间的连接，需要使用复杂的跨域 VPN 技术，从而导致端到端业务部署的困难。二是应用和承载网的隔离。由于网络边界繁多且管理复杂、难度大，MPLS 在试图靠近应用和终端的尝试中均以失败告终。因此，在应用和承载网相互解耦的现实条件下，传统网络优化、调度等业务难以开展，更不用说未来的新型业务。互联网的业务种类越来越多，新型业务对底层的网络技术提出了更高的要求。以 5G、智慧城市为代表的新型业务，要求网络提供更丰富的可编程接口，提供用户体验感知和测量等功能。因此，人们提出 SRv6 技术。

2. SRv6 技术的特点

（1）SRv6 技术优势

SRv6 技术综合了段路由（Segment Routing，SR）和 IPv6 两种技术，具有 3 种独特的优势。一是 SRv6 将 IPv6 的 128 位地址转换为网络的编程能力，将网络业务转换成发给网络设备的指令，以允许编程的方式满足不同业务个性化的定制需求。二是 SRv6 在设计上体现了极简的原则。SRv6 依托 IPv6 转发面，不再使用复杂的 LDP 和 RSVP-TE 协议，也摆脱了 MPLS 标签，使得管理更加简单。在业务层面，SRv6 通过 EVPN 对原来网络中 L2VPN（VPWS、VPLS）、L3VPN（MP-BGP）进行了整合，使得协议栈更加简洁。三是 SRv6 通过扩展 IPv6 报文头部保留了 IPv6 的报文结构，使得 SRv6 报文可以通过基本的 IPv6 设备转发。这种 Native IPv6 转发技术，使得 SRv6 可以进入用户终端，打破了传统 MPLS 用户域与核心域之间隔离的屏障。

（2）SRv6 扩展头

SRv6 扩展头（Segment Routing Header，SRH）位于 IPv6 报头和载荷之间，如图 1-7 所示。Next Header 用于标识紧跟在 SRH 之后的报文头类型。当报文头类型为 IPv6 路由时，Next Header 取值为 43。Hdr Ext Len 用于指示 SRH 的长度。Routing Type 用于指示扩展头类型。当扩展头为 SRH 时，Routing Type 取值为 4。Segments Left（SL）用于指示剩下的 Segments 数目。Last Entry 用于索引最后一个 Segment。Segment List 用于形成 SRv6 路径。Segment List[n] 表示第 n 个 Segment。每个 Segment 结构都是 128bit 的 IPv6 地址形式。Optional TLV 字段长度可变。该字段携带的信息可以被 SRv6 路径的各个节点处理，而不局限于某一个节点[7]。

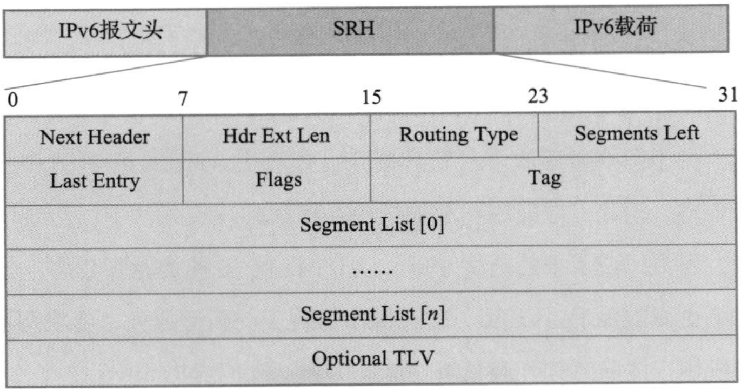

IPv6报文头	SRH	IPv6载荷

0	7	15	23	31
Next Header	Hdr Ext Len	Routing Type	Segments Left
Last Entry	Flags	Tag
Segment List [0]
……
Segment List [n]
Optional TLV

图 1-7　SRv6 扩展头

（3）SRv6 编程空间

SRv6 通过 SRH 不同的字段进行 3 个层次的网络编程。一是利用 Segment 结构对业务进行编程。图 1-8 为 SRv6 Segment 的组成结构。SRv6 使用 SID（Segment ID）对 Segment 进行标识。SID 是一种特殊的 IPv6 地址，不仅携带地址信息，也携带了指令信息。其中，Locator 字段具有定位和 IPv6 路由功能，可用于实现寻址转发；Function 字段用于表达具体的转发动作；Arguments 字段是对 Function 字段的补充，即设备指令执行的具体参数。由于 SRv6 允许各字段功能和长度的自定义，因此可以对业务进行灵活的编程。各网络设备通过执行 SID 中的指令信息，实现选路、VPN 和 OAM 等不同功能。二是利用 Segment List 结构对 SRv6 路径进行编程。Segment List 中有序地存储了很多 Segment，这些 Segment 组成了一条 SRv6 路径。报文转发时，依靠 Segment List 和 Segment Left 字段得到报文的目的地址，并根据该地址完成转发。因此，用户通过编辑 Segment List 即可实现路径可编程。三是利用 Optional TLV 字段使应用可编程。通过该字段，SRv6 可以在转发面封装一些非规则信息，以支持 OAM（Operation Administration and Maintenance）、VTN（Virtual Transport Network）和 APN6（Application-aware IPv6 networking）等高级特性[8]。

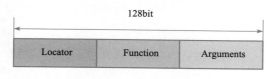

128bit

| Locator | Function | Arguments |

图 1-8　SRv6 Segment 组成结构

（4）SRv6 Policy 模型

　　SRv6 编程可以通过 SRv6 Policy 模型实现。通过 SRv6 Policy 模型，将用户意图转换成网络策略。SRv6 Policy 可以由网络设备发起或者由控制器下发。SRv6 Policy 由多个候选路径（Candidate Path，CP）组成，其中一个为活跃 CP，对整个 SRv6 Policy 的状态和行为起到决定作用。图 1-9 描述了一个 SRv6 Policy 模型的组成要素。SRv6 Policy 模型由一个 <Headend，Color，Endpoint> 三元组标识，即 SRv6 Policy 模型的 Key 值。其中，Headend 表示头结点，通过该元素可以将流量引入 SRv6 Policy。Color 表示颜色，即 SRv6 Policy 的 ID。通过该元素可以与具体的业务属性相关联。例如，可以为端到端时延小于 20ms 的策略设置 Color 为 200。Endpoint 用于标识目的地址。从 SRv6 Policy 的设计可以看出，SRv6 Policy 可以与业务直接交互，简化了业务需求到网络语言再到网络对象的转换过程[9]。

　　从图 1-9 中还可以看到，每个 SRv6 Policy 关联着多个候选路径 CP。CP 由 <protocol-origin，originator，discriminator> 三元组唯一标识。其中，protocol-origin 表示 CP 的发起协议；originator 用于标识发起者；discriminator 则用于区分不同的 CP。每个 CP 可以携带 Preference、B-SID 和 Segment-List 等不同属性。其中，Preference 用于标识优先级，具有最高优先级的 CP 为活跃 CP。B-SID 用于标识该 SRv6 Policy 活跃 CP 的行为，它是其他节点引用 SRv6 Policy 功能的接口。

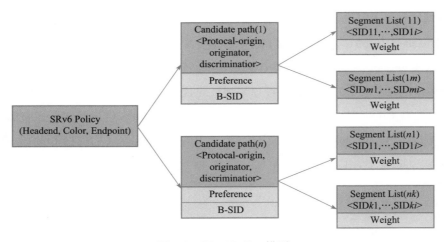

图 1-9　SRv6 Policy 模型

SRv6 Policy 模型下发到节点之后，需要经过引流才能对业务提供定制的服务。根据 SRv6 Policy 的不同的访问接口，节点有 B-SID 引流和 Color 引流两种常见方式。当业务头节点和 SRv6 Policy 头节点不是同一个节点时，报文到达 SRv6 Policy 头节点时可以进行 B-SID 引流。此时，内部网络向外来报文以透明的方式提供了连接服务。由于 Color 关联了具体的业务需求模板 ID，Color 引流可以更加精细，即精确到具体的路由。在这种引流模式下，路由策略可以通过 BGP 路由的 color 值进行控制，又称着色[10]。

3. 典型应用

随着 5G 技术的发展，自动驾驶、智能家居、智慧城市、智慧农业、智能制造、云 VR／AR、云游戏和远程医疗等新业务相继出现。新业务为了给用户带来极致体验，对承载网提出更高的要求。新业务形态要求网络提供更灵活的连接、更精准的控制、更智能的感知等，希望通过一张网络，满足不同业务的差异化需求。例如网络切片、业务管理和云资源管理等[11]。

网络切片实际上是一个端到端的逻辑网络，体现了网络虚拟化的思想，包括切片管理和切片选择两种功能：切片管理是为不同的切片需求方提供相互隔离、精确可控的专用虚拟网络；切片选择则实现用户终端与切片之间的关联映射。

在多业务承载的情况下，人们对网络管理提出了更高的要求，需要更可靠的故障定位方法，提高运维效率。传统的运维方法一般通过构造监测报文和接收反馈的方式，间接探测网络的动态。这种粗放式的运维方式时效性差，应对突发情况的能力差。基于 SRv6 的随路网络测量技术 instu-OAM 基于 IFIT（In-situ Flow Information Telemetry）框架，不需要额外监测报文支持，可以实时感知用户的时延和丢包，并快速定位故障。该测量技术通过用户报文中携带的 OAM 指令实现网络测量，可以搜集到报文的转发路径等信息，实现报文级监控。

云技术的发展使得物理网络边界和虚拟网络边界进一步模糊，甚至业务和承载网也交织融合在一起。在云资源管理方面，SRv6 技术可以通过拉通云网的业务路径，对业务进行定义，有效地促进了云网融合。SRv6 结合 EVPN 可以实现 IPv4/v6 双栈业务能力，实现对传统 L2VPN 和 L3VPN 的统一承载。总体上，SRv6 技术是在 MPLS 的基础上针对网络业务发展的新需求发展而来的，它使得网络层级得到简化，建网成本得到降低。

1.2　安全性增强技术

1.2.1　DNSSEC

1. 产生背景

域名系统（Domain Name System，DNS）协议是互联网中最基础的协议，它将易于理解的域名转化为计算机容易处理的 IP 地址[12]。由于 DNS 协议使用明文传输，且没有认证机制，因此使得对手容易发起 DNS 劫持[13]。对手可以获得用户发起的 DNS 查询，并冒充 DNS 服务器进行查询响应，最后导致用户得到假的地址，与错误的 IP 地址建立连接。

DNS 协议面临两类重要的安全威胁。一是当对手能够对网络中的流量进行监听、篡改时，DNS 数据包容易遭受拦截攻击。由于 DNS 数据基于 UDP 协议进行传输，且未经签名和加密，因此网络中的 DNS 数据包极易遭受拦截和篡改。二是缓存投毒（Cache Poisoning）攻击，也称为"Name Chaining"攻击。缓存投毒攻击是针对 DNS 协议的特有的攻击方式。这种攻击方式不要求对手具备额外能力，甚至不需要对手处于公共信道上，而只需要敌手设计 DNS 响应报文的特定字段，且成功使 DNS 解析器接受该报文，就能对解析器的 DNS 缓存造成污染。

为了解决 DNS 面临的安全问题，1993 年 11 月，在第 28 次 IETF 会议过程中，经 DNS

工作组讨论产生了 DNS 安全扩展（Domain Name System Security Extensions，DNSSEC），用于增强 DNS 的安全性。2010 年，DNSSEC 被正式部署在全球 13 台根域名服务器中。

2. 工作原理

（1）DNS 的基本组成

DNS 协议主要包括 3 个组件：域名空间（Domain Name Space）与资源记录（Resource Records）、域名服务器（Name Server）和解析器（Resolver）[12]。域名空间为树状结构，树中每个节点都有标签，关联一个资源集合（Resource Set）。每个节点的域名为自根节点到该节点的路径上所有标签的集合。按照域名的阅读顺序，节点的域名通常为从该节点的标签出发，拼接到根节点路径上的所有节点标签。每个节点有一套资源信息，由一些资源记录组成。DNS 服务器查询域名，就是根据 DNS 请求中的域名，在资源记录中查询是否存在对应记录的过程。DNS 协议基于多层 DNS 服务器实现域名查询服务，多层 DNS 服务器自顶向下包括根域名服务器、顶级域名（Top Level Domain，TLD）服务器和权威域名服务器。

（2）DNSSEC 原理

DNS 工作组在设计 DNSSEC 之初，设置了 3 条限制[14]：①DNSSEC 协议必须与原 DNS 协议兼容，即一个 DNSSEC 服务器能为不支持 DNSSEC 协议的客户端正常提供服务；②DNSSEC 协议中的消息传输信道是不受保护的；③DNSSEC 协议基于公钥密码。

为保证 DNS 响应消息的真实性和完整性，DNSSEC 利用签名算法对 DNS 消息做签名。然而，签名算法需要公私钥，从而涉及公钥的信任问题，因此需要一条信任链。下层 DNS 服务器的公钥由上层 DNS 服务器进行签名认证，根 DNS 服务器作为信任链的顶端，持有一个特殊的签名。如图 1-10 所示，每一层 DNS 服务器都有自己的公钥，它保存在 DNSKEY RRSets（Resource Record Sets）中。如果用户信任某 DNS 服务器的签名公钥，则用户也信任该服务器对 DNS 消息的签名。为使用户信任 DNS 服务器的公钥，必须由上一级的 DNS 服务器对该公钥进行签名认证。DNS 服务器对下一级 DNS 公钥的签名保存在父区域（Parent Zone）的 DS（Delegation Signer）RRSets 中。整个信任链中有一个信任锚（Trust Anchor），即 DNSSEC 根密钥。该密钥负责对根域名服务器进行签名。

为实现 DNSSEC 中的签名机制，需要在 DNS 的基础上增加 4 种记录类型：DNSKEY（DNS Public Key），RRSIG（Resource Record Signature），DS（Delegation Signer）和

NSEC（Next Secure）[16]。其中，DNSKEY 记录一个域的公钥；RRSIG 记录具有特定域名和类的 RRSet 的签名；DS 包含一个 DNSKEY 资源记录，用于 DNSKEY 的认证；NSEC 记录包含能够回答该 DNS 请求的 DNS 服务器信息。

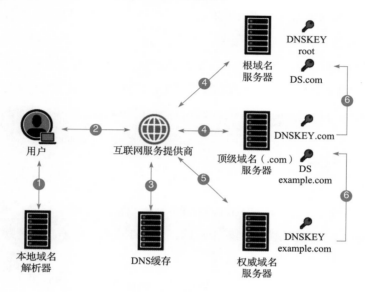

图 1-10　DNSSEC 执行过程示例[15]

　　图 1-10 展示了 DNSSEC 执行过程，共分为 6 步：①用户在浏览器中输入网址，浏览器将网址发送到本地域名解析器中查询；②若本地域名解析器查询到相应 IP 地址，则返回给浏览器，否则本地域名解析器向 ISP（互联网服务提供商）的递归域名服务器发起域名查询请求；③若递归域名服务器查询到相应 IP 地址，则返回给本地域名解析器，否则递归域名服务器向根域名服务器发起域名查询请求；④根服务器返回相关的顶级域名服务器信息，递归域名服务器检查响应消息的签名，若检查通过，则向该顶级域名服务器发起 DNS 查询；⑤顶级域名服务器返回相关的权威域名服务器信息，递归域名服务器检查响应消息的签名，若检查通过，则向该权威域名服务器发起 DNS 查询；⑥权威域名服务器返回所查询的 IP 地址，递归域名服务器检查响应消息的签名，检查通过则返回给域名解析器。

　　引入 DNSSEC 之后，通过将签名和 DNS RRSets 绑定，DNSSEC 提供了 DNS 响应消息的认证性。解析器只须验证 DNS 响应签名的合法性，即可防止 DNS 投毒攻击。

3. DNSSEC 的实际应用

2010 年，DNS 的根区域（root zone）被签名，每个根区域包括两个重要密钥：区域签名密钥（Zone Signing Key，ZSK）和密钥签名密钥（Key Signing Key，KSK）。其中，ZSK 负责对域内的所有表项（除 DNSKEY RRSets 外）签名，KSK 负责对域内的所有 DNSKEY RRSets 签名。

由于 DNSSEC 不对消息加密，因此不提供机密性，无法抵抗拒绝服务攻击。但 DNS-SEC 能够抵抗目前威胁严重的 DNS 缓存投毒攻击，因此受到互联网名称与数字地址分配机构（The Internet Corporation for Assigned Names and Numbers，ICANN）的大力支持。

1.2.2 S-BGP

1. 产生背景

现行的边界网关协议（Border Gateway Protocol，BGP）（*RFC 1771*）虽然经过四次迭代，但从设计之初就没有考虑到安全问题，因此存在安全缺陷。大多数 BGP 安全问题体现于以下 3 点。

（1）BGP 中没有用于检查自治系统（Autonomous System，AS）发出的路由公告是否正确的机制。因此，BGP 发言者（BGP Speaker）可以发送任意 IP 前缀作为源地址或目的地址的路由表项。这使得 BGP 对于路由表的错误配置或恶意攻击非常脆弱。例如，一个 AS 可以错误地声称某个 IP 前缀属于另一个 AS，使得流量被错误地发送到其他 AS，导致前缀劫持。

（2）BGP 将 TCP 作为底层的传输协议，使得敌手能对 BGP 发言者之间的信道发起攻击，破坏消息的机密性和完整性。此外，在 BGP 会话中，敌手可以针对底层的 TCP 执行发起拒绝服务攻击，消耗接收方的连接状态内存，使得其无法进行正常的 BGP 操作。

（3）一个恶意的自治系统也可能在 AS Path 中添加大量的 AS Hops，消耗其它 AS 的路由器的路由表空间。

针对上述安全问题，发生过一些著名的 BGP 攻击案例。BGP 亟须增强安全属性。2000 年，Kent 等人[17] 提出 Secure BGP（S-BGP），对原有 BGP 做出改进。

2. S-BGP 基本原理

S-BGP 在 BGP 的基础上增加 3 个部分[17]：两种公钥基础设施（Public Key Infrastructures，PKI），新的路径属性（Attestations，验证）和 IPSec。

两种 PKI 包括负责地址分配的 PKI 和负责 AS 号码与关联路由器（Router Association）分配的 PKI。负责地址分配的 PKI 通过绑定 IP 地址块和组织的公钥，将不同的 IP 地址空间分配给对应的组织。该 PKI 采用分层的证书体系：ICANN 作为根，向第一层的组织发放证书；第一层的组织将 IP 地址空间分配给下一层的 ISP 并签名；ISP 再将 IP 地址空间分配给客户并签名。负责 AS 号码和关联路由器分配的 PKI 发放 3 种证书，这些证书支持对 AS 和 BGP 发言者的身份认证，以及对 AS 和 BGP 发言者的关系认证。3 种证书分别是：注册机构发布 AS 号码及组织的公钥，并对它们进行签名；组织发布 AS 号码及 AS 的公钥，并对它们进行签名；组织发布路由器名称、ID，AS 号码及路由器的公钥，并对它们进行签名。

Attestation 包括地址验证（Address Attestation）和路由验证（Route Attestation）。其中，地址验证的发布者是拥有某 IP 地址空间的组织，主体是产生该组织的 AS，发布者使用私钥对地址验证进行签名。路由验证的主体是路由路径上的所有 AS 进行签名，S-BGP 负责对路由验证进行签名。如图 1-11 所示，每个 AS 基于上一个 AS 附上的签名信息进行签名。因此，验证者不仅能验证路径消息，还能验证该消息是否是以正确的顺序进行传输的，且对手无法在其中添加或移除 AS。

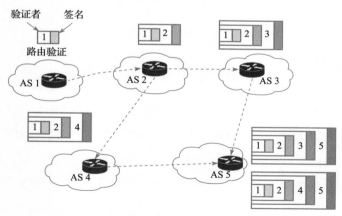

图 1-11　S-BGP 中的路由验证[18]

IPSec 能保护 BGP 发言者之间传输消息的信道，可对消息的完整性及发送者和接收者的身份作验证，避免了 TCP 带来的各种潜在攻击。

S-BGP 对源及路径都进行了完全认证，能够解决原有 BGP 的各种安全问题，证书机制能够对各实体的身份和所有权作验证，地址验证和路由验证可以分别对地址前缀和路由信息作验证。

3. S-BGP 存在的问题

虽然 S-BGP 能提供强大的安全性保障，但带来了较大的计算开销[19]。由于每个 BGP 发言者都要对消息进行签名，因此对路由器节点的计算能力提出了较高的要求。路径验证对存储能力提出了更高的要求。此外，有实验表明，部署 S-BGP 之后，整个网络的路由收敛时间是部署前的两倍。在安全性上，如下 BGP 中的一些安全问题仍然没有在 S-BGP 中得到解决。

（1）一个恶意 BGP 发言者可能选择不发送该公告的 BGP 消息。虽然 S-BGP 能够防止 BGP 发言者对 BGP 消息的路径进行修改，但没有机制阻止 BGP 发言者不发送一些 BGP 消息，如路由表项的撤销。S-BGP 也无法检测这种恶意行为。

（2）BGP 发言者可能广播一条已经被撤销的路由信息。由于 BGP 的 UPDATE 消息不携带序列号或时间戳，因此允许 BGP 发言者的这种行为。

（3）无法验证 BGP 发言者是否诚实执行 BGP。出于隐私考虑，AS 可能不会公布自己的局部路由策略，因此 S-BGP 也无法检测 BGP 发言者在收到相关路由信息后是否按照该路由信息诚实执行。

1.2.3 TLS

1. 技术背景

信息的基本属性包括机密性、安全性、完整性，网络通信作为一种信息传递的方式，也需要具有保障上述基本属性的安全机制和协议设计。为了给 HTTP 提供安全服务，Netscape 公司提出了安全套接层（Secure Socket Layer，SSL）协议。随着旧版本的 SSL 协议的安全漏洞被分析和修复，SSL v3.0 一定程度上得到了普及。IETF 基于 SSL v3.0，优化了协议安全性，提出了安全传输层（Transport Layer Security，TLS）协议并且正式通过 *RFC 2246* 发表了 TLS v1.0。

2. 技术内容

TLS 协议是典型的传输层的安全传输协议，确保了端到端的两个应用程序在通信时，信息的机密性和完整性不被破坏。*RFC 5246* 提出了 TLS v1.2[24]，明确其包括 TLS

记录协议和 TLS 信息交换协议两层。底层的 TLS 记录协议运行在包括 TCP 在内的可靠传输协议之上，处理数据分片、压缩、加密以及完整性保护的任务。TLS 从上层接收到需要传输的数据，分割成每片不超过 2^{14} 字节的数据分片，形成 TLS 文本结构，再通过定义的无损压缩算法将其压缩为 TLS 压缩结构。再对 TLS 压缩结构进行加密来保障数据安全，加密的方式可以是先计算消息认证码（MAC）再填充和对称加密，也可以是用随机数和 AEAD 算法等，进而形成 TLS 密文结构。加密后的 TLS 密文结构传递给下层的传输层协议进行处理和发送。上层的 TLS 信息交换协议包括握手协议、警告协议、密码变更规范协议、应用数据协议等。

随着对 TLS 协议的更新迭代，2018 年，*RFC 8446* 发布了 TLS v1.3[25]，相比 TLS v1.2 具有更强的安全性。TLS v1.3 删除了一些加密算法，只保留了 AEAD 算法，同时也去掉了一些密钥协商算法，使所有的基于公钥的密钥协商算法都支持正向加密，还利用了基于 HMAC 的提取和扩展功能的密钥扩展算法（HKDF）。另外，TLS v1.3 增加了一个 *0-RTT* ⊖模式，能够利用缓存的服务器密钥信息，在 1 个 *RTT* 之内建立连接，但是这样的模式是在一定程度上牺牲了安全性来提高协议效率的。TLS v1.3 也对椭圆曲线算法、RSA 填充算法等进行了改进和拓展，配合新的 PSK 交换机制，能支持（EC）DHE、PSK 或兼顾两者的密钥交换模式。

3. 技术应用

TLS 协议的优点是它独立于应用程序协议，更高级别的协议可以透明地叠加在 TLS 协议之上，方便部署和应用。SSL/TLS 广泛应用于 Web 服务器及各大浏览器，包括 Apache、Nginx 以及 Google Chrome、Firefox、360 浏览器等。此外，SSL/TLS 也应用于保障邮件服务器的传输安全，典型的有基于 SSL 协议的 POP3S、SMTPS 邮件通信协议。

1.2.4　HTTPS

1. 技术背景

在互联网发展过程中，HTTP 的 Web 流量在客户端和服务器之间传输时未被加密，这种明文形式的传输会产生极大的安全隐患，传输的内容可能会被窃听、篡改，通信双

⊖　round-trip time，往返时延

方的身份也有可能被攻击者伪装。HTTP over TLS（HTTPS）的出现保证了传输时的安全。*RFC 2818*[20] 描述了在 SSL 及其后继 TLS 上建立 HTTP 的相关内容，旨在提供面向信道的安全性。随着人们对网站安全和隐私保护的愈加重视，HTTPS 在 Google Chrome、Firefox 等主流浏览器中默认为开启。截至 2021 年，Google Chrome 中有大于 90% 的页面加载是通过 HTTPS 协议完成的[21]。

2. 技术内容

在 HTTPS 开始数据传输之前，客户端和服务器会进行 SSL/TLS 握手，以保证安全连接。因此，HTTPS 可以给传输提供加密、身份验证和完整性验证功能。

（1）加密：通过 SSL/TLS 加密，HTTPS 可防止互联网发送的数据，被第三方拦截和读取。通过公钥加密和 SSL/TLS 握手，可以在两方之间创建共享密钥（例如 Web 服务器和浏览器），建立加密通信会话。

（2）身份验证：网站的 SSL/TLS 证书包括一个公钥，Web 浏览器可以使用该公钥来确认服务器发送的文档（例如 HTML 页面）是否已由拥有相应私钥的人进行数字签名。如果服务器的证书已由公共信任的证书颁发机构（CA）签署，例如 SSL. com，则浏览器将接受证书中包含的任何识别信息。HTTPS 网站也可以配置为进行相互身份验证，其中 Web 浏览器提供标识用户的客户端证书。相互身份验证对于远程工作等情况很有用，在这种情况下，需要包括多因素身份验证，从而降低网络钓鱼或其他涉及凭据盗窃的攻击的风险。

（3）完整性验证：由 HTTPS Web 服务器发送到浏览器的每个文档（例如网页、图像或 JavaScript 文件）都包含一个数字签名，Web 浏览器可以使用该数字签名来确定该文档在传输过程中未被第三方损坏[22]。

3. 技术应用

近年来，Google、百度、Meta 等互联网公司都在大力推行 HTTPS，为推进其普及，一些互联网公司采取了以下措施。

（1）Google 公司调整搜索引擎算法，让采用 HTTPS 的网站在搜索中排名更靠前。

（2）2017 年，Google Chrome 浏览器已把采用 HTTP 的网站标记为不安全网站。2017 年，苹果公司要求 App Store 中的所有应用都必须使用 HTTPS 加密连接。

（3）微信小程序要求必须使用 HTTPS 协议。

（4）新一代的 HTTP/2.0 协议须以 HTTPS 为基础。

（5）美国的联邦政府网站统一使用 HTTPS，白宫管理和预算办公室发布了一份备忘录，要求政府网站使用 HTTPS[23]。

1.2.5　QUIC

1. 技术背景

在互联网需要变得更快、更安全的背景下，2013 年，Google 公司推出自研的替代 TCP 的新型可靠传输协议 gQUIC，并提交 IETF。从此，快速 UDP 互联网连接（Quick UDP Internet Connections，QUIC）协议逐渐成为学术界和工业界关注的热点。经过 8 年的努力，2021 年 5 月，IETF 推出关于 QUIC 的 *RFC 9000*[26]，是 QUIC 协议标准化的重要里程碑。

2. 技术内容

QUIC 本质上是一个更快的面向连接的可靠传输层协议，同时集成了 HTTP/2 的多路复用特性、TLS v1.3 的安全属性以及类似 TCP 丢包重传机制的可靠属性[27]。QUIC 是面向连接的协议，连接具有唯一标识，每个连接基于流方式，实现逻辑上的多路复用。每个连接具有多条流，各流独立地按照先进先出的方式传输数据包，数据包不会因为在单个 TCP 连接上需要按序到达而产生队首阻塞问题，能够更好地利用网络资源，降低传输延迟。

此外，TCP+TLS v1.2 建立安全连接的初始握手过程需要至少 3 个 *RTT*，尽管 TCP+TLS v1.2 可以将 TLS 建立时延减少到 1 个 *RTT*，但 QUIC 通过融合 TLS v1.3 协议，能够在进行 QUIC 握手的同时也完成 TLS 的握手，因此只需要 1 个 *RTT*，从而降低了握手时延。借助 TLS v1.3 的 0-*RTT* 模式，如果服务器保留有之前的密钥信息，就能直接开始向客户端发送加密数据，实现无握手时延的"无感连接"，进一步降低连接时延，提高用户体验。

QUIC 协议在用户空间实现，基于 UDP 的传输能够适配现有互联网架构和中间件的支持，而用户空间具有灵活的可编程性和可拓展性，更便于开发连接管理、流量控制、拥塞控制等机制，有利于协议和机制的更新。当然，由于 QUIC 在用户空间实现加密解密算法，因此与内核态的 TCP 相比，前者 CPU 的开销会更大，当 CPU 成为性能瓶颈时，会影响网络吞吐量。

3. MPQUIC

如今，智能手机等移动设备有多个无线网络接口，与服务器之间存在多条物理路径。考虑到音视频流量的增加，用户对在手机上同时使用 Wi-Fi（更低廉）和蜂窝网络（更昂贵）具有天然需求。QUIC 本身没有考虑到多路径聚合的特性，在物理网络上，客户端和服务器之间只有单条 UDP 流。随着多路径 TCP 在移动设备、数据中心等应用场景中的发展和应用，QUIC 协议也开始着手多路径的拓展，探索聚合多个物理网络，实现性能突破。2017 年，IETF 的 QUIC 工作组提出第一份 MPQUIC 草案。2022 年，该工作组发布 MPQUIC 草案，逐渐将 MPQUIC 向标准化发展。草案中的 MPQUIC 对每个 QUIC 流拓展了"路径"的概念，每个 MPQUIC 的流都有路径 ID 的标识，这样每个路径能同时支持多条流，并且不需要指定一种新的序号类型来识别和整合多条路径。MPQUIC 还具备安全属性，所有数据传输的流帧都是经过加密和认证的，报文头部增加的路径 ID 和每条路径上单调递增的报文序列号，使得中间件可识别不同路径，避免重复 ACK 的出现。此外，由于报文和流之间的独立性，MPQUIC 可以通过设计和更强大的报文调度算法将多个数据流分散到多个路径上。最后，QUIC 的灵活性允许我们轻松地定义新的帧类型来增强协议。

4. 技术应用

网页浏览、音视频传输等应用场景适合应用 QUIC 减少传输时间，提高服务质量和用户体验。伴随着 QUIC 协议的标准化，2018 年 10 月，IETF 的 HTTP 工作组和 QUIC 工作组联合声明了 HTTP/3。HTTP/3 作为 QUIC 发展的起因，也是 QUIC 的主要应用之一。随着 QUIC v1 协议标准的出现，越来越多的网站开始使用 QUIC，W3Techs[28] 的统计显示，目前大概有 23.8% 的网站使用了 HTTP/3。Google Chrome、Nginx 等浏览器支持使用 QUIC，Facebook、YouTube 等客户端应用也开始使用 QUIC 加速。

1.3 | 数据中心技术

1.3.1 数据中心互连技术

1. 技术背景

传统的数据中心网络通常为三层架构（如图 1-12 所示），包括接入层、汇聚层和核心层。其中接入层也称为 edge layer。接入层交换机通常位于机架（Rack）顶部，因此被称为 ToR（Top of Rack）交换机，物理上连接服务器。汇聚层交换机连接接入层交换机，同时提供其他服务，如防火墙、SSL offload、入侵检测、网络分析等。核心层交换机通常为整个网络中进出数据中心的报文提供高速转发能力，以及第三层的路由网络。

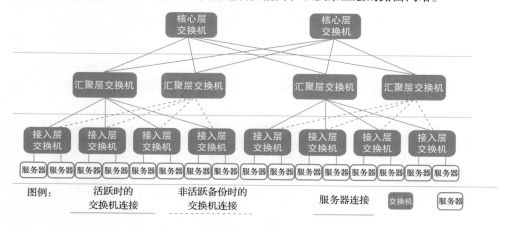

图 1-12　数据中心网络的三层架构模型

通常情况下，汇聚层交换机是 L2 和 L3 网络的分界点，汇聚层交换机以下是 L2 网络，以上是 L3 网络。当前数据中心网络中东西向流量占比可达 80%，而传统三层架构不能很好地支持东西向流量。

为了弥补传统三层架构对东西向流量支持不足的缺陷，新型数据中心网络在设计时普遍采用 Clos 网络架构，这种新型数据中心结构也被称为 Switch Fabric。

2. 技术内容

（1）Clos 架构

Charles Clos 为了解决无阻塞电话交换问题，设计了基于多级设备的交换方法[29]，称为 Clos 架构如图 1-13 所示，包含输入级、中间级、输出级。

Clos 架构的核心思想是，用多个小规模、低成本的单元构建复杂、大规模的架构。图 1-13 中，m 是每个子模块的输入端口数，n 是每个子模块的输出端口数，r 是每一级的子模块数，经过合理的重排，只要满足 $r_2 \geqslant \max(m_1, n_3)$，那么对于任意的输入到输出，总是能找到一条无阻塞的通路。

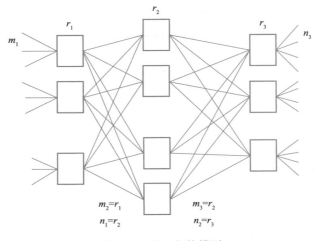

图 1-13　Clos 架构模型

　　由于传统数据中心网络的三层架构存在缺陷，文献［30］于 2008 年提出将 Clos 架构应用于传统数据中心网络架构中。如图 1-14 所示，当前在数据中心中普遍采用的 Spine-Leaf 架构正是一种 Clos 架构，由于服务器在网络中既是输入设备也是输出设备，使得 Leaf 交换机可以看成由 Clos 对折而成，既是输入级也是输出级。由于这种网络架构来源于交换机内部的 Switch Fabric，因此这种网络架构也被称为 Fabric 架构。

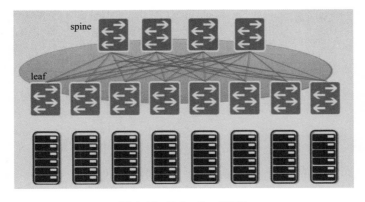

图 1-14　Spine-Leaf 架构

（2）Spine-Leaf 架构

在 Spine-Leaf 架构中，Leaf 交换机相当于传统三层架构中的接入层交换机，作为

ToR（Top of Rack）直接连接物理服务器。与接入层交换机的区别在于，L2 和 L3 网络的分界点现在在 Leaf 交换机上了。Leaf 交换机之上是三层网络。

Spine 交换机相当于核心层交换机。Spine 和 Leaf 交换机之间通过等价多路径（Equal Cost Multi Path，ECMP）动态选择多条路径。区别在于，Spine 交换机现在只是为 Leaf 交换机提供一个弹性 L3 路由网络，数据中心的南北向流量可以不用直接从 Spine 交换机发出，一般来说，南北向流量可以从与 Leaf 交换机并行的交换机（Edge Switch）再接到 WAN Router 出去。

传统数据中心网络的三层架构是垂直结构，Spine-Leaf 架构是扁平结构，从结构上看，Spine-Leaf 架构更易于水平扩展。

3. 技术应用

Facebook 数据中心网络使用一个五级 Clos 架构，由于实际的网络设备既是输入又是输出，因此五级 Clos 架构对折之后是一个三层架构，此时的三层架构不同于传统的三层架构。对应于上面介绍的架构，Facebook 将 Leaf 交换机叫作 ToR 交换机，中间添加了一层交换机称为 Fabric 交换机。Fabric 交换机和 ToR 交换机构成了一个三级 Clos 架构，与 Spine-Leaf 架构相一致。

Facebook 将一组 Fabric 交换机、ToR 交换机和对应的服务器构成的集群称为一个 PoD（Point of Delivery）。PoD 是 Facebook 数据中心的最小组成单位，每个 PoD 由 48 个 ToR 交换机和 4 个 Fabric 交换机组成，PoD 示意图如图 1-15 所示。

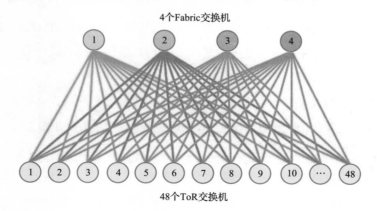

图 1-15　Facebook 的 PoD 示意图

在 Facebook 的 Fabric 架构中，Spine 交换机与多个 Fabric 交换机连接，为多个 PoD 提供连通性。其整体架构如图 1-16 所示，图 1-16 用 3 种拓扑表示了同一种网络架构，最上层是 Spine 交换机，中间是 Fabric 交换机，最下面是 ToR 交换机。

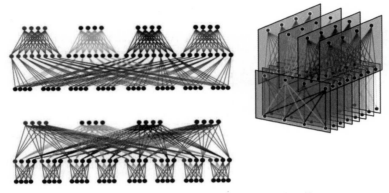

图 1-16　Facebook 的 Fabric 架构的 3 种拓扑

1.3.2　TRILL

1. 技术背景

传统的二层架构在构建时会使用 STP 构造生成树，以避免在网络中出现环路，从而消除广播风暴，但是 STP 的设计目标并不是使传输效率最大化，它在实现时通过阻塞部分链路消除了环路，同时也降低了网络整体的链路利用率。在当前数据中心网络中，普遍采用的分层架构中，如图 1-17 所示，在各层之间存在多条冗余链路，各层中的每个交换机都会与高一层的多个交换机相连，这些冗余链路不仅能够保证网络的鲁棒性，同时也可用于多链路聚合来提高带宽。由于 STP 的限制，数据中心网络不能在同一个 L2 网络中，仅在汇聚层以下构建 L2 网络。

随着数据中心的大规模应用和云计算的发展，数据中心网络内会运行大量的分布式应用，如搜索、并行计算和大规模 AI 训练，在这个过程中需要传输大量的中间数据，使得当前数据中心网络内东西向的流量已经达到了整体流量的 80%[31]，如何在数据中心网络中充分利用链路带宽提高整体的网络容量变得更加重要。而在云计算应用中，由于虚拟机迁移、虚拟网络以及云存储需要一个更加灵活的网络架构，因此二层架构逐步扩大，大二层架构的构想也得以提出。

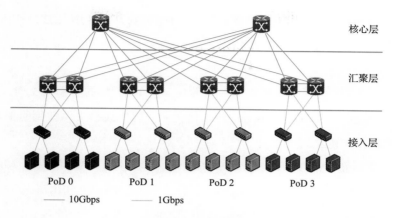

PoD 0　　　　PoD 1　　　　PoD 2　　　　PoD 3

—— 10Gbps　　　　—— 1Gbps

图 1-17　数据中心网络的三层架构

为了解决传统二层网络在数据中心中的各种问题，IETF 提出了 TRILL（Transparent Interconnection of Lots of Links）技术标准，TRILL 是一种把三层链路状态路由技术应用于二层架构的协议。TRILL 通过扩展 IS-IS 路由协议实现二层路由，可以很好地满足数据中心大二层组网需求，为数据中心业务提供解决方案。

2. 技术内容

TRILL 提供了一种与传统以太网帧转发方式不同的技术。"多路径"早期用于 IP 转发，当两台路由器间存在多条等价转发路径时，路由器可根据路由计算结果和策略，分配不同流至不同的路径上，提高带宽利用率，TRILL 利用相同的思路转发以太网帧，因此也被称为 RBridge（Routing Bridge）。

（1）TRILL 基本原理

TRILL 报文的源目 RBridge MAC Address 指示 TRILL 报文发出源 RBridge 和目 RBridge，这两个字段在 TRILL 报文逐跳转发过程中会发生变化，这不同于传统的二层转发行为。在 802.1 报头中通过 TRILL Ethertype 插入一个 TRILL 报头，之后才是最初的以太网报文。TRILL 报头包括版本（ver）、多播标记（M）、选项长度（option length）、TTL（也称作 Hop Count）、出口 RBridge（egress RBridge nickname）、入口 RBridge（ingress RBridge nickname），以及 TRILL 的选项（Header Options）。其中，出口 RBridge 为该 TRILL 的目标 RBridge，可理解为该报文要从出口 RBridge 传输到 TRILL campus 之外，而报文是从入口 RBridge 进入 TRILL campus 的。对于 802.1q 报文，在 TRILL 报文外层

有一个 Outer-Vlan，在里层有一个 Inner-Vlan，分别对应于 TRILL 转发时使用的 VLAN 和进入 TRILL campus 时生成的 VLAN。

（2）**TRILL 转发流程**

①第 1 次转发。发送侧交换机第一次转发某目的 MAC 的单播报文时，由于 MAC 表中没有记录该目的 MAC 和 RBridge 的对应关系，因此该报文将使用组播转发表项，按照未知单播报文转发。

在下游交换机的出口 RBridge 处，RBridge 会学习源 MAC 和入口 RBridge 昵称（Nickname）的对应关系。经过一次报文交互后，入口 RBridge 和出口 RBridge 的 MAC 表中记录了相关的目的 MAC 和 RBridge 的对应关系，因此后续的报文使用单播转发表项按照已知单播报文转发。

②第 2 次以后的转发。发送侧交换机将目的 MAC 对应的 RBridge 的 Nickname 添加到 TRILL 报头中的出口 RBridge 字段中，将本 RBridge 的 Nickname 添加到 TRILL 报头中的入口 RBridge 字段中，M 值设置为 0。

已知单播报文转发时，首先查看出口 RBridge 是否为当前 RBridge。如果是，则到达接收侧交换机，对报文进行解封装；如果否，则根据出口 RBridge 查找单播路由表及其关联的下一跳表，更新外层以太头中的目的 MAC（新为下一跳 RBridge 的 MAC）和源MAC（更新为当前 RBridge 的 MAC），从指定接口发送出去。在转发过程中只修改TRILL 报头中的 Hop Count 字段。

TRILL 交换机之间的地址平面，与 TRILL 的 Leaf 交换机与主机之间的地址平面是不同的。某些拥塞控制消息必须通过发回送到阻塞源头。TRILL 核心并不知道主机的真实地址；它只知道 TRILL 边缘，因此，类似于 QCN 阻塞管理计划无法有效支持这种架构。

3. 技术应用

图 1-18 是采用 TRILL 技术构建的大二层架构的数据中心网络，包括核心层、接入层。接入层是 TRILL 网络与传统以太网的边界，某些情况下可能需要运行 STP 用于连接传统以太网。核心层 RBridge 不提供主机接入，只负责 TRILL 帧的高速转发。每个接入层 RBridge 通过 8 个万兆端口分别接入到 8 台核心层 RBridge 上，此时的网络对分带宽（Bisection Bandwidth）可达 320Gbit/s。假设每台核心 RBridge 通过 160 个万兆端口与

160 台接入层 RBridge 连接，则对分带宽可达 6400Gbit/s，也就是说整个数据中心可以构建拥有 12 000 台服务器的大二层架构。这种拓扑结构通常应用在"分布式 I/O 集群计算"环境或者"并行文件处理计算"环境，前者的典型应用是搜索引擎，后者的典型应用是图像/动画渲染。这里的核心层和接入层 RBridge 都应采用具有端口大缓存能力的设备，以减缓转发路径中可能出现的"多条流同时向一个端口转发"造成的拥塞现象。

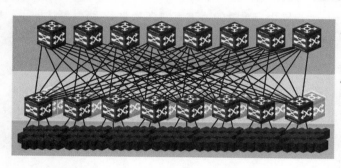

图 1-18　基于 TRILL 构建的大二层架构的数据中心网络

1.3.3　VXLAN

1. 技术背景

在云计算数据中心中，虚拟化网络是支持多租户隔离、虚拟机迁移等技术的基础。在传统的二层架构中，基于 VLAN 可以提供虚拟网络隔离，但由于 VLAN tag 域只包含 12bit，最大只能划分 4096 个 VLAN 网络，不能达到数据中心中大规模租户数量的要求。传统的 VLAN 网络不能满足云计算网络动态调整的灵活性要求。在云计算数据中心中，为了实现各个物理服务器之间的资源使用的动态平衡，需要动态迁移部分虚拟机，为了保持虚拟机的业务不中断，其 IP 地址也要固定，因此要求物理网络是一个大二层架构的。传统的二层架构难以处理这些 IP 地址、MAC 地址和物理机位置的对应关系，而通过堆叠、SVF、TRILL 等技术构建物理上的大二层架构，则需要对原有网络架构做很大改动。

在这种限制背景下，VMware、Cisco 等厂商推动提出了虚拟扩展局域网（Virtual Extensible LAN，VXLAN）技术[32]。VXLAN 技术的主要原理是引入一个 UDP 格式的外层隧道作为数据链路层，而原有数据报文内容作为隧道净荷。

2. 技术内容

（1）基本原理

VXLAN 是一种隧道技术，采取将原始以太网报文封装在 UDP 数据包里的封装格式，将原来的二层数据帧加上 VXLAN 头部一起封装在一个 UDP 数据包里。

VXLAN 头部的 24 位 VNID 可提供约 1600 万个虚拟二层网络，远多于传统二层网络的 4096 个 VLAN，可满足大规模租户数量的要求。网络只要 IP 路由可达即可。VXLAN 实现了应用与物理网络的解耦，但网络与虚拟机还是相互独立的。

（2）VXLAN 架构

VXLAN 的架构如图 1-19 所示，VXLAN 隧道端点（VXLAN Tunnel Endpoints，VTEP）是 VXLAN 网络的边缘设备，也是 VXLAN 隧道的起点和终点，VXLAN 对用户原始数据帧的封装和解封装均在 VTEP 上进行。在数据中心网络中，VTEP 角色一般可以由主机内的虚拟交换机或者 ToR 交换机担任。

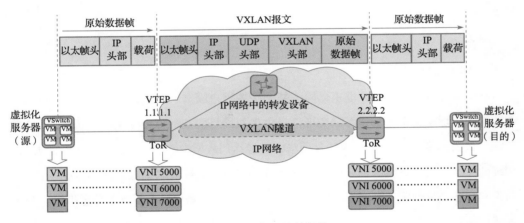

图 1-19　VXLAN 的架构

以太网数据帧中，VLAN 只占了 12bits 的空间，使得 VLAN 的隔离能力在数据中心网络中力不从心。而 VNI 的出现，就解决这个问题。VXLAN 网络标识符（VXLAN Network Identifier，VNI）是一种类似于 VLAN ID 的用户标识，一个 VNI 代表一个租户，属于不同 VNI 的虚拟机之间不能直接进行二层通信。如图 1-20 所示，VXLAN 报文封装时，给 VNI 分配了 24bit 的空间，使其可以支持海量租户的隔离。

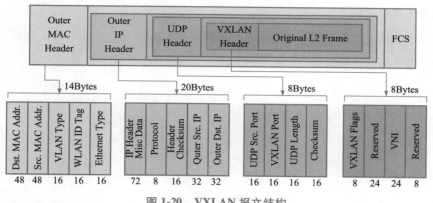

图 1-20　VXLAN 报文结构

通过 VXLAN 隧道，"二层域"可以突破物理上的界限，实现大二层网络中 VM 之间的通信。连接在不同 VTEP 上的 VM 之间如果有"大二层"互通的需求，这两个 VTEP 之间就需要建立 VXLAN 隧道，如图 1-21 所示。

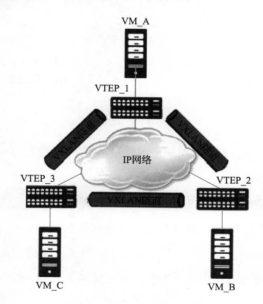

图 1-21　VXLAN 隧道示意图

3. 技术应用

（1）数据中心部署

在数据中心内部署 VXLAN 网络，根据三层网关部署方式的不同，VXLAN 三层网关又可以分为集中式网关和分布式网关。

①集中式网关。集中式网关是指将三层网关集中部署在一台设备上，如图 1-22 所示，所有跨子网的流量都由这个三层网关转发，实现流量的集中管理。

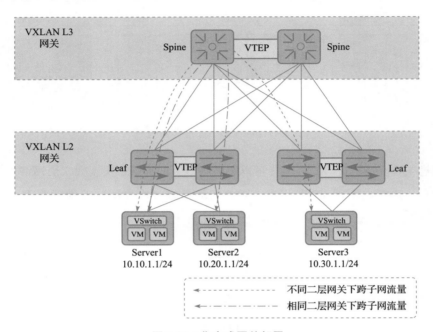

图 1-22　集中式网关部署

集中式网关部署的优点是可以对跨子网流量进行集中管理，且网关的部署和管理比较简单，但是也包含如下缺点。

- 转发路径不是最优：同一二层网关下跨子网的数据中心三层流量都需要经过集中式三层网关绕行转发（如图 1-22 中点虚线所示）
- ARP 表项规格瓶颈：由于采用集中式三层网关，通过三层网关转发的终端的 ARP 表项都需要在三层网关上生成，而三层网关上的 ARP 表项规格有限，不利于数据中心网络的扩展。

②分布式网关。通过部署分布式网关可以弥补集中式网关部署的缺点。分布式网关是指在典型的 Spine-Leaf 架构下，将 Leaf 节点作为 VXLAN 隧道端点 VTEP，每个 Leaf 节点都可作为 VXLAN 三层网关（同时也是 VXLAN 二层网关），Spine 节点不感知 VXLAN

隧道，只作为 VXLAN 报文的转发节点。如图 1-23 所示，Server1 和 Server2 不在同一个网段，但是都连接到同一个 Leaf 节点。Server1 和 Server2 通信时，流量只需要在该 Leaf 节点上转发，不再需要经过 Spine 节点。

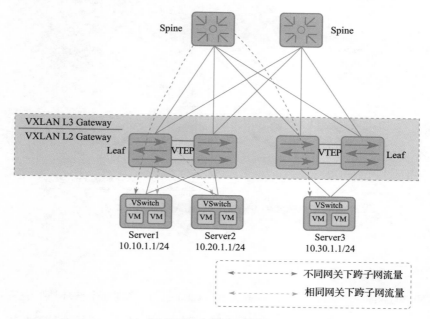

图 1-23　分布式网关部署

采用分布式网关部署，同一个 Leaf 节点既可以做 VXLAN 二层网关，也可以做 VX-LAN 三层网关，十分灵活。Leaf 节点只需要学习自身连接服务器的 ARP 表项，而不必像集中三层网关一样，需要学习所有服务器的 ARP 表项，这就解决了集中式三层网关带来的 ARP 表项瓶颈问题，提升了网络规模扩展能力。

③SD-WAN

SD-WAN 采用 overlay 组网方式，具备跨越中间运营商 underlay 网络的物理设备，实现业务在 overlay 层面的灵活部署，利用隧道技术构建一个虚拟的网络，传统网络不需要做任何适配，就能够为客户构建各种不同拓扑结构的虚拟专网，基于 VXLAN 技术可以实现 SD-WAN 的部署[33]。如图 1-24 所示，借助 SD-WAN 管控分离的特点以及 EVPN over VXLAN 与路由反射器 RR 建立的连接，即可实现全网设备的互联。

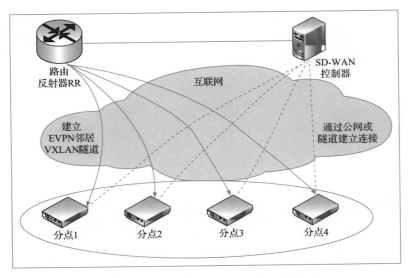

图 1-24　基于 VXLAN 的 SD-WAN 组网架构

1.3.4　GENI 项目

GENI（Global Environment for Network Innovations，网络创新全球环境）是美国国家科学基金会（NSF）资助的项目，于 2005 年 8 月立项实施。该项目的目的是探索新的互联网架构，以促进科学发展并刺激创新和经济增长。为了顺应 21 世纪的迫切需求，GENI 项目大大促进了网络和分布式体系结构的发展。发展目标包括互联网新的核心功能（如新的命名技术、寻址技术和身份架构）、增强型功能（包括安全架构和高可用性设计）、新的互联网服务和应用。根据设想，GENI 项目将从根本上改变互联网，而非渐进式的改变。

2005 年，GENI 项目开始时，其设施主要包含结点构件、链路构件和特定构件。其中，结点构件包括灵活的边缘设备，可定制高速路由器、动态光交换和光网络层；链路构件包括国家光纤设施和末端链路等；特定网络构件包括城域 802.11Mesh 子网，广域郊区 3G/WiMax 子网、认知无线电子网、特定应用传感器子网、仿真子网。例如，城域 802.11Mesh 子网主要是考虑到短距无线传输技术已经成熟，但对大规模系统和相关应用开发缺少实际经验，真实环境下各种协议的性能需要进一步验证。为此，开展的研究方向包括：①ad hoc 网络发现及自组织；②核心路由与 ad hoc 路由的集成；③跨层协议实现；④针对 ad hoc 的 MAC 协议；⑤支持宽带媒体 QoS；⑥研究移动性对 ad hoc 网络性能的影响；等等。

通过十多年的建设，GENI 项目演变成为进行网络和分布式系统研究与教育的网上虚拟实验室。虚拟实验室非常适合规模化的网络研究探索，从而促进网络科学、安全、服务和应用的创新。GENI 项目允许实验人员：①从美国各地获取计算资源；使用最适合的实验拓扑结构，以"链路层（层 2）"的方式网络连接计算资源；②在这些计算资源上安装定制软件，甚至定制操作系统；③在他们的实验中控制网络交换机如何处理流量；通过在他们的计算资源中安装协议软件，并为他们的交换机提供流控制器来运行他们自己三层及以上协议。

1. GENI 架构

GENI 架构旨在允许：①用户设置最适合其实验的二层网络拓扑；②实验非 IP 协议栈和指定的数据包转发算法；③多个并发实验，每个实验可能使用不同的协议栈和数据包转发算法。

图 1-25 展示了 GENI 架构，具体包括两个平面。

（1）控制平面：用于发现、保留、访问、编程和管理 GENI 计算和通信资源。它由图中的细线链接表示。控制平面在互联网上运行。

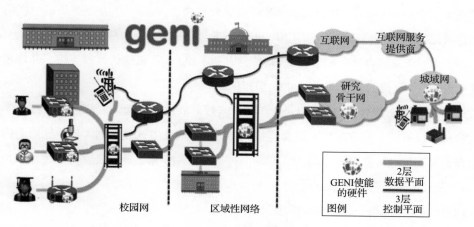

图 1-25　GENI 总体架构示意图

（2）数据平面：根据每个单独实验的需要进行设置，包括网络拓扑、连接到网络的计算资源、各个链路的带宽，以及可编程交换机和控制器。可编程交换机和控制器可以自定义数据包转发算法规范，由图中的粗线链接表示。它在 GENI 骨干网络上运行，包括 Internet2、区域性研究和教育网络和 GENI 使能的骨干网络。

采用的关键技术包括如下几项。

（1）网络切片：GENI 网络链路由以太网 VLAN 分割，即共享同一物理链路的多个实验在链路上被赋予不同的 VLAN。VLAN 切片保证了实验之间的流量隔离（也就是 GENI 中的一个切片看不到另一个切片中的数据包），并且在最大程度上提供了性能隔离。

（2）深度可编程性：GENI 允许程序员在实验中控制数据包的转发方式。程序员可以使用这些资源，实例化软件交换机和路由器，对其进行编程以实现按需转发报文。GENI 在每个机架都部署了可编程硬件交换机。值得注意的是，提供国家数据平面连接的 Internet2 网络开放其可编程交换机，提供给采用 GENI 做实验的人员使用。可编程交换机支持 OpenFlow；程序员可以编写控制器来实现自定义数据包转发算法。

（3）网络联合和拼接：GENI 是一个联合测试平台，即不同的组织托管 GENI 资源，包括区域和国家网络提供商资源，以及托管 GENI 机架或无线基站的校园资源，并将资源提供给 GENI 的使用者。因此，为 GENI 实验设置数据平面，可能会涉及多个网络资源提供者之间的协调。这是通过 GENI Stitching 的过程完成的。

（4）GENI 无线网络：GENI 无线基站具有到本地 GENI 机架的回程连接，并通过机架连接到 GENI 网络的其余部分，可参考图 1-25。

（5）将校园资源连接到 GENI：为了支撑高校开展科学实验，需要连入各种科学仪器。将科学仪器或实验室等校园资源连接到 GENI 的最佳方式是通过 GENI 机架上的数据平面进行连接，可参考图 1-25。

2. GENI 的部署配置情况

GENI 的主要网络拓扑架构如图 1-26 所示。

其中，所有 GENI 机架都有三层连接，即通过互联网连接；二层连接则直连 GENI 骨干网。另外，GENI 主要有以下几种配置类型的机架。

- ExoGENI：费用较高，一个包含动态虚拟网络拓扑的解决方案，包含 OpenFlow 技术。主要部署在多个校园网络。
- InstaGENI：费用中等，用于部署在大量的校园中，通常在选址的防火墙之外。
- OpenGENI：费用中等，主要采用 Dell 的硬件进行搭建。
- CiscoGENI：主要采用 Cisco 的设备，支持 OpenFlow、虚拟化技术和 Multi-site。
- CienaGENI：一个将 ExoGENI 的软件和 Ciena 交换机结合的解决方案。

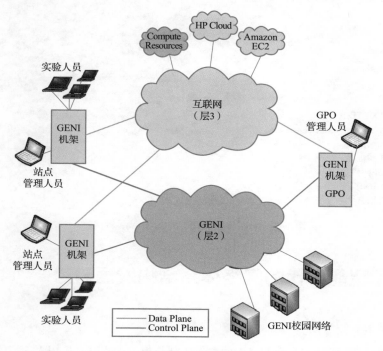

图 1-26　GENI 的主要网络拓扑架构示意图

目前，GENI 机架的部署选址总体情况如下。

- ExoGENI：14 处。
- InstaGENI：38 处。
- OpenGENI：1 处。

图 1-27 展示了目前 GENI 的网络和计算资源（包括上述各种配置类型的机架）在各大城市和高校的部署情况。

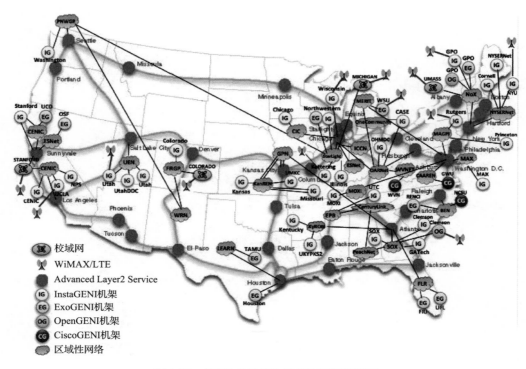

图 1-27　GENI 的网络和计算资源部署情况

1.4 | 智能时代的网络体系结构发展趋势

1. 功能要素智能化

智能化是指在设计和实现网络中的内部机制与相关功能时，运用人工智能领域中的理论和方法，以更好地适应不断发展的业务需求。知识定义联网（Knowledge-Defined Networking，KDN）、基于意图的联网（Intent-Based Networking，IBN）、网络决策机制智能化是 3 种重要形式。前两种主要面向管理平面，第三种主要针对控制平面。

（1）知识定义联网（KDN）

KDN 的原理主要是将 SDN 中的知识平面具体化，然后将智能和推理应用在 SDN 的决策过程中。除了包含一般网络所具有的数据平面、控制平面以及管理平面外，KDN 还引入了知识平面。知识平面主要利用如机器学习等智能化方法，处理管理平面所收集的信息，最后生成相应的知识管理网络的运行。

KDN 的处理过程主要分为 3 个阶段：第一阶段是数据分析，主要是利用转发设备、控制器等收集网络中的信息（数据包状态和网络状态等）并进行分析，以形成全局视图；第二阶段是知识生成，主要利用机器学习等智能化方法进一步处理全局视图信息，从而得到关于网络状态的知识；第三阶段是知识利用，把形成的知识转化为可执行命令，再下发给数据平面，这样就完成对网络决策操作的控制。KDN 已被应用到网络运维、网络规划等多场景中，并取得了良好的效果。

（2）基于意图的联网（IBN）

当前网络运维大多通过命令行进行，IBN 则致力于理解用户或应用的意图，然后把意图转化为一系列策略，并进行验证和自动化运行。IBN 的工作流程大致分为 4 步：第一步主要是对用户的意图进行理解和定义，一般需要用一种描述语言描述意图；第二步是意图转换，即将所理解的用户意图转译生成特定的网络配置变更规则，如修改访问控制列表（ACL）等；第三步是配置验证与执行，即要在应用上述网络配置规则之前进行验证，若验证正确则将转译后的配置下发到网络中执行，验证不正确就返回第二步修改意图，再进行转译，直到通过转译；第四步为网络验证，即对网络运行状态进行周期性监测，验证其是否与用户意图保持一致，从而形成闭环的系统。

随着技术的不断发展，IBN 已逐渐走向落地部署阶段。例如，由 IBM 公司提出的分布式覆盖虚拟以太网（DOVE）技术，主要通过从管理程序主机抽象出物理网络基础设施，从而在软件中实现网络变更。此外，还有由华为公司提出的基于意图的北向接口语言 NEMO，由 Cisco 公司实现的基于意图的恶意流量检测网络软件 5G EVE 等。

（3）网络决策机制智能化

网络流控、TCP 窗口长度等网络决策机制中存在大量的参数调谐机制，这些机制的参数设置依赖于具体场景。通过智能化手段，可以使参数动态适应具体场景，再通过建立模型，利用深度学习方法，实现参数优化。例如在视频传输场景中，根据链路带宽的变化情况，动态调整视频的分辨率，使用户体验提升。智能化的过程一般分为 3 个阶段：第一阶段是建立模型，第二阶段是训练模型，第三阶段是实际投入运行。

2. 网络功能虚拟化

软件定义网络的优势在于转发与控制分离、支持软件可编程以及网络状态集中控制。网络功能虚拟化（Network Function Virtualization，NFV）技术则进一步解耦了网络功能实现形态，使得网络功能可以动态部署和动态升级，还可以在故障情况下实现功能的快速迁移。

NFV 技术一般应用于标准高性能服务器，也可以应用于路由器、交换机和存储设备以实现网络功能，便于根据需求动态部署新功能，以及用软件实现网络功能的灵活加载和配置，实现软硬件解耦，解决设备成本高、寿命短、利用率低、升级困难等问题，每个应用场景下，都可以通过快速增加或减少虚拟资源来达到快速扩容或缩容的目的，提升网络适应性和柔韧性。

NFV 技术中包含如下几项关键技术。

①NFV 数据平面加速技术，支持硬件加速器、网络处理器、多核处理器 3 种形态。

②服务功能链组链技术。将多个虚拟网络功能按照一定的顺序连接起来称为服务功能链（Service Function Chain，SFC），服务功能链组链技术包括基于专用封装的服务功能链、基于路由转发的服务功能链、基于 MAC 地址的服务功能链。

③虚拟网络功能编排技术。部署虚拟网络功能时，需要根据业务需求占用特定种类的资源，由于物理资源的有限性、资源调度的灵活性，虚拟网络功能对资源需求的竞争性，虚拟网络功能编排成为一个 NP 困难问题，需要采用启发式机制解决。

3. 编程能力芯片化

随着网络技术朝着高速化、大容量化发展，以及网络功能朝着软件化、虚拟化、智能化发展，需要解决灵活性和高性能彼此矛盾的问题，因此催生了对于高层功能描述语言和实现高性能的需求，直接推动了编程能力芯片化的趋势。

目前，独立于编程协议的数据包处理器（Programming Protocol-independent Packet Processors，P4）技术作为一种高层功能描述语言，可以比较简洁地描述复杂的网络功能，工业界已利用 P4 语言实现了流量分发网关、云交换机等产品。因此，高层描述语言成为下一代软件定义网络的核心技术。相应的，高层描述语言代码的验证也成为重要的研究方向。

在可编程芯片方面。2019 年，Barefoot 公司发布了采用 7nm 制程工艺的 Tofino2 芯片，采用 50Gbit/s 信号和 PAM-4 编码，总带宽达到 12.8Tbit/s。2019 年 12 月，Cisco 公司推出了 Silicon One 可编程芯片，支持 P4 语言，具备 10.8Tbit/s 的交换能力，Cisco 公司的 8000 系列新产品将首先应用 Cisco Silicon One Q100 处理器平台。2021 年，楠菲微电子有限公司推出可编程的 14nm 制程工艺的芯片，交换能力为 25.6Tbit/s，具有灵活的编程能力。

1.5 网络体系结构发展前沿

伴随着新的使能技术的产生和发展，各种新的网络形式应运而生。量子技术、太赫兹技术有望推动量子互联网和太赫兹网络的发展。

1. 量子互联网

荷兰代尔夫特理工大学的 Stephanie Wehner 教授于 2018 年在《科学》杂志上发表综述，把量子互联网分成 6 个阶段。美国能源部在 2019 年举办的量子网络讨论会上，将量子网络分为 3 个发展阶段：量子局域网、量子广域网、量子互联网。

美国能源部于 2020 年 7 月公布了量子互联网国家发展战略蓝图，根据目前 TCP/IP 协议栈的 5 个层次，希望能够构建一个纠缠网络的协议栈，物理层以量子信息处理器、量子计算机为核心，数据链路层利用超导体、光量子等技术连接网络上的节点，网络层利用量子存储技术有效地制造和分配量子纠缠，传输层与传统网络协作，应用层进行分布式的量子信息应用。

美国量子互联网的发展规划主要包含 4 个方面：一是量子纠缠源、量子交换机、存储器以及光纤-自由空间量子信道转换等基础组件的发展；二是研究各种量子系统设备间的网络融合，例如量子比特系统中的纠缠源和冷原子的量子存储之间的耦合，可以转移光量子的信息到冷原子能级上面；三是纠缠中继、交换和路由的发展，通过纠缠交换和量子隐性传态等技术，实现远距离多用户纠缠互联；四是在大规模的量子纠缠网络中所采用的纠错技术的发展。

为此，美国制定了 4 个重要的技术节点：一是协议的验证，重点是对现有的量子密钥分配等通信协议进行认证；二是城域量子纠缠的跨域互联（当前阶段），实现量子纠缠分发和域间量子纠缠关联；三是利用量子存储技术，实现一跳式网络的扩展，在不同城市之间进行量子组网，有望在 3~5 年内取得突破性进展；四是利用量子中继技术，在 10 年内实现广域量子纠缠组网。

2020 年 9 月，在英国布里斯托大学、奥地利大学等多家科研单位的共同努力下，实现了城域范围无可信中继的量子通信网络，这是域内量子纠缠网络的代表性研究成果。该研究利用参量下变换纠缠源，生成一对宽谱纠缠光子，如波长为 1551nm 的光子和波长为 1549nm 的光子是一对纠缠光子，波长为 1552nm 的光子和波长为 1548nm 的光子是一对纠缠光子等；在制备好纠缠光子后，利用密集波分复用器，使节点之间实现全连接。

荷兰代尔夫特理工大学的 QuTech 研究组是研究域间量子纠缠网络的代表。2016 年，该研究组筹备建立欧洲量子互联网联盟；2019 年，该研究组又在 SIGCOMM 会议上公布了量子网络链路层协议；2020 年，该研究组公布了其软件定义量子网络结构，并于 2021 年实现了 3 个量子节点的量子网络试验。

在 2019 年推出的量子网络链路层协议中，QuTech 研究组利用他们设计的金刚石色心纠缠源，用氮原子取代金刚石中的一个碳原子，然后通过控制使原子自旋与激发的光子间产生纠缠，并利用节点间的贝尔态测量等手段，使两个节点间的量子纠缠关联。由于其纠缠源为确定性激发纠缠源，因此可以采用类似 SDN 的结构来完成多个节点间的纠缠交换。

2021 年，QuTech 研究组在《科学》杂志上发布了 3 个节点的量子网络实验论文，实现了域间的量子连接，其中一个是在 3 个节点之间建立 GHZ 状态，并实现了纠缠互联；另一个是将 Bob 节点作为纠缠交换节点，使 Alice 节点与 Charlie 节点能够进行跨域纠缠互联。

在量子存储器和量子中继领域，中国科学技术大学于 2021 年 4 月把光存储时间从分钟级提高到 1 小时，并利用吸收式量子存储器完成了多模的量子中继，为建立高宽带远距离量子网络打下了坚实的基础。

量子互联网的发展方向主要有两个：一是量子组网技术，在域内进行确定性纠缠网络的研究，同时提高量子存储器的性能，实现跨区域的量子互联；二是量子网络已能够支持端到端量子安全通信、时间同步、分布式传感、分布式量子计算等领域的发展，推动量子信息技术的整体提升。

2. 太赫兹网络

太赫兹（Terahertz，THz）波是介于毫米波与红外线波段之间的一种电磁波，其频率为 0.1~10THz。太赫兹波具有低频段无线通信所不能比拟的优点：①载频高，能支持几十至上百 Gbit/s 的数据传输速度和高分辨率的雷达图像；②具有良好的穿透能力、低光子能量、高安全性和无损探测能力；③能够覆盖大部分材料的特征谱。太赫兹是一种亟须得到发展和利用的频谱资源，已经成为世界各国争夺的科技高地。

太赫兹技术的发展得到美国国防部、美国能源部、美国国家科学基金会的大量资助，如建设太赫兹高速无线通信骨干网络等。欧盟在第 5 至第 7 研发框架计划中，已经发起了一系列太赫兹技术项目，英国剑桥大学领导的 WANTED 计划、THz-Bridge 计划，欧洲太空总署发起的大规模太赫兹 Star-Tiger 计划等。日本政府把太赫兹技术列为未来十年十大重要技术中的第一位。

太赫兹通信领域一直重点发展高频段、高带宽。日本在太赫兹通信技术上处于领先地位，日本大坂大学与日本电报电话公司曾在 2008 年北京奥运会上演示过 0.12THz 的太赫兹无线通信技术。日本总务省曾经计划在 2020 年东京奥运会上部署 0.34THz 的太赫兹通信，其通信速率为 100Gbit/s。

太赫兹通信因其独特的优点而成为星间大规模互联的关键技术之一，可以很好地解决目前空间微波通信带宽不足、速率不高等问题。同时，由于其高定向性的特点，可以很好地解决卫星之间的激光通信组网问题和远距离跟瞄问题。

相对于太赫兹通信技术而言，太赫兹组网技术在国际上的研究还处在初级阶段。由于太赫兹网络的传输距离和传播环境有很大差异，因此需要进行多点组网，这是目前一个迫切需要解决的问题。

太赫兹网络是将太赫兹点对点技术推广到多个节点的网络中。太赫兹波的独特物理特征决定了太赫兹网络的实现过程中存在着一系列的技术难题：一是在 100GHz 以上的频率、Tbit/s 级的高速传输速率下，必须提高分组交换性能，为大规模的网络设计一种新的拥塞控制技术；二是传输损耗大，太赫兹波在大气中传输时会产生很大的衰减，信道利用率低，传输重传概率高，因此要实现远距离组网，就必须设计出一种有效的介质访问控制方法，并采用协同中继技术进行传输；三是对于定向窄波束，需要解决定向窄波束捕获与跟踪、空间多址接入、快速发现和控制等技术。无论是小区超宽带覆盖、高速无线回传还是车载网等，太赫兹网络都离不开上述这些技术的支撑。

太赫兹介质访问控制方法（又称为太赫兹网络 MAC 层协议）是实现多个节点太赫兹通信组网的核心技术。深入研究太赫兹网络 MAC 协议，能有效地解决太赫兹节点同步、信道访问等问题，从而达到太赫兹网络节点之间的高速率、高可靠通信。当前，太赫兹网络 MAC 协议的研究主要集中在网络拓扑结构、信道接入机制以及通信发起方 3 个方面。

在太赫兹网络中，有一些具有代表性的应用前景：一是数据中心网络，太赫兹技术可以用于数据中心的超高速短程无线传输，其带宽高达数百 Gbit/s；二是空间网络，因为在外层空间，太赫兹电磁波可以进行无损传播，因此太赫兹技术可以用于星群组网和星间网络的通信；三是微纳级通信，因为太赫兹波长很短，因此有可能在纳米级的体域网、纳米级物联网、片上高速、芯片之间进行短距离的高速通信。

3. 元宇宙对互联网体系结构影响

（1）元宇宙给网信空间带来的新内涵

2021 年 10 月 28 日，扎克伯格宣布将公司名由 Facebook 改为 Meta，标志着元宇宙（Metaverse）的到来。计算机网络诞生于 20 世纪 60 年代末，现代互联网诞生于 20 世纪 80 年代初。随着 Web 技术的出现，互联网开始覆盖到千家万户。21 世纪初，随着智能手机的发展，移动互联网成为人们工作和生活的必需品。对网信空间的描述使人们从全局角度看待虚拟空间。元宇宙的引入进一步加强了网络空间和现实世界的融合，为网络空间增加了新的内涵。从网络传播空间的角度来看，AR/VR 的引入不仅增加了一种新的终端，更增加了一个连接虚拟世界和现实世界的新桥梁和界面。

人与计算机、智能手机等终端设备的互动主要体现在二维图像的形成或文字反应的速度上。许多终端应用对网络交互延迟有较高的容忍度，但 VR/AR 的引入带来了非常强的技术指标，即在视觉交互的背景下，网络延迟、接入带宽和基础网络容量必须满足一定要求，否则用户无法忍受。因此，互联网也将再次转型升级，尤其是对于互联网的基本指标，如单链路速率、时延、丢包率等，这些指标的升级对互联网相关产业不可避免地起到洗牌的作用，就像经典互联网时代到移动互联网时代一样。雅虎是经典互联网时代的宠儿，今日头条、淘宝网等是移动互联网时代的宠儿。Meta（原 Facebook）、微软、腾讯等互联网巨头都非常重视元宇宙，甚至自我革命，准备迎接新的挑战和发展机遇。

谈到元宇宙，自然会想到数字孪生，数字孪生体有许多应用场景。在智能制造领域，数字孪生利用数字模型设计技术，将物理设备的各种属性和参数映射到数字虚拟空间中，将物理设备转化为可拆卸、可复制、可转移、可修改、可再现的数字模型，以快速、便捷地改变虚拟三维数字空间中零部件和产品的尺寸和装配关系，在迭代过程中减少物理原型的数量、时间和成本。在维护和修理时，数字孪生包括在物理空间物体（如飞机发动机）和虚拟世界物体之间建立一对一的对应关系，并通过传感器将物理空间物体的状态传输到虚拟世界物体上。通过模型对虚拟世界物体进行推理，预测物理空间物体的可能变化，如发动机寿命、故障等，便于及时更换或维修。因此，数字孪生关注的重点是对象。而元宇宙的关注点是人，希望网络信任空间中的人，这些人以虚拟身份开展活动，使一个包含"人"元素的虚拟世界逐渐形成。

元宇宙强调"沉浸在环境中"，这就要求所有类型的传感器以友好的方式与人类"相处"，以便实时检测周围环境，这对传感器和处理电路的微型化和灵活性提出了新的要求。目前的互联网的带宽、延迟等，与元宇宙的实际需求会产生新的矛盾。与文字或图像交互时，大约 100~300ms 的延迟对人们来说没有太大的影响，但是这个量级的延迟对于 VR 视频/AR 交互来说并不是很友好。在计算机存储领域，元宇宙面临的挑战并不大，相关应用将面临新的发展机遇。

目前，国内外主要的元宇宙技术公司包括 Meta（原 Facebook）、苹果、Google、NVIDIA、腾讯、字节跳动、网易、日本社交网络巨头 GREE，以及美国初创公司 Roblbx。

受国际地缘冲突、中美贸易摩擦等影响，加上内在技术发展规律等的共同作用，到 2022 年 10 月，元宇宙发展仍属于爬坡阶段。元宇宙相关业务 2021 年损失 100 亿美元，在 2022 年度前三季度损失 90 亿美元。麦肯锡收集的数据显示，自 2021 年以来，全世界已经向元宇宙投资 1770 亿美元，并预测到 2030 年，元宇宙市值将达到 5 万亿美元。花旗银行更乐观，认为会达到 13 万亿美元。但 Canalys 分析师则认为，元宇宙是一个过度炒作的钱坑——大多数元宇宙项目在 2025 年之前就会消失！

（2）元宇宙给网络空间带来新挑战

元宇宙至少会给网络空间带来 3 个方面新挑战。

①挑战 1：网络架构和机制创新

目前，互联网普遍采用"最大化服务"的模式，无法保证服务完成的"确定性"，目的是追求元宇宙的体验感。网络延迟和带宽的不确定性对 3D AR/VR 显示和互动有很大影响。研究表明，3D 全息信息的传输需要 1Tbit/s 的带宽。互联网的发展也深深扎根于现实需求之中。例如，为了满足数据中心的需求，人们提出了新的网络技术，如 RDMA 和无损以太网。为了满足元宇宙的需求，还有必要研究新的网络架构，考虑在资源部署中引入边缘计算或 CDN 技术，以缓解用户和资源之间的物理距离造成的不可逾越的延迟。元宇宙对网络的内部机制也有新的要求。目前，存储转发模式主要用于传输信息，而延迟是一个主要问题。为了降低延迟，需要通过流量工程来优化整体流量规划，通过转发机制的创新来优化当前的存储转发机制，减少信息传输的延迟等。

②挑战 2：IT 基础设施面临新的挑战

科学计算需要高精度的浮点计算能力，人工智能需要与科学计算、整数计算不同的计算，因为低精度的浮点计算有明显的偏差。元宇宙的使能技术可能包括大规模计算基础设施、网络基础设施、边缘计算、计算机视觉、人工智能、机器人技术（物联网）、用户互动、扩展现实等，其中一些技术已经取得了相当大的进展，例如将自动图像分类能力提高到接近甚至超过人类水平；在过去的 4 年里，语音识别的错误率从 65% 下降到 15%，而文本到语音的转换效率提高了 12 倍，具有代表性的 NVIDIA 公司的 Riva 系统只需 12 分钟就能适应一个特定的语音。

互联网巨头提出的元宇宙解决方案需要巨大的计算支持。NVIDIA 公司提出了 Omniverse，其门户是 Universal Scene Description，并提出了 Maxine 虚拟图像平台，功能包括计算机视觉、神经摄影、动画、语音 AI、自然语言理解和推荐引擎。微软公司提供了一个"24×7 的动态空间"，一个网络会议系统（Mesh for Microsoft teams）等，前者允许人们相互分享信息，后者允许人们分享全息体验并增加沉浸式工作空间。

上述解决方案需要大量信息技术的支持，特别是 3D 渲染。对于最简单的 3D 渲染，需要计算每个顶点三角形的坐标以及每个三角形栅格化的每个点的颜色。对于一个更复杂的多灯场景，每个点都会计算这些灯下的亮度。如果构成物体的三角形太多、太大，而且分辨率很高，渲染就会花费很长时间。

③挑战 3：网络空间安全面临新的挑战

首先，远程医疗、远程教育、公共娱乐和其他元系统的重要应用对安全保障的要求很高。在目前互联网的运行中，无论是大型运营商还是企业网络，都会出现这样的网络问题。在被名为"想哭"的勒索软件攻击之后，英国在全国范围内进行了广泛调查，发现超过三分之一的机构遭受了网络攻击，或者正常业务运营由于网络的影响而出现问题。其次，区块链可以扎根于元宇宙的概念。区块链将在不信任的分布式协作环境中遇到新的发展机遇。有专家认为，区块链是实现元宇宙经济体系的基石，因为其具有透明的规则、确定性的执行机制和去中心化的特点，可以保证价值的分配和流通，还可以保证元界的虚拟资产、虚拟身份的安全、价值的真实交换和系统规则的透明执行。最后，网络空间的社会属性安全将面临新的挑战。例如，在 2016 年美国总统选举期间，剑桥分析公司使用 8700 万 Facebook 用户的数据来指导某些群体。从表面上看 Facebook 是社交软件，实际上它是一个收集和分析超过 30 亿条人类行为数据的智能中心。再比如数字货币 Libra，绕过所有国家的主权货币，建立一个与现有金融体系平行的交易系统，引起了很多人的关注。互联网巨头甚至可能建立跨越国界的数字帝国，重塑人类社会的权力模式。因此，在"元"气大伤的情况下，网络空间的安全将面临越来越严重的挑战。

信息技术不断发展，互联网、大数据、人工智能、区块链、超级计算等融合发展，推动网络通信空间持续深入发展，安全技术将与网络通信空间共同发展，在网络通信领域将有更多新类型的业务。只有通过长期预测并在该领域工作，才能成为新技术时代的先驱者。

参考文献

[1] 苏金树，刘宇靖. 新一代互联网关键技术[M]. 北京：科学出版社，2019.

[2] 苏金树，赵宝康. 中国电子信息工程科技发展研究：互联网关键设备核心技术专题[M]. 北京：科学出版社，2020.

[3] 雷葆华，孙颖，王峰，等. CDN 技术详解[M]. 北京：电子工业出版社，2014.

[4] 唐宏，陈戈，陈步华，等. 内容分发网络原理与实践[M]. 北京：人民邮电出版社，2018.

[5] 华为. 什么是 MPLS? [EB/OL]. Huawei,（2021-10-09）[2022-11-30].

［6］ 张志辉. 基于 MPLS-TP 的分组传送网络关键技术研究［D］. 北京：北京邮电大学，2011.

［7］ MOORE T, SHENOI S. Critical Infrastructure Protection IV［M］. Berlin：Springer, 2010.

［8］ 李振斌. SRv6 技术课堂（一）：SRv6 概述［EB/OL］. CSDN,（2020-06-23）［2022-11-15］.

［9］ tycoon3. SRv6 技术研究和组网设计［EB/OL］. ZouKanKan,（2020-08-14）［2022-11-15］.

［10］ SDNLAB 君. SRv6 可编程技术-SRv6 Policy［EB/OL］. Sdnlab,（2020-03-31）［2022-11-15］.

［11］ SDNLAB 君. SRv6——5G 技术落地的大杀器［EB/OL］. Sdnlab,（2021-09-23）［2022-11-15］.

［12］ MOCKAPETRIS P V. Domain names-concepts and facilities［J］. RFC 1034, 1987：1-55.

［13］ DEREK A, AUSTEIN R. Threat analysis of the domain name system（DNS）［J］. RFC 3833, 2004：1-16.

［14］ VERGNE E. An introduction to DNSSEC［EB/OL］. Ovhcloud,（2020-10-16）［2022-11-15］.

［15］ IMPERVA. DNSSEC［EB/OL］. Imperva,（2020-12-16）［2022-11-15］.

［16］ ROY A, et al. Resource records for the DNS security extensions［J］. RFC 4034, 2005：1-29.

［17］ KENT S T, et al. Secure border gateway protocol（S-BGP）［J］. IEEE Journal on Selected Areas in Communications, 2000：582-592.

［18］ BUTLER K, et al. A survey of bgp security issues and solutions［J］. Proceedings of the IEEE, 2010, 98（1）：100-122.

［19］ NICOL M, SMITH W, ZHAO M. Evaluation of efficient security for BGP route announcements using parallel simulation［J］. Simulation Modelling Practice and Theory, 2004, 12（3）：187-216.

［20］ RESCORLA E. HTTP over TLS［J］. RFC 2818, 2000.

［21］ SANCHEZ M. Chrome increases adoption of HTTPS protocol［EB/OL］. Sinapsis,（2021-09-28）［2022-11-19］.

［22］ SSL. com Support Team. What is HTTPS? ［EB/OL］. Ssl,（2021-10-12）［2022-11-19］.

［23］ Felt A P, Barnes R, King A, et al. Measuring HTTPS adoption on the Web［C］//Proceedings of the 26th USENIX Security Symposium. Berkeley：USENIX Association, 2017：1323-1338.

［24］ IETF. The transport layer security（TLS）protocol version 1. 2［J］. RFC 5246, 2008.

［25］ IETF. The transport layer security（TLS）protocol version 1. 3［J］. RFC 8446, 2018.

［26］ IYENGAR J, THOMSON M. RFC 9000 QUIC：A UDP-based multiplexed and secure transport ［J］. Omtermet Emgomeeromg Task Force, 2021.

［27］ 李学兵，陈阳，周孟莹，等. 互联网数据传输协议 QUIC 研究综述［J］. 计算机研究与发展，

2020, 57(9): 1864-1876.

[28] W3TECHS. Usage statistics of HTTP/3 for websites[EB/OL]. W3techs, [2023-4-15].

[29] CLOS C. A study of non-blocking switching network[J]. Bell Labs Technical Journal, 1953, 32 (2): 406-424.

[30] AL-FARES M, LOUKISSAS A, VAHDAT A. A scalable, commodity data center network architecture[C]//Proceedings of the ACM SIGCOMM 2008 Conference on Applications, Technologies, Architectures, and Protocols for Computer Communications. Seattle: ACM, 2008.

[31] SINGH A, ONG J, AGARWAL A, et al. Jupiter rising: A decade of clos topologies and centralized control in google's datacenter network[J]. Communications of the ACM, 2015, 45(4): 183-197.

[32] SRIDHAR T, KREEGER L, DUTT D, et al. VXLAN: A framework for overlaying virtualized layer 2 networks over layer 3 networks[J]. RFC 7348, 2012.

[33] 余照熠, 林志华, 陈智海. VxLAN 技术在 SD-WAN 组网业务中的应用研究[J]. 电子制作, 2022, 30(10): 71-74.

第 2 讲
网络路由技术

2.1 路由技术发展历程

路由协议是用于路由器之间交换路由信息的协议，它的发展在很大程度上促进了网络的互联，最早的 TCP/IP 奠定了网络互联的基础，而且至今依旧是网络互联中使用最多的协议。路由协议的发展也促进了网络互联向更大规模发展。路由协议从静态路由到自治系统内部动态路由协议再到自治系统边界路由协议的发展过程，使网络互联中的路由调整不再仅仅依赖于人工操作，而是一旦工作人员配置完成后，网络上的路由就可以根据链路的状况和优先级自动调整最佳路由并随着网络的变化而动态变化。

动态路由协议分为内部网关协议（Internal Gateway Protocol，IGP）和外部网关协议（External Gateway Protocol，EGP）。路由协议可以使路由器动态共享有关远程网络的信息，也可以确定到达各个网络的最佳路径，然后将路径添加到路由表中。动态路由协议可以自动发现远程网络，主要的好处是：只要网络拓扑结构发生了变化，路由器就会相互交换路由信息，不仅能够自动获知新增加的网络，还可以在当前网络连接失败时找出备用路径。

动态路由协议自 20 世纪 80 年代初期开始应用于网络。1982 年第一版协议——路由信息协议（RIP）问世，不过，其中的一些基本算法早在 1969 年就已被应用到阿帕网（ARPANET）中。随着网络技术的不断发展，网络环境愈加复杂，新的路由协议不断涌现。

2.2 路由协议分类

传统的因特网被划分为多个自治系统，一个自治系统由单一机构管理，包含主机、路由器和交换机等网络设备。不同自治系统之间通过路由器相连，与其他自治系统相连的路由器称为边界路由器。自治系统内不同设备间通信需要由内部网关协议提供路由计算和路由选择。跨自治系统通信需要由外部网关协议提供路由计算和路由选择。本章将分别介绍内部网关协议和外部网关协议。

2.2.1　内部网关协议

内部网关协议运行在自治系统内的路由器上，主要负责交换域内路由信息，常见的内部网关协议包括 RIP（Routing Information Protocol，路由信息协议）、OSPF（Open Shortest Path First，开放最短路径优先）等。自治系统内运行何种内部网关协议是由该自治系统的管理者根据网络规模、配置难易程度等因素决定的。内部网关协议可以被划分为距离向量路由协议和链路状态路由协议。

距离向量路由协议使用距离和方向构成的向量通告路由信息，其中距离可以由跳数、权重值等定义，方向通常由下一跳路由器或出接口定义。距离向量路由协议的工作原理是每个路由器维护一张表，表中记录了当前已知的到每个目标的最短距离以及使用的出接口。不同路由器通过相互交换表信息实现更新，最终每个路由器都得到了到达每个目的地的最佳出接口。但距离向量路由协议在面对链路状态发生改变时存在"好消息传得快，坏消息传得慢"的特点，可能会引起短暂的路由环。RIP 是一种距离向量内部网关协议，RIP 将距离定义为"跳数"，将方向定义为出接口。RIP 将直连路由器之间的距离记作 1，每经过一台路由器距离就加 1，RIP 将无穷大限定为 16 跳，因此 RIP 能支持的最大网络直径是 15 台路由器，适用于小型网络。内部网关路由协议（Internal Gateway Routing Protocol，IGRP）是由思科公司提出的一种距离向量域内网关协议，IGRP 采用跳数、带宽、时延、负载等多重因素定义距离，可以支持多路径上的加权负载均衡，从而更加合理地利用网络带宽。

链路状态路由协议根据邻居路由器通告的链路状态信息计算路由，链路状态信息包括邻居路由器 ID、链路类型和带宽等。OSPF 是一种链路状态内部网关协议，通过路由器之间通告网络接口的状态建立链路状态数据库，生成最短路径树，每个 OSPF 路由器都使用这些最短路径构造路由。

2.2.2　外部网关协议

外部网关协议运行在自治系统的边界路由器上，主要负责交换域间路由信息，从而满足不同自治系统间主机通信的需求，常见的外部网关协议是 BGP（Border Gateway Protocol，边界网关协议）。

BGP 是一种路径矢量路由协议，包含 EBGP（Extern BGP，外部边界网关协议）和 IBGP（Internal BGP，内部边界网关协议），两者都运行在自治系统的边缘交换机上。不同自治系统之间直连的边界路由器可以建立 EBGP 邻居关系，并负责传递不同自治系统内的路由信息。自治系统内的边界路由器可以通过虚连接建立 IBGP 邻居关系，并负责在一个自治系统内传递路由信息。EBGP 与 IBGP 都遵循 BGP 协议，它们的核心程序是一样的，但 EBGP 在传递路由时会修改路由的下一跳（Next-Hop）字段，而 IBGP 则默认直接转发路由不修改下一跳字段。

2.3 数据中心路由技术

数据中心是用来运行应用程序和存放数据的物理设施。数据中心基于网络中的计算和存储资源，可以实现共享应用和数据传输。数据中心的设计包括数据中心交换机（通常是指数据中心三层交换机）、防火墙、服务器、控制器和存储系统等，它们共同组成数据中心的核心组件——网络基础设施、存储基础设施和计算资源。而实现数据中心网络的正常运行，就必须通过网络基础设施将服务器、数据中心服务和存储资源等连接起来，并使外部用户能够访问以上组件。

数据中心路由是一种保障组件间能相互访问、外部能正常访问组件的技术。具体而言，数据中心路由决定了数据中心网络中节点之间的数据包转发路径，同时决定了数据包转发时延并进一步影响数据中心业务性能。因此，数据中心路由技术不仅需要满足最基本的可达性需求，还需要提供更高质量的路由服务。本节将从数据中心路由优化目标和数据中心路由实现两个方面展开，为读者讲述数据中心路由技术。

2.3.1 数据中心路由优化目标

数据中心路由优化是一个具有挑战且富有意义的科学问题。在过去的十几年中，无论是数据中心运营商还是科研工作者，都孜孜不倦地为数据中心路由优化寻找合适的解决方案。数据中心路由优化时需要考虑的因素如下。

（1）可扩展性　数据中心路由优化需要考虑路由交互报文数量、转发表项开销等因素，使其能够适用于数据中心网络的规模。

（2）**可靠性**　数据中心要求网络路由具有高可靠性。数据中心路由在长时间运行过程中应能够处理各种异常情况、不会由于路由协议设计缺陷导致网络中断。

（3）**路由收敛速度**　当网络中节点或链路的状态发生变化时，可能需要重新计算路由项。从状态发生变化到重新计算路由项的时间被视作路由收敛时间。在路由收敛过程中可能存在短暂的网络不可达，因此数据中心路由要求路由收敛的速度很快。

（4）**是否存在路由环**　路由环会导致数据包沿着环路转发从而在 TTL（Time To Live，生存时间值）变为 0 时被丢弃。路由环会严重降低网络性能，数据中心网络路由需要避免路由环的产生。

（5）**是否支持多路径负载均衡**　数据中心网络常采用多根树拓扑结构，机架到机架间通常存在多条等价多路径，图 2-1 所示是 Facebook 采用的三层叶脊数据中心网络架构[1]。因此，数据中心路由需要充分利用冗余多路径的带宽，将流量均匀地分布在等价多路径上，提高网络负载均衡性能。

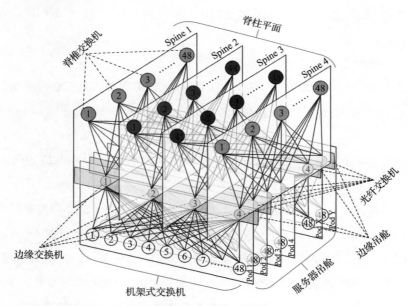

图 2-1　Facebook 采用的三层叶脊数据中心网络架构

（6）**是否适应数据中心网络流量模型**　数据中心网络流量模型与部署的业务相关，

如部署搜索业务的数据中心流量模型通常以小流为主。对商用数据中心网络的测量结果表明，大约90%的流量是由占流总数目的10%的大象流产生的，而不到10%的流量是由占流总数目的90%的小流产生的。因此数据中心路由需要考虑数据中心运行的业务类型，结合业务的流量模型实现路由优化。

总地来讲，数据中心路由优化需要综合考虑以上因素，从而实现较好的可扩展性和稳定性，同时能够充分利用数据中心网络拓扑结构和流量模型的特征，提高网络性能，降低端到端时延。

2.3.2　数据中心路由实现

为了达到2.3.1节中提出的数据中心网络优化目标，目前数据中心路由存在两种主流的技术路线。其一是部署传统因特网路由协议，如 ISIS、BGP 等，它们技术成熟且易于部署，目前大多数数据中心都采用这种方法。其二是部署面向数据中心特点制定的集中式路由系统，如 FirePath[2]、Primus[3] 等。集中式路由系统充分利用了数据中心网络便于集中式管理的特点，依赖全局视图做路由决策，具有缩短路由收敛时间、提高网络负载均衡性能等优势。

1.　传统分布式路由协议

传统分布式路由协议如 BGP、IS-IS、OSPF 都可以部署在数据中心网络中，但它们的适用场景不同。综合业界实践与 *RFC 7938* "Use of BGP for Routing in Large-Scale Data Centers" 的建议[4]，一般认为 OSPF 和 IS-IS 适合部署在中小型数据中心，BGP 更适合部署在大型数据中心，本小节也将重点关注部署 BGP 的数据中心网络如何实现负载均衡。

BGP 是一种路径矢量路由协议，包含 EBGP 和 IBGP 协议。BGP 将整个网络划分为多个 AS（Autonomous System，自治系统）域，EBGP 和 IBGP 都运行在 AS 的边缘交换机上，不同 AS 之间直连的边缘交换机可以建立 EBGP 邻居关系，并负责传递不同 AS 域内的路由信息。AS 内的边缘交换机可以通过虚连接建立 IBGP 邻居关系，并负责在一个 AS 域内传递路由信息。EBGP 与 IBGP 都遵循 BGP 协议，它们的核心程序是一样的，但 EBGP 在传递路由时会修改路由的下一跳，而 IBGP 则默认直接转发路由不修改下一跳。

Facebook 已经在数据中心部署 BGP 并运行 5 年以上。他们部署 BGP 的主要原因有 3 点：BGP 具有良好的扩展性，相比 OSPF 和 IS-IS，BGP 协议内部的数据结构和状态机更简单，且 BGP 消息洪泛的开销更低；BGP 支持更丰富的控制策略，可以更方便地控制路由传播以及引入第三方下一跳；BGP 已经在互联网上运行 25 年，具有长期的稳定性。相比从头开始设计基于 SDN 的路由解决方案，BGP 能够快速部署并运行。Facebook 公开了在数据中心网络分配 ASN（Autonomous System Number，自治系统号）的方法。针对图 2-1 所示的三层叶脊数据中心网络架构，RFC 和 Facebook 各自给出了不同的 ASN 分配方案。图 2-2 所示是 Facebook 的分配方案[5]，它将整个网络划分为多个服务器吊舱和脊柱平面。每个服务器吊舱中的所有机架式交换机和光纤交换机各自拥有不同的 ASN，每个脊柱平面中所有脊柱交换机共享相同的 ASN，而所有的光纤交换机各自拥有不同的 ASN。图 2-3 所示是 RFC 7938 的分配方案。所有机架式交换机拥有唯一的 ASN，每个服务器吊舱中光纤交换机共享相同的 ASN，且不同服务器吊舱中的光纤交换机 ASN 不同。网络中所有脊柱交换机共享相同的 ASN。在运行过程中，交换机两两之间建立 EBGP 邻居关系，机架式交换机会通告所在机架的 IP 网段，同时收到 EBGP 邻居发来的 BGP 更新报文并将包含的路由信息存储在 BGP RIB（Routing Information Base，路由表）中，然后系统将 BGP RIB 的路由表项下发到内核路由表中，实现网络互联互通。除了以上两种方案，还有一种更简单的 ASN 分配方案，即每个交换机都各自拥有不同的 ASN。目前 BGP 协议已经支持 4 个字节的 ASN，因此可以提供足够多的 ASN，但由于考虑到这样会增加路由表项的数目，这种分配方案一般应用于中小型数据中心网络。

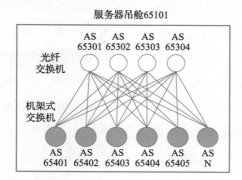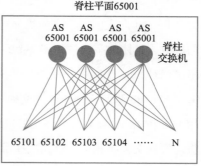

图 2-2　Facebook 在数据中心部署 BGP 的 ASN 分配方案

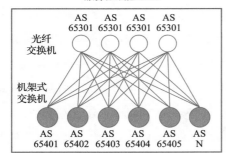
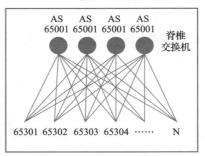

图 2-3 *RFC 7938* 关于在数据中心部署 BGP 的 ASN 分配方案

　　IS-IS 是一种链路状态路由协议，可以应用于运营商网络、数据中心网络中，作为底层协议实现物理端口路由互联互通。思科曾提出一种优化 IS-IS 路由协议的草案从而更好地适配叶脊数据中心网络架构[⊖]。在叶脊拓扑的脊柱平面中脊柱交换机与叶子交换机全连接，若直接部署 IS-IS 路由协议，当任一脊柱交换机通告链路状态发生变化时，会在所有的脊柱交换机和叶子交换机之间形成广播泛洪从而保持 LSDB（Link State Data-Base，链路状态数据库）同步，这导致占用交换机 CPU 资源和链路带宽。另一方面，思科认为叶脊结构中脊柱交换机可以被视作叶子交换机的网关，因此叶子交换机无须掌握全局完整的路由转发信息，在网络初始化或链路和节点状态发生改变时，叶子交换机可以通过对话学习的方法掌握特定的路由转发信息。思科引入了一种 TLV（Type-Length-Value，类型–长度–值）称作 Spine-Leaf TLV，包含 Type、Length、SL Flags 字段。其中 SL Flags 字段包含 3 个域，分别是"L"bit 标识交换机是不是 Leaf 交换机、脊柱交换机设置"R"bit 向它的叶子交换机邻居表明它可以作为默认网关、"Tier"域标识叶脊拓扑的层数，具体的字段域如图 2-4 所示。为了解决请求特定路由可达信息问题，思科还提出了两种 Sub-TLVs，分别是 Leaf-Set sub-TLV 和 Info-Req sub-TLV。脊柱交换机可以使用 Leaf-Set sub-TLV 向邻居叶子交换机通告它的其他邻居叶子交换机，叶子交换机可以使用 Info-Req sub-TLV 向脊柱交换机请求某些特定的路由转发信息。因此当一条叶子交换机与脊柱交换机相连的链路发生故障，叶子交换机可以使用 Info-Req sub-TLV 向

　　⊖ IS-IS Routing for Spine-Leaf Topology

其他脊柱交换机请求可达路由信息。另外，为了减少广播泛洪，思科提出若一条链路两端的脊柱交换机和叶子交换机在各自的 Spine-Leaf TLV 中将"R"bit 和"L"bit 置为 1，则该脊柱交换机可以在通告该条链路时在 Link-attribute sub-TLV 中把它设置为不用于 LSP 泛洪链路，从而减少网络中的广播流量。

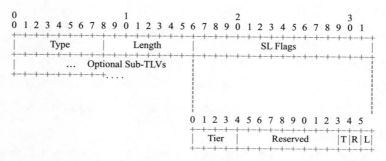

图 2-4　Spine-Leaf TLV 字段示意图

2. 集中式路由系统

Ethane 可能是第一个在中等规模校园网络中成功应用的集中式控制方法[6]。然而在 2015 年谷歌公开 Firepath 之前，人们对集中式方法能否处理大规模数据中心网络路由仍心有疑虑。Firepath 是首个且唯一公开发表的在数据中心使用集中式控制方法实现全局网络路由的系统[7]，涵盖了设计、实现和操作的全过程。集中式框架消除了交换机之间的广播通信和分布式路由计算导致的路由不一致问题，大大加快了 Firepath 的路由收敛。2021 年陈果等人提出了一种快速鲁棒的集中式数据中心路由解决方案 Primus[8]，使用控制器采集网络链路状态并将路由计算卸载到每个交换机上。实验评估结果表明，与 BGP 和 Firepath 相比，Primus 极大地缩短了路由收敛的时间。

2.4 | 分段路由技术

分段路由（Segment Routing，SR）是一种基于源路由思想的路由协议，由 IETF SPRING 工作组负责指定和推动，同时有多个工作组（如 ISIS、OSPF、PCEP 等）也在定义对 SR 的扩展。目前大约有 40 多个相关的 RFC 和 draft 标准正在制定中，已经形成了完整的体系架构，并得到了大部分设备厂家的支持。

使用分段路由的网络节点通过被封装在数据包头部的指令列表将数据包从源节点转发到目的节点，指令列表中包含若干被称为 Segment 的指令组成。Segment 是节点对接收到的数据包执行的指令，可以表示任何类型的指令，主要包括根据目的地址转发数据包、通过指定接口转发数据包、将数据包应用到服务链等。Segment 标识（Segment Identifier，SID）用于标识 Segment，常见格式包括 MPLS 标签、IPv6 地址等。

在 SR 的设计中，主要在数据包的报头中携带 Segment 列表，其中活动 Segment 是当前对数据包执行的指令。如果当前 Segment 指令是"通过最短路径的方式到节点 A"，那么网络节点收到数据包后将沿着最短路径将数据包转发到节点 A，各个节点会维护 Segment 列表。

SR 体系不依赖于特定的数据平面，可以在 MPLS 数据平面上应用，也可以在 IPv6 数据平面上使用。如果 SR 体系在 MPLS 数据平面上使用，要利用现有的 MPLS 架构，不需要改变转发平面。可以用 MPLS 标签或者 MPLS 标签空间中的索引来表示 SID，所以 MPLS 数据包中的标签栈组成了 Segment 列表。SR MPLS 技术既可以被应用在 IPv4 协议栈上，也可以被应用在 IPv6 协议栈上。当 SR 体系使用 IPv6 数据平面时，定义了一种使用 IPv6 拓展头的新类型 SRH（Segment Routing Header）。IPv6 标准规范中定义扩展报头可以实现路由的拓展机制，从而让数据包携带更多信息，这种在 IPv6 数据平面上实现的 SR 体系叫作 SRv6。在 SRv6 的设计中，Segment 表现为 IPv6 地址。对于 SRv6 来说，不需要网络支持 MPLS 协议就可以实现 SR 所拥有的功能，Segment 列表被表示为 SRH 中包含的多个 IPv6 地址的有序列表。

从控制平面的角度来说，SR 体系不基于特定的控制平面实现，从理论上来说在网络上各节点进行静态配置就可以执行 Segment 中的指令，但是通常都是在网络中使用路由协议分发 Segment 指令。当前 SR 控制平面所支持的控制平面包括 IGP ISIS/OSPF 和 BGP，由 IGP 分发的 Segment 叫作 IGP Segment，由 BGP 分发的 Segment 叫作 BGP Segment。

2.4.1 SRv6 协议设计

1. SRv6 Segment

SRv6 的 Segment 由 3 个部分组成，共 128bits，如图 2-5 所示。

Locator	Function	Args

图 2-5　SRv6 SID

Locator：网络中分配给一个网络节点的标识，可以用于路由和转发数据包。Locator 有两个重要的属性：可路由和聚合。在 SRv6 SID 中的 Locator 是一个可变长的部分，用于适配不同规模的网络。

Function：设备分配给本地转发指令的一个 ID 值，该值可用于表达需要设备执行的转发动作，相当于计算机指令的操作码。在 SRv6 网络编程中，不同的转发行为由不同的功能 ID 表达。在一定程度上，功能 ID 和 MPLS 标签类似，用于标识 VPN 转发实例等。

Args：转发指令在执行时所需要的参数，这些参数可能包含流、服务或任何其他相关的可变信息。

2. SRv6 扩展头

为了在 IPv6 报文中实现 SRv6 转发，协议引入了 SRv6 扩展头 SRH，用于进行 Segment 的编程组合，从而形成 SRv6 路径。图 2-6 所示是 SRv6 的报文封装格式，1~4 行是 IPv6 报文头，5~10 行是 SRH。

Version	Traffic Class	Flow Label	
Payload Length		Next Header=43	Hop Limit
Source Address			
Destination Address			
Next Header	Hdr Ext Len	Routing Type=4	Segment Left=2
Last Entry	Flags	Tag	
Segment List [0]（128bits IPv6 address）			
Segment List [1]（128bits IPv6 address）			
Segment List [2]（128bits IPv6 address）			
Optional TLV objects（variable）			

图 2-6　SRv6 的报文封装格式

IPv6 Next Header 字段取值为 43，表示后接的是 IPv6 路由扩展头。Routing Type＝4，表明这是 SRH 的路由扩展头，扩展头的字段解释如表 2-1。

表 2-1 SRH 字段含义

字段名	长度（bit）	含义
Next Header	8	标识紧跟在 SRH 后的报文头的类型
Hdr Ext Len	8	从 Segment List[0] 到 Segment List[n-1] 的长度
Routing Type	8	标识路由头部类型，SRH Type 是 4
Segments Left	8	还未访问的 Segment 数
Last Entry	8	Segment List[n-1] 的索引
Flags	8	数据包的一些标识
Tag	16	标识同组数据包
Segment List[n]	128 * n	Segment 列表
Optional TLV	可变	可变长 TLV 部分

3. SRv6 三层编程空间

SRv6 具有三层编程空间：路径可编程、地址可编程、TLV 可编程。如图 2-7 所示。

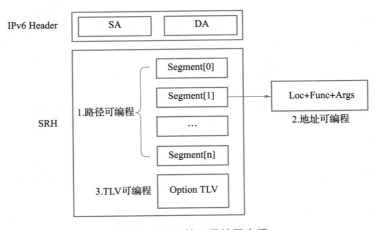

图 2-7 SRv6 的三层编程空间

第一层编程空间是 Segment 序列。如前所述，它可以将多个 Segment 组合起来，形成 SRv6 路径。这与 MPLS 标签栈比较类似。

第二层编程空间是对 SRv6 SID 的 128 比特的运用。众所周知，MPLS 标签封装主要是分成 4 段，每段都是固定长度（包括 20bits 的标签，8bits 的 TTL，3bits 的 Traffic

Class，以及 1bit 的栈底标志）。而 SRv6 的每个 Segment 是 128bits 长，可以灵活分为多段，每段的长度也可以变化，由此具备灵活编程能力。

第三层编程空间是紧接着 Segment 序列的可选 TLV。报文在网络中传送时，需要在转发面封装一些非规则的信息，它们可以通过 SRH 中 TLV 的灵活组合来完成。

三层编程空间使 SRv6 具备更强大的网络编程能力，可以更好地满足不同的网络路径需求。

4. SRv6 报文转发流程

SRv6 的报文转发流程如图 2-8 所示。数据包由节点 R1 发往 R6，其中 R1、R2、R4、R6 支持 SRv6，R3、R5 不支持 SRv6。转发过程如下：

1）入口节点处理：入口节点 R1 首先为数据包指定转发路径（转发路径为 R2→R3→R4→R5→R6），然后将路径信息封装在 SRH 中，在 SRH 的 Segment List 字段写入 R2 和 R4 的 SID 信息。SL 字段用于指示当前生效的 SID 在 Segment List 中的位置。此时，SL＝2，指向 A2∷11。所以首先将外层 IPv6 头部目的地址替换为 A2∷11，然后 R1 会根据数据包的 IPv6 目的地址将 IPv6 数据包发往 R2。

2）中间 SRv6 节点处理：R2 收到 IPv6 报文以后，当前 IPv6 数据包的目的地址是 R2，因此 SL-1，然后将 IPv6 头部目的地址替换为 SL 指示的 SIDA4∷13，随后将其转发到 SID 关联的下一跳。

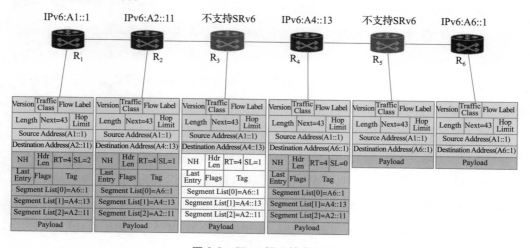

图 2-8　SRv6 报文转发流程

3）中间普通 IPv6 节点处理：R3 不支持 SRv6，只具备常规的 IPv6 转发能力，不对 SRH 扩展头进行操作，会根据 IPv6 目的地址 A4::13 进行常规转发。

4）中间 SRv6 节点处理：R4 收到报文以后，当前 IPv6 数据包的目的地址是 R4，因此 SL-1，然后将 IPv6 头部目的地址替换为 SL 指示的 SID A6::1。此时 SL=0，因此 R4 会弹出 SRH，同时将其转发到下一跳。

5）R5 收到的报文已经是普通的 IPv6 报文，只需要根据目的地址 A6::1 将其转发到 R6 即可。

从上述转发流程可知，对于支持 SRv6 的节点，可以通过 SID 引导 IPv6 数据包的转发。而对于只具备常规 IPv6 转发能力的节点，可以按照常规的 IPv6 路由协议进行转发。良好的兼容性使 SRv6 非常容易在现有 IPv6 网络中部署。

2.4.2 分段路由研究现状

SRv6 的标准化工作主要集中在 IETF SPRING 工作组，其报文封装格式 SRH 等标准化工作集中在 6MAN（IPv6 Maintenance）工作组，其相关的控制协议扩展的标准化，包括 IGP、BGP、PCEP、VPN 等，分别集中在 LSR、IDR、PCE、BESS 等工作组。

截至目前，SRv6 的标准化基本上分为两大部分：

第一部分是 SRv6 基础特性，包括 SRv6 网络编程框架、报文封装格式 SRH，以及 IGP、BGP/VPN、BGP-LS、PCEP 等基础协议扩展支持 SRv6，主要提供 VPN、TE、FRR 等应用。所有 SRv6 基本特性的文稿均由华为和思科共同引领撰写，并有 Bell Canada、SoftBank、Orange 等运营商参与。目前所有文稿（除 OSPFv3）均被接收为工作组文稿，标准成熟度的发展进入了一个新的阶段，特别是最关键的 SRH 封装草案已经经过 IETF IESG 工作组批准，很快就会成为 RFC。

第二部分是 SRv6 面向 5G 和云的新应用，这些应用包括网络切片、DetNet、OAM、IOAM、SFC、SD-WAN、组播/BIER 等。这些应用都对网络编程提出了新要求，需要在转发面封装新的信息。SRv6 可以很好地满足这些需求，充分体现了其在网络编程能力方面具备的独特优势。当前客户对于这些应用需求的紧迫性并不一致，反映到标准化和研究的进展也不尽相同。总体而言，SRv6 用于 OAM、IOAM、SFC 的标准化进展较快，已经有多篇工作组草案，网络切片也是当前标准化的重点之一，VPN+切片框架草案已经被接纳为工作组，SRv6 SID 用于指示转发面的资源保证服务需求逐渐获得了广泛的认同。

在 SRv6 的理论研究方面，吴伟等人[9] 研究了"SRv6+EVPN"的应用场景及部署策略，介绍了中国电信 STN 部署"SRv6+EVPN"的实际情况，并对"城域+骨干"的云网一体化基础设施全面部署"SRv6+EVPN"技术进行了展望。石鸿伟等人[10] 为了解决传统网络架构难以满足未来创新型业务的差异化、确定性、高可用等方面的网络需求问题，借助 SRv6 协议的网络编程能力以及简化网络能力，通过在 SRv6 扩展报头文中加入 SID 信息的方式，达到了为不同的网络切片业务提供差异化的转发路径以及相互隔离的网络资源的目标，保证了切片间的业务互不影响，可以满足未来不同业务的网络需求。MM Tajiki 等人[11] 描述了 SRv6 技术与基于 SDN 的方法在骨干网中的优势，讨论了基于节点的支持 SRv6 的网络体系结构，还介绍了 SDN 控制器与 SRv6 设备之间的南向接口的设计与实现。同时在基于 gRPC、REST、NETCONF 和远程命令行接口（CLI）的方式下，分别讨论了数据模型和接口的 4 种不同实现。在研究 SRv6 头压缩方面，中国移动联合多个运营商和厂商，制订了 G-SID（Segment ID）创新方案，将其头部开销降低为与 SR-IMPLS 相当，同时保留了 SRv6 所有的技术优势，支持多层标签并且极大地缩减了报文头部开销[12]。

在国内，SRv6 逐渐从草案过渡为正式标准，代表着 SRv6 的可实用性得到了论证。在国际上，SRv6 的体系构建也越来越完善，相应的方案文稿逐渐成熟化，在多个方面实现了应用[13]。世界各大厂商包括国际运营商全面支持 SRv6 也会加快其生态系统的发展，SRv6 目前已基本得到业界的认可和支持。

2.4.3　分段路由应用场景

1. 网络切片

5G 网络切片涉及终端、无线、承载和核心网，需要实现端到端协同管控。通过转发平面的资源切片和管理控制平面的切片管控，为三大类业务提供差异化的 SLA 保障。

切片需要具备的特征有：满足不同业务需求，按需提供差异化的服务；安全性，有效隔离租户之间的数据/信息；可靠性，任意租户的网络异常不会影响同一个物理网络中的其他租户。

网络切片是网络功能虚拟化应用于 5G 阶段的具体表现。一个网络切片构成一个端到端的逻辑网络，按切片需求方的需求灵活地提供一种或多种网络服务。网络切片架构主要包括切片管理和切片选择两项功能。切片管理功能将运营、平台、网管有机结合，为不同切片需求方提供安全隔离、高度可控的专用逻辑网络。切片选择功能实现用户终端与网络切片间的接入映射，综合业务签约和功能特性等多种因素，为用户终端提供合适的切片接入选择。

以承载网技术 SPN 为例，SPN 网络切片分层架构包括切片分组层（SPL）、切片通道层（SCL）和切片传送层（STL）3 个层面。SPN 通过切片分组层来承载 CBR 业务、L2VPN 和 L3VPN 等业务。切片分组层基于 SDN 集中管控，提供面向连接和面向无连接的通信承载能力。SRv6 是切片分组层的重要实现技术。

SRv6 Policy 利用 SR 机制，在头节点封装有序的指令列表来指导报文穿越网络。SRv6 通过 Color 标识 SRv6 Policy ID，该参数与业务属性如低时延、高带宽等关联，可以将其理解为业务需求的模板 ID。Color 标识目前没有统一的编码规则，该值由管理者分配。比如端到端时延小于 5ms 的策略可分配 Color 标识值为 50。通过该参数，SRv6 Policy 可以直接响应业务需求，从而省略了从业务需求到网络语言再到网络对象的过程。

SRv6 通过逐跳选项扩展报文头（Hop-by-Hop Options Header）将扩展头中的 Slice ID 信息关联到指定的网络切片。当切片数据到达 SRv6 路由源点时，首先根据 VPN 实例路由表关联 SRv6 TE Policy，然后在报文中插入 SRH 信息，封装 SRv6 TE Policy 的 SID List 和 HBH 扩展头，最后封装基本 IPv6 报文头。切片数据被封装成标准 IPv6 报文后被转发，转发时通过 Slice ID 信息关联到指定的网络切片接口。

目前 SRv6 SID 列表采用 16byte 长度的 IP 地址标识，转发效率较低。SRv6 对转发芯片要求较高，目前只有少量芯片可以做到十多层标签封装。另外，电信级承载网络中，仍然存在不支持 SRv6 的设备，MPLS 和 SRv6 将在一定时间内共存，需要通过 MPLS 和 SRv6 拼接方案、双平面方案以及 overlay 方案等实现不同技术之间的共存。

2. 5G 云资源

云技术的发展使业务处理所在位置更加灵活。云业务打破了物理网络设备和虚拟网络设备的边界，业务与承载融合在一起。

5G 边缘云通过将 DCN 与 WAN 网络融合，形成叶脊的光纤架构。叶子是光纤网络功能接入节点，通常为 WAN 网络中的 PE 设备。脊柱主要做高速流量转发，通常为 WAN 网络中的 P 设备。高速接口连接叶子节点，可通过分级互联覆盖更大的网络。

　　边缘云连通了 DCN 及 WAN，传输承载协议也需要连通，SRv6 是解决 DCN 与 WAN 网络连通的有效方法。SRv6+EVPN 技术实现了 IPv4/v6 双栈业务能力，同时为 5G、企业和 MEC 提供了业务能力支撑。通过端到端的 SRv6 BE/TE，进行整体路径调优，可同时实现业务隔离。SRv6 消除了背靠背的 DC-GW 和 PE 间跨域 VPN OptionA 的业务配置点，实现了端到端的 OAM 能力。同时，SRv6 为简化网络层级提供了可能，DC 之间不再需要独立设置 PE、DC-GW、叶子等多层节点，可以将这些功能性设备归并在一起，由一层设备复用完成，减少了建网成本。

　　此外，在 SRv6 转发效率方面，中国移动提出了"G-SRv6 头压缩优化方案"，通过去除 SRv6 SID 中的冗余前缀实现压缩，有效解决了原生 SRv6 报文头开销过大、转发效率低和报文头处理硬件要求高等问题，扫除了 SRv6 规模部署的最大障碍。

参考文献

［1］ Andreyev. Introducing data center fabric，the next-generation Facebook data center network［EB/OL］. https://code. facebook. com/posts/360346274145943，2014.

［2］ SINGH A，ONG J，AGARWAL A，et al. Jupiter rising：A decade of clos topologies and centralized control in google's datacenter network［J］. ACM SIGCOMM computer communication review，2015，45（4）：183-197.

［3］ ZHOU G，CHEN G，LIN F，et al. Primus：Fast and robust centralized routing for large-scale data center networks［C］//IEEE INFOCOM 2021-IEEE Conference on Computer Communications. IEEE，2021：1-10.

［4］ LAPUKHOV P，PREMJI A. RFC 7938：use of BGP for routing in large-scale data centers［S］. RFC Editor，2016.

［5］ ABHASHKUMAR A，SUBRAMANIAN K，ANDREYEV A，et al. Running BGP in data centers at scale［C］//18th USENIX Symposium on Networked Systems Design and Implementation（NSDI 21）. 2021：65-81.

［6］ CASADO M，FREEDMAN M J，PETTIT J，et al. Ethane：taking control of the enterprise［J］.

ACM SIGCOMM computer communication review，2007，37（4）：1-12.

［7］ SINGH A, ONG J, AGARWAL A, et al. Jupiter rising：A decade of clos topologies and centralized control in google's datacenter network［J］. ACM SIGCOMM computer communication review，2015，45（4）：183-197.

［8］ ZHOU G, CHEN G, LIN F, et al. Primus：Fast and robust centralized routing for large-scale data center networks［C］//IEEE INFOCOM 2021-IEEE Conference on Computer Communications. IEEE，2021：1-10.

［9］ 吴伟，张文强，杨广铭，等. 5G 承载网的"SRv6+EVPN"技术研究与规模部署［J］. 电信科学，2020，36（8）：43-52.

［10］ 石鸿伟，黄凤芝. 基于 SRv6 的网络切片技术研究［J］. 电子技术与软件工程，2020（16）.

［11］ TAJIKI M M, SALSANO S, FILSFILS C, et al. SDN architexture and southbound APIs for IPv6 segment routing enable wide area networks［J］. IEEE Transaction on Network and Service Management，2018.

［12］ 程伟强，刘毅松，姜文颖，等. G-SID：SRv6 头压缩关键技术［J/OL］. 电信科学：1-11 ［2020-12-02］. http://kns. cnki. net/kcms/detail/11. 2103. TN. 20200814. 1740. 020. html.

［13］ 解冲锋，蒋文洁，马晨昊，等. 面向视频云综合承载的 SRv6 的研究与实践［J］. 电信科学，2019，35（12）：2-7.

第 3 讲
移动互联网端到端多路径传输技术

端到端多路径传输技术作为未来网络的关键技术之一受到越来越多的关注。因此，本章首先将从端到端多路径传输适用场景出发，对 MPTCP、MPQUIC 研究进展进行总结介绍。然后对 MPTCP 的起源进行概述性总结，并对 MPTCP 拥塞控制、数据调度机制等内容进行重点阐述。最后对 QUIC 和 MPQUIC 进行概括，并对当前针对 MPQUIC 数据调度方面的相关研究进行介绍。

3.1 移动互联网端到端多路径传输场景

国际权威机构思科 2020 年 3 月发布的《思科年度互联网报告白皮书（2018—2023）》（以下简称《思科白皮书》）[1] 指出，2018 年全球互联网接入用户为 39 亿人，仅占全球人口总数的 51%，预计到 2023 年，该比例将达到 66%。此外，2018 年北美互联网接入用户的覆盖率为 90%，与此相比，亚洲的覆盖率为 52%，而中东及非洲的覆盖率仅有 24%。2021 年 2 月，中国互联网信息中心印发的第 47 次《中国互联网络发展状况统计报告》[2] 指出，截至 2020 年 12 月，我国互联网普及率为 70%，其中城镇覆盖率约为 80%，而农村的覆盖率仅有 56%。互联网覆盖呈现出"发达国家覆盖率高、发展中国家覆盖率低""城市覆盖率高、农村覆盖率低"且未达成随时随地全覆盖的现状。此外，《思科白皮书》指出，2018 年全球移动设备数量为 88 亿，并预测到 2023 年该数字将达到 131 亿，平均年增长率达 8%。海量的移动用户与传输需求，给传统的网络传输设计带来巨大的挑战。

无线局域网（Wireless Local Area Network，WLAN）指应用无线通信技术将计算机设备互联起来，构成可以互相通信和实现资源共享的网络体系。2007 年，Wi-Fi 4（即802.11n）获得批准，该标准理论上可提供最大 600Mbit/s 的带宽，为用户提供观看中等分辨率视频流的服务。2012 年，Wi-Fi 5（即 802.11ac）获得批准，该标准具有非常高的理论速度，被认为是一个真正的有线补充，可以在需要更高数据速率的应用中实现更高清晰度的视频流和服务。预计到 2023 年，将有 66.8% 的无线局域网终端配备 Wi-Fi 5。目前最新的 Wi-Fi 6（即 802.11ax）理论带宽可达 10Gbit/s，旨在实现密集的物联网部署。然而，Wi-Fi 标准的不断发展，在提供更大带宽、更高速度、更低时延的同时，也带来了穿透力大幅降低的问题。因此，Wi-Fi 仅适用于室内环境。

移动通信是进行无线通信的现代化技术，经过第一代（1G）、第二代（2G）、第三代（3G）、第四代（4G）、第五代（5G）移动通信技术的发展，目前，已经迈入了第六代发展的时代。5G 作为传统移动通信技术，与 4G 相比具有以下优势：更低的空口时延（低至 1ms）、更高的峰值速率（可达到 10~20Gbit/s）、更高的频谱效率（比 LTE 提升 3 倍以上）、更强的通信能力、更强的移动性支持（可支持时速 500km/h 的高速移动）。然而，5G 频谱资源分布在更高频段，由于毫米波的特性，单个基站覆盖范围更小。以 4G 基站为例，单个基站覆盖面积在 1.2km 左右，而 5G 仅为 800~1000m。因此，提高地面互联网覆盖率意味着需要更多的基础设施，然而，在海洋、沙漠及山区等偏远地区铺设难度大且运营成本高，无法实现地面全覆盖。

因此，业界和学术界开始尝试考虑将受地理位置限制而难以部署的基础设施上升到太空，卫星互联网应运而生。传统的卫星通信通常将卫星部署在地球同步轨道，具有单星覆盖范围大，3 颗即可覆盖全球的优势。然而，它缺点也非常明显，往返时间非常长，理论上可达 240ms 左右，显然对于目前的诸多应用来说是不可行的。

降低轨道高度可解决往返时延过大的问题，且轨道高度越低，往返时延越小。20 世纪 80 年代中期大型低轨卫星星座首次被概念化，促成了众多商业巨型星座计划，例如铱星（Iridium）和全球星（Globalstar）。20 世纪 90 年代，铱星卫星星座的设想被提出，计划借助 66 颗卫星完成覆盖整个地球的通信服务。然而，该系统虽然满足了技术要求，却由于市场需求不足等原因破产。进入 21 世纪，卫星通信及一箭多星技术的发展，以星链（Starlink）为代表的低轨卫星星座再次进入人们的视野并取得实质性进展。截至 2022 年 3 月，Starlink 已在 29 个国家/地区提供互联网服务。卫星互联网设施受地理条件和自然灾害的影响小，具有全球覆盖、成本低、不受地域限制等显著优势。

综上，Wi-Fi 为我们提供了一张"室内的网"，5G 为我们提供了一张"地面的网"，卫星则将为我们提供了一张"天上的网"。在城市等人口密集地区，5G 可确保大量用户同时使用高速网络，而在 5G 覆盖较少的偏远地区，卫星互联网可提供稳定信号，三者实现互补，为用户提供随时随地的互联网接入。然而，随着虚拟现实（VR）、增强现实（AR）、超高清视频、自动驾驶、智慧医疗等新型应用的出现，用户对互联网服务的需求已不再是仅仅是随时随地地互联网接入服务，而是更高层次的需求，比如更低的时延、更高的带宽、更小的抖动等。随着政策和市场需求的双重加码，专家表示，地面通信系统与卫星互联网已开始融合发展，并逐步进入"全球全域的宽带互联网"时期，"空天地一体化"网络将成为未来通信网络的重要发展趋势。为此，端到端多路径传输技术应运而生。

目前主流的端到端多路径技术主要有两种：面向连接的 MPTCP 与面向无连接的 MPQUIC。

3.2 MPTCP

MPTCP 作为端到端多路径传输协议的一种，具有良好的应用兼容性与网络兼容性，将不同路径的资源聚合，以及将数据从一条路径无缝转移至另一条路径的能力[3]。因此，MPTCP 受到了工业界和学术界的广泛关注。

为此，本节将从 MPTCP 概述、MPTCP 拥塞控制机制和 MPTCP 数据调度机制 3 个方面进行详细介绍。

3.2.1 MPTCP 概述

移动设备通常是多宿主的，因此它们能够通过多条路径访问互联网。例如，智能手机基本上配备了两个以上的网络接口，如 4G/5G、Wi-Fi、蓝牙等，从而端到端存在多条可用路径。然而，在当前网络中占据主导地位的传统 TCP 只能选择单一路径传输数据，导致带宽资源的极大浪费。为了解决这个问题，互联网工程任务组（IETF）于 2009 年成立了 MPTCP 工作组来对多路径传输协议（Multipath TCP，MPTCP）[4] 进行标准化，该协议可将单一的 TCP 数据流划分为多个子流，每个子流在不同的路径上传输[5]。

在当前网络中，TCP 占据主导地位，但是 TCP 只能选择单一路径传输数据，这在多宿主设备已经普及的今天会造成带宽资源的极大浪费。因此，学术界与工业界开始设计能同时在多条路径上传输数据的传输层协议以弥补传统 TCP 的缺陷。目前已经出现了多种多路径传输层协议，例如 SCTP[6]（Stream Control Transmission Protocal）、MPTCP。但其中大多数协议都因为难以部署，只停留在实验阶段。

MPTCP 因为具有良好的应用兼容性与网络兼容性，成为目前应用最广泛的多路径 TCP。MPTCP 的应用兼容性是指使用 TCP 的应用无须修改就能使用 MPTCP 提供的服务，MPTCP 的网络兼容性是指 MPTCP 报文段能够安全地通过下层协议、达到连接的另一端的传输层。应用兼容性的实现较为容易，只需要 MPTCP 向应用层提供和 TCP 相同的接口与服务（可靠的字节流传输服务），网络兼容性的实现则较为困难，因为当今很多网络中间盒（例如 NAT、防火墙等）都会修改传输层报文段的内容。对此，MPTCP 采取的做法是使一个 MPTCP 连接中的每个子流（subflow）在网络层看起来都是一个独立的 TCP 连接，这一点需要通过对 MPTCP 报文段首部以及信令（signaling）进行精心设计才能实现。

MPTCP 的多路径特性也会带来许多传统单路径 TCP 中没有的问题。

首先需要考虑的问题是如何识别出不同的路径。一般情况下，MPTCP 通过地址来识别不同的路径。例如：客户端有两个地址 A1 和 A2，服务器端也有两个地址 B1 和 B2，那么 MPTCP 可以识别出 4 条路径：A1↔B1，A1↔B2，A2↔B1 和 A1↔B2。在一些特殊的场景下（例如 ECMP、Equal Cost MultiPath），也可通过端口号来区分不同的路径。

其次是 MPTCP 应当在哪些路径上建立连接。这个问题由 MPTCP 的路径管理（path manager）模块负责解决。Linux 内核中实现的路径管理算法有 full-mesh、ndiff-ports、binder 和 netlink。

接着是数据调度的问题，即一个分组应该在哪条路径上传输。这由 MPTCP 的调度模块解决。比较常见的调度算法有 BLEST、Round-Robin 和 Redundant。

同时，拥塞控制作为 TCP 提高网络传输效率最重要的方法之一，在多路径的场景下也将面临新的挑战。在 MPTCP 中，每条链路在带宽、往返时延等服务质量指标上存在较大差异，若协议机制设计不合理，反而会使 MPTCP 连接面临队头阻塞（Head of Line Blocking，HoL-Blocking）等问题，进而导致 MPTCP 带宽利用率低、应用延迟高、时延抖动大等性能问题，甚至性能还不如单路径传输协议。因此，设计有效的拥塞控制机制对优化 MPTCP 的传输性能至关重要。

接下来将对 MPTCP 中一些前沿的拥塞控制与数据调度算法进行介绍。

3.2.2 MPTCP 拥塞控制机制

如前所述，MPTCP 拥塞控制机制负责为每个子流设置合适的发送速率或拥塞窗口，不合理的拥塞控制机制将导致网络性能下降。

与单路径 TCP 不同，MPTCP 拥塞控制算法必须满足 3 个原则，分别是性能增强、瓶颈链路公平性以及负载均衡[7]。性能增强意味着 MPTCP 的性能应不差于运行在最佳子路径上的 TCP；瓶颈链路公平性意味着与仅使用其中一条路径的单个流相比，MPTCP 流不应占用更多容量；负载均衡意味着 MPTCP 可以将流量从拥塞路径移动到空闲路径。

因此，设计一个有效的 MPTCP 拥塞控制机制至关重要。

1. 经典拥塞控制机制

在 MPTCP 中有 4 个已在 Linux 内核中实现的经典 MPTCP 拥塞控制算法，分别是 LIA[7]，OLIA[8]，BALIA[9]，wVegas[10]，四者均具有"耦合增加，独立减少"的特点，接下来分别对其进行介绍。

（1）**LIA** LIA 是 Linux 内核中默认的 MPTCP 拥塞控制算法，该算法将丢包作为拥塞控制信号进行拥塞窗口调整，可以保证 MPTCP 连接的总吞吐量至少等于其最佳路径 TCP 连接的吞吐量。若我们假设一个 MPTCP 连接具有 n 个子流，其中 $n \geq 1$，RTT_i 和 $cwnd_i$ 分别代表第 i 个子流的 RTT 和拥塞窗口大小，$cwnd$ 代表此 MPTCP 连接的所有子流的拥塞窗口之和，每个子流均单独维护自己的拥塞窗口。则 LIA 拥塞控制算法的拥塞窗口调节机制如下：

- 对于第 i 个子流，若收到一个 ACK，则通过式（3-1）增大窗口：

$$\Delta cwnd_i = \min\left(\frac{\alpha}{cwnd_{total}}, \frac{1}{cwnd_i}\right) \tag{3-1}$$

式中，α 用于描述攻击性，其计算方式为：

$$\alpha = cwnd_{total} \times \frac{\max_{r \in \{1,2,\cdots,n\}}(cwnd_r / RTT_r^2)}{\left(\sum_{r=1}^{n} \frac{cwnd_r}{RTT_r}\right)^2} \tag{3-2}$$

- 对于第 i 个子流，每发生一次丢包，则将拥塞窗口减半。

然而，LIA 算法存在两个问题：非帕累托最优，对单路径 TCP 连接不友好。

（2）**OLIA**　为了解决 LIA 算法非帕累托最优的问题，OLIA 算法被提出，与 LIA 算法一样，OLIA 算法依旧以是否丢包作为判断拥塞发生与否的指标。每收到一个 ACK，OLIA 算法的拥塞窗口增加部分有两项：第一项是对 Kelly-and-Voice 的增加项的改变，并提供了帕累托最优；带有 α 的第二项保证响应性和非波动性。其拥塞窗口调节机制如下：

- 对于第 i 个子流，若收到一个 ACK，则通过式（3-3）增大拥塞窗口：

$$\Delta \mathrm{cwnd}_i = \frac{\dfrac{w_i}{\mathrm{RTT}_i^2}}{\left(\displaystyle\sum_k \dfrac{w_k}{\mathrm{RTT}_k} \right)^2} + \frac{\alpha_i}{w_i} \tag{3-3}$$

其中，α_i 是利用最佳路径的因素。

- 对于第 i 个子流，每发生一次丢包，则将拥塞窗口减半。

（3）**BALIA**　与 LIA 和 OLIA 不同，BALIA 算法的目标是在 TCP 友好性、响应性和窗口振荡之间取得良好的平衡，其拥塞窗口调节机制如下：

- 对于第 i 个子流，若收到一个 ACK，则通过式（3-4）增大拥塞窗口：

$$\Delta \mathrm{cwnd}_i = \frac{\dfrac{w_i}{\mathrm{RTT}_i^2}}{\left(\displaystyle\sum_k \dfrac{w_k}{\mathrm{RTT}_k} \right)^2} \times \left(\frac{1+\alpha_i}{2} \right) \times \left(\frac{4+\alpha_i}{5} \right), \quad \text{where } \alpha_i = \frac{\max_k \left(\dfrac{w_k}{\mathrm{RTT}_k} \right)}{\dfrac{w_i}{\mathrm{RTT}_i}} \tag{3-4}$$

- 对于第 i 个子流，每发生一次丢包，则通过式（3-5）减小拥塞窗口：

$$\Delta \mathrm{cwnd}_i = \frac{\mathrm{cwnd}_i}{2} \times \min\{\alpha_i, 1.5\} \tag{3-5}$$

需注意，BALIA 的窗口减小部分将 TCP Reno 的 MD 算法乘以 ［1,1.5］ 范围内的一个因子。若仅有一条路径，那么 $\alpha_i = 1$，在此情况下，BALIA 简化为 TCP Reno。

（4）**wVegas**　实际上，上述 3 种 MPTCP 拥塞控制算法无法达到理想的 MPTCP 性能，甚至可能带来较差的 QoS，原因是上述 3 种 MPTCP 拥塞控制算法都以是否丢包作为拥塞发生与否的指标进行控制决策，在动态网络中可能导致性能严重下降。

基于此，一种基于时延的拥塞控制算法 wVegas 被提出。wVegas 为每个子流分配一个权重，并根据拥塞平等原则对其进行自适应调整。wVegas 的核心是权值调整算法。

经典的标准 MPTCP 拥塞控制算法在传输控制领域做出了重大贡献，尤其针对网络拥塞崩溃这一难题，取得了显著效果。然而，MPTCP 拥塞控制机制的设计面临许多挑战，包括网络异构性、QoS 复杂性和网络环境动态性。此外，还有许多因素会影响 MPTCP 拥塞控制机制的性能，如 RTT、丢包、路径多样性等。目前已经有很多相关工作用以解决以上问题，包括 mVeno，RVeno，mFAST，CADIA，CLA-MPTCP，SmartCC，DRL-CC，MPCC，DeepCC 等。

接下来我们将讨论两类拥塞控制算法，即，基于流体模型的 MPTCP 拥塞控制算法和基于强化学习的 MPTCP 拥塞控制算法。

2. 基于流体模型的 MPTCP 拥塞控制算法

基于流体模型的 MPTCP 拥塞控制算法主要使用基于简化模型的固定拥塞控制策略。本节主要介绍两种基于流体模型的 MPTCP 拥塞控制算法，分别是 mVeno[11] 和 RVeno[12]。接下来分别对其进行介绍。

（1）**mVeno**　mVeno 是一种基于 Veno 的 MPTCP 拥塞控制算法，该算法通过为不同的子流分配不同的加权参数来控制每个子流的发送速率，有效地将 MPTCP 连接中的所有子流进行耦合，从而提高无线场景中的整体性能。该算法提高了吞吐量，实现了更好的负载平衡，并且能够保持与常规单路径 TCP 的公平性。

在 mVeno 算法中，作者关注的问题是，基础的 MPTCP 算法大多是基于丢包的，它们更倾向于将数据包推送到丢包率较低的路径上进行传输，但丢包率较低的路径可能并不是拥塞较小的路径，此类算法将会导致性能下降。为此，作者提出了 mVeno。

mVeno 算法可以分为两部分：

1）将问题构建为一个流体模型：为了得到网络均衡状态下发送速率与端到端丢包率的关系，mVeno 在拥塞避免阶段对"加法增加（AI）"部分进行修改，通过对不同路径分配不同权重来有效耦合子流，从而得到 mVeno 的流体模型。

2）推导每个子流的加权参数：在此部分，作者采用基于 Veno 流体模型的网络对偶效用模型来耦合子流，以实现不同路径之间更好的负载均衡。

（2）**RVeno**　在高动态网络中存在一个问题——如何区分无线丢包和网络拥塞丢包。若将无线丢包误认为网络拥塞丢失会导致 MPTCP 降低发送速率，进而导致严重的性能下降。为此，作者提出了 RVeno 算法，该算法能够准确区分拥塞丢包和无线丢包，并在高动态网络中将数据从一条路径切换到另一条路径，旨在提高高动态网络中 Wi-Fi 和 LTE-R 资源聚合时 MPTCP 的性能。

RVeno 主要思想的解释如下：

1）将问题构建为一个流体模型：如果作为判断是否拥塞的指标的 backlog N 大于 β，每收到一个 ACK，则 HSR 网络中 Wi-Fi 路径的 CWNDw_i 增加 $\frac{1}{\theta}w_i$，此 MPTCP 连接中 LTE-R 路径的 CWNDw_e 增加 $\frac{1}{w_e}$；在每次发生丢包时，HSR 网络中 Wi-Fi 路径的 CWNDw_i 减少 $\frac{\theta w_i}{2}$，此 MPTCP 连接中 LTE-R 路径的 CWNDw_e 减少 $\frac{w_e}{2}$。如果 backlog N 不大于 β，每收到一个 ACK，拥塞窗口的增加将与 $N \geq \beta$ 时相同，而每次发生丢包，CWND 的下降幅度为 $\frac{1}{5}$。

2）推导出最优解：为了得到 RVeno 总预期吞吐量的下降，作者首先获得 Wi-Fi 路径上的吞吐量差异，然后得到 LTE-R 路径上的吞吐量差异。然后，作者得到关于 θ 的总预期吞吐量的一阶导数，并令其为零以获得最佳卸载因子 θ_{opt}。

3. 基于强化学习的 MPTCP 拥塞控制算法

基于流体模型的 MPTCP 拥塞控制算法存在 3 个问题：基于流量模型和网络特征的先验知识；对固定规则依赖性强，缺乏对广泛的 QoS 目标和综合网络条件的适应性；无法主动调整拥塞窗口以优化资源使用。强化学习是一种机器学习算法，可以从错误中吸取教训，通过不断地尝试学习达到目标的方法，最终找出解决问题的最佳方法。此外，它具有支持无模型控制和处理复杂动态网络环境的能力，无须任何预定义的控制规则。目前已经有很多使用强化学习来设计 MPTCP 拥塞控制算法的工作，我们主要介绍 SmartCC[13]、DRL-CC[14] 和 DeepCC[15] 3 种算法。

（1）**SmartCC**　是一种基于窗口调节的异步强化学习 MPTCP 拥塞控制算法，于 2019 年提出。该算法使用深度强化学习算法生成多路径拥塞控制的具体控制策略，考虑了吞吐量和路径异构性，平衡了各种 QoS 目标，例如总吞吐量最大化、往返时间最小化、抖动最小化等，可适应不同的综合网络条件，尤其是动态网络条件。

SmartCC 的主要思想可以分为两个部分，即问题建模和问题求解。问题建模即将多路径拥塞控制问题建模为强化学习任务，涉及 agent、state、action、policy 和 reward 的概念。

- agent：在 MPTCP 拥塞控制问题中，agent 负责根据不同的网络情况做出拥塞窗口调整决策。

- state：状态是 agent 观察到的环境的快照。在 MPTCP 拥塞控制问题中，t 时刻的状态用元组 $S_t = (I_{t,1}, R_{t,1}, \cdots, I_{t,n}, R_{t,n})$ 表示，其中 $I_{t,i} = (1-\overline{\omega}) I_{t-1,i} + \overline{\omega} (T'_{ACK} - T''_{ACK})$，$i \in 1, \cdots, n$ 和 $R_{t,i} = (\text{cwnd}_{t,i} / \text{RTT}_{t,i}) \Big/ \left(\sum_{k=1}^{n} \text{cwnd}_{t,k} / \text{RTT}_{t,k} \right)$ 代表 $R_{t,i}$ 第 i 个子流在 t 时刻的状态。我们可以看出，$I_{t,i}$ 越小意味着在第 i 个子流上的时延越低，$R_{t,i}$ 反映了路径的异构性。

- action：在 MPTCP 拥塞控制问题中，action 是指发送方如何根据观测到的信息调整 MPTCP 连接的子流的拥塞窗口，可由 $a_t = (\mu_{t,1}, v_{t,1}, \cdots, \mu_{t,n}, v_{t,n})$ 和 $w_i \leftarrow \mu_{t,i} w_i + v_{t,i}$ 表示。SmartCC 使用的状态空间是离散的，例如 $\mu_t \in \{0.1, 0.5, 1, 2\}$，$_t \in \{0, \pm 1, \pm 4, \pm 8\}$。

- policy：在 MPTCP 拥塞控制问题中，策略是一个规则表，规定了在不同网络状况下调整拥塞窗口的规则。

- reward：SmartCC 的奖励函数是一个多目标效用函数 $U(\text{Tput}, \text{RTT}, \text{Jitter}) = \log \left(\sum_{i=1}^{n} \text{Tput}_i \right) - \delta \left(\sum_{i=1}^{n} \log (\text{RTT}_i) \right) + \gamma \left(\sum_{i=1}^{n} \frac{1}{\text{Jitter}_i + 1} \right)$。它综合考虑了吞吐量、RTT 以及传输速率的稳定性。

图 3-1 所示是 SmartCC 求解阶段的架构，其包含 3 个阶段，即 bootstrapping 过程、离线训练过程和在线决策过程。

在 bootstrapping 过程，agent 观察到环境的状态后，会在规则表中查询相应的状态。如果查询到相应的状态，则采用 ϵ-贪心方法采取行动：以 ϵ 的概率采取一个随机的行动，以 $1-\epsilon$ 的概率采取规则表中该状态对应的行动。ϵ-贪心方法可以使 agent 探索出更优的策略，避免陷入局部最优。agent 采取 action 后，可以观察到环境状态转移到 s'，并得到奖励 r。collector 便可以将经验 (s, a, r, s') 存储到 Replay buffer 中，供后面的离线训练过程使用。

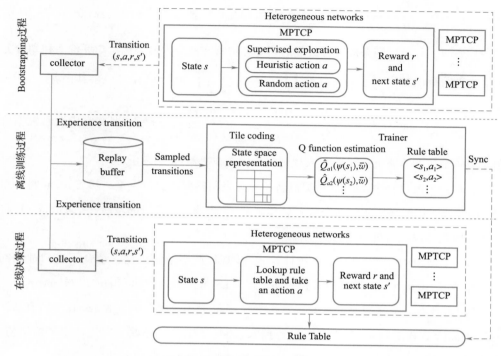

图 3-1　SmartCC 求解阶段的架构

在离线训练过程中，Trainer 从 Replay buffer 中随机抽取一定数量的经验进行训练，SmartCC 使用的深度学习算法为 Q-learning 算法，但是使用了瓦片编码方法与函数估计来解决状态空间过大的问题。

在此简要介绍 SmartCC 的函数估计方法。Q-learning 首先使用基于表格的方法来计算每种状态下采取每种 action 得到的期望奖励，即价值函数 $Q(s,a)$，然后根据价值函数选择 action，但 MPTCP 拥塞控制的状态空间是连续的，且维数为 $2n$（n 为子流数目），意味着存在无穷多种状态，这是基于表格的方法无法接受的，因此，SmartCC 使用函数估计方法来估算价值函数，即 $Q(s,a) \approx \hat{Q}_a(\phi(s),\overline{w}) = \sum_{i=1}^{n} \overline{w}_i \phi_i(s)$。其中 $\phi(s)$ 为状态 s 的特征，可通过瓦片编码方法得到；$\overline{w}$ 为权重，和动作 a 有关，可通过训练得到。为了使状态空间离散化，SmartCC 使用层次瓦片编码方法，这种方法和传统的瓦片编码方法不同，它借鉴了层次分类的方法，每次只针对误差过大的瓦片进行划分。即如果对于瓦

片 τ，$\frac{1}{|v|}\sum_{\forall s' \in v}\frac{|E_a(s')|}{Q(s',a)}>\mathrm{threshold}(v)$ 为可用瓦片 τ 表示的样本的集合，$E_a(s_i)=Q(s_i,a)-\hat{Q}_a(\phi(s_i),\overline{w}))$，则采取一种最优的划分方法将 τ 划分为两个瓦片。评价一种划分方法优劣的目标函数为 $\prod_{\forall s_i,s_j \in v_1}p(s_i,s_j)\prod_{\forall s'_i,s'_j \in v_2}p(s'_i,s'_j)\prod_{\forall s_i \in v_1,s'_j \in v_2}(1-p(s_i,s'_j))$，其中 $p(s_i,s_j)=\frac{e^{\mathrm{sim}(s_i,s_j)}}{\forall_{s_x,s_y \in v}e^{\mathrm{sim}(s_x,s_y)}}$，$\mathrm{sim}(s_i,s_j)=\frac{Q(s_i,a)Q(s_j,a)+E_a(s_i)E_a(s_j)}{\sqrt{Q^2(s_i,a)+E_a^2(s_i)}\sqrt{Q^2(s_j,a)+E_a^2(s_j)}}$。训练完成后，根据价值函数将最优的策略 (s_i,a_i) 写入规则表，供在线决策过程使用。

在在线决策过程中，agent 根据最新的规则表调整拥塞窗口决策，接着 agent 将会得到 r 的奖励，同时环境的状态会从 s_t 转移到 s_{t+1}。此外，一条新的经验 (s_t,a_t,r,s_{t+1}) 将转移至收集器以进行进一步的模型训练。

（2）**DRL-CC** DRL-CC 是一种体验式 MPTCP 拥塞控制机制，结合了递归神经网络（RNN）、Actor-Critic 网络以及长短期记忆（LSTM）以适应动态响应。与 SmartCC 不同，DRL-CC 在一个终端上只使用一个单独的 agent 而不是多个独立的 agents 对所有活跃的流（包括 TCP 流和 MPTCP 流）进行拥塞控制。DRL-CC 考虑了发送速率、输出值、平均 RTT、RTT 的平均偏差、拥塞窗口大小等因素以最大化整体吞吐量。

与 SmartCC 相似，DRL-CC 涉及 agent、state、action、policy 和 reward 五个概念的定义。

- agent：同 SmartCC，agent 负责根据不同的网络情况调整拥塞窗口决策。
- state：在 DRL-CC 中，t 时刻的状态用 $s_t=[s_t^1,\cdots,s_t^2,\cdots,s_t^N]$ 表示，其中 $s_t^i=[s_t^{1,1},\cdots,s_t^{i,k},\cdots,s_t^{N,K_i}]$，$s_t^{i,k}=[b_t^{i,k},g_t^{i,k},d_t^{i,k},v_t^{i,k},w_t^{i,k}]$。$b_t^{i,k}$ 代表发送速率，$g_t^{i,k}$ 代表吞吐量，$d_t^{i,k}$ 代表 RTT，$v_t^{i,k}$ 代表 RTT 平均偏差，$w_t^{i,k}$ 代表拥塞窗口大小，N 代表 TCP 流和 MPTCP 流的总数，K_i 代表第 i 个流的子流数，如果第 i 个流为 TCP 流，则 $K_i=1$。
- action：在每个迭代周期，DRL-CC 只对一个流采取 action，t 时刻的 action 可由 $a_t=(x_t^1,\cdots,x_t^k,\cdots,x_t^K)$ 表示，其中 x_t^k 代表在目标 MPTCP 流中，子流 k 的拥塞窗口需要调整的大小。
- policy：在 DRL-CC 中，策略是一个从状态到动作的映射的规则表。

- reward：DRL-CC 的奖励函数为 $r_t = \sum_i^N U(i,t)$，$U(i,t)$ 表示第 i 个流在迭代周期 t 的效用。在 DRL-CC 的框架中可以采用任意符合应用需求的效用函数。例如 DRL-CC 具体实现采用的效用函数为 $U(i,t) = \log(g_t^i)$，g_t^i 表示 MPTCP 流 i 在过去一段时间的平均吞吐量。

DRL-CC 的架构由两部分组成，即：Representation Network 和 Actor-Critic Network，如图 3-2 所示。

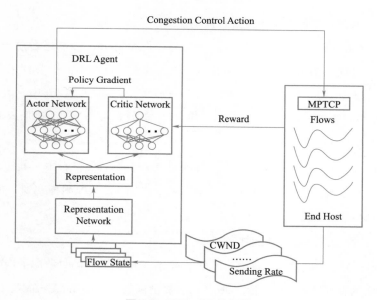

图 3-2　DRL-CC 的架构

- Representation Network：将在迭代周期 t 中所有活跃的 MPTCP 流的状态作为输入，以序列学习的方式，利用 LSTM 学习当前状态的表示。将 LSTM 输出的表示输入到 actor-critic 网络中。
- Actor-Critic Network：将来自 Representation Network 的表示输入到 Actor-Critic Network 中，可以推导出调整目标 MPTCP 连接每个子流的拥塞窗口的动作。同时，作为奖励信号的网络效用将被计算以进一步优化决策。

DRL-CC 的工作过程可以总结为：首先 agent 通过与终端交互获取历史经验；然后将历史经验输入到网络（包括 LSTM 网络与 Actor-Critic 网络）中；接着利用奖励函数更

新网络的模型权重，训练出最优的网络模型；最后在每个迭代周期中 agent 都将使用其训练好的网络模型来确定 action，并通过内核操作将 action 部署到目标流。

（3）**DeepCC**　针对 SmartCC 与 DRL-CC 中控制策略粒度太粗，以及状态空间维数会随着子流数量的增减而变化的问题，DeepCC 使用了多智能体深度强化学习算法（Multi-Agent Deep Reinforcement Learning，MADRL），每个 agent 只负责一个子流的拥塞控制，同时采用 self-attention 机制来生成维数固定的状态描述。

DeepCC 对 MPTCP 拥塞控制问题的建模如下：

- agent：对其负责的单个子流进行拥塞控制。

- state：每个 agent 都将环境的状态信息分为两个部分，一个是当前子流的状态，另一个是同一个 MPTCP 连接中其他子流的状态。这两个部分分别用一个 6 维的向量来描述：$S_{i,t}=[x_t^i,c_t^i,k_t^i,v_t^i,w_t^i,l_t^i,x_t^{i'},c_t^{i'},k_t^{i'},v_t^{i'},w_t^{i'},l_t^{i'}]$。其中 x 表示吞吐量，c 表示发送速率，k 与 v 分别表示平均 RTT 与 RTT 标准差，w 为平均拥塞窗口大小，l 为丢包数量。

- action：DeepCC 的 action 由一个二维向量 $a_{i,t}=[u_{i,t}^p,u_{i,t}^w]$ 表示，其中 $u_{i,t}^p$ 描述了子流 i 的分离比例（split ratio）变化情况，$u_{i,t}^w$ 则表示控制拥塞窗口的大小，即 $sr_{t+1}^i=sr_t^i+u_{i,t}^p$，$cwnd_{t+1}^i=u_{i,t}^w\times cwnd_t^i$。

- policy：经过训练后收敛的神经网络。

- reward：为了兼顾公平与效率，每个 agent 在奖励函数中同时考虑了当前子流与其余子流的吞吐量和丢包数量，DeepCC 的奖励函数为：$r_t=\alpha(X_t^i-\beta L_t^i)+(1-\alpha)(X_t^{i'}-\beta L_t^{i'})$，$X_t^i$ 为第 i 个子流的吞吐量，$X_t^{i'}$ 为除第 i 个子流外其余子流吞吐量的加权平均和，L 为丢包数量，β 为惩罚项的系数。其中 α 权衡了公平性与效率；当 $\alpha=1$ 时，第 i 个子流的 agent 只关注当前子流性能的提升，而不顾总体的吞吐量与丢包率；当 $\alpha=0$ 时，agent 只关注整体性能的提升，无法发掘当前子流的潜力。

DeepCC 的框架如图 3-3 所示。agent 将状态分为当前子流状态与环境状态（其余子流的状态）两部分，其中环境状态的维数会随着子流数量的变化而变化，因此 DeepCC 使用 self-attention 机制将环境状态整合成固定维数的向量。首先使用 BiL-STM 获取环境状态的隐藏状态（hidden states）$H_x=(h_1,h_2,\cdots,h_{x-1},h_{x+1},\cdots,h_n)$，然后用 self-attention 机制学习这些隐藏状态的权重 $e_x=\text{softmax}(w_{s2}\tanh(W_{s1}H_x^T))$，并计算隐藏状态的加权平均和，得到环境状态的一个表示（Representation）$m_x = e_x H_x$。为了从不同方面反映环境，DeepCC 计算了环境状态的多个表示 $M_x = [m_1, \cdots, m_t]$。对 M_x 取均值得到环境状态的 6 维向量的表示 S'_x。接着 DeepCC 再次使用 self-attention 机制，对 S'_x 与 S_x 给予不同的权重，以权衡公平性与效率。最终可直接用于训练的状态信息就是一个 12 维的向量。训练部分则使用了 MAPOKTR（Multi-Agent Policy Optimization using Kronecker-Factored Trust Region）算法。

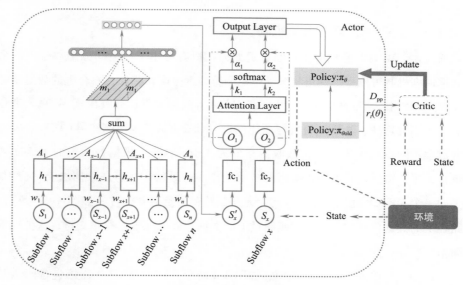

图 3-3　DeepCC 的框架

拥塞控制机制一直是多路径传输控制中非常重要的问题，基于拥塞控制机制在 MPTCP 中的重要性，本节对其进行了较大篇幅的介绍。本节从 MPTCP 拥塞控制机制的设计原则出发，对 MPTCP 拥塞控制中比较重要且经典的拥塞控制机制进行了分类及讲解。4 种经典 MPTCP 拥塞控制算法（即 LIA、OLIA、BALIA、wVegas）均以是否丢包或时延作为拥塞发生与否的指标调整拥塞控制决策，在动态网络中可能导致性能严重下降。mVeno 和 RVeno 首先将问题构建为一个流体模型，然后对所建立的模型进行最优解推导。但实际的网络环境往往是复杂多变的，与其提出的流体模型存在比较大的差异，所以基于流体模型的 MPTCP 拥塞算法在现实网络上往往性能较差。此外，基于流体模型的 MPTCP 拥塞控制算法通常基于流量模型和网络特征的先验知识，且无法主动调整拥塞窗口以优化资源，存在一定的局限性。SmartCC 使用异步深度强化学习算法生成可平衡多种 QoS 目标的多路径拥塞控制的具体控制策略，可适应不同的综合网络条件，尤其是动态网络条件；DRL-CC 则结合了递归神经网络（RNN）、Actor-Critic 网络以及长短期记忆（LSTM）以适应动态响应；DeepCC 引入了 MADRL 与 self-attentions 机制，解决了状态空间维数变化的问题，并能做出更细粒度的拥塞控制决策。在 3.2.3 节中，我们还将介绍 MPTCP 数据调度机制，以供读者更好地了解多路径传输控制协议。

3.2.3 MPTCP 数据调度机制

如前所述，MPTCP 数据调度机制负责如何在所有可用子流之间分配数据，一个优秀的数据调度机制可以根据网络状况动态地调整数据分配，相反，不合理的数据调度机制会使 MPTCP 连接面临队头阻塞[16]、bufferbloat 等问题，进而导致出现 MPTCP 带宽利用率低、应用时延高、时延抖动大等性能问题。什么是队头阻塞呢？与 TCP 简单的数据接收过程不同，MPTCP 的数据接收流程分为 3 步：首先，根据数据包的子流序列号对其进行排序；然后，根据连接级序列号重新排序；最后，将有序数据块交付应用层。当属于同一个 MPTCP 连接的路径异构，尤其是路径的延迟异构时（如 5G、Wi-Fi），低时延路径上的数据包必须等待高时延路径上的数据包以保证数据有序交付，这种现象即队头阻塞。

我们用一个简单的例子进行说明，如图 3-4 所示。一个 MPTCP 连接包含两条子路径：其中一条为快路径，往返时延为 5ms，拥塞窗口为 8，我们称其为子流 F；另一条为慢路径，往返时延为 50ms，拥塞窗口为 2，我们称其为子流 S。接收方缓冲区大小为 10，我们假设有 10 个数据包待发。发送方选择子流 S 发送序号为 1 和 2 的数据包，此时子流 S 的拥塞窗口耗尽，发送方选择子流 F 发送序号为 3~10 的数据包。从图中我们可以看出，3~9 号数据包到达接收缓冲区后，1 号和 2 号数据包仍未到达，因此，接收方无法将数据整合交付给应用层，这种现场被称为队头阻塞。

此外，由于时延差异，MPTCP 引入了跨子流的重新排序机制，接收端需预留缓冲区以保存乱序数据包并对其进行重新排序。为了充分利用所有路径的容量，接收端必须提供足够大的缓冲空间，因此，接收缓冲区的容量对于吞吐量性能至关重要。然而，对于大多数移动设备，它们的接收端缓冲区是有限的（接收窗口限制），这将延长应用程

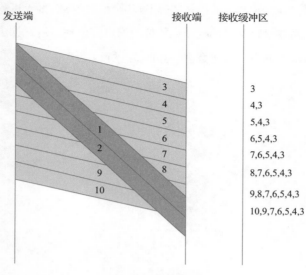

图 3-4　队头阻塞

序的时延并降低有效吞吐量。以图 3-4 为例，若接收缓冲区大小为 10，接收方可在接收到 1~10 号数据包后对数据包进行排序并交付应用层；若接收缓冲区大小为 6，缓冲区接收到 1~8 号数据包后将无法容纳下一个数据包，从而造成丢包，这就是缓存膨胀现象。

　　MPTCP 数据调度机制的设计面临诸多挑战，包括如何应对网络异构性、如何满足不同应用的不同 QoS 需求、如何满足综合的 QoS 目标、如何应对动态网络环境，以及如何评估子路径质量等。此外，还有许多因素会影响 MPTCP 数据调度机制的性能，如突发丢包等。因此，设计一个有效的 MPTCP 数据调度机制对优化 MPTCP 的传输性能至关重要。目前已经有许多研究工作用以解决上述问题，包括经典数据调度算法 min-RTT[17]、Round-Robin、RDDT[18-19] 启发式数据调度算法 ECF[20]、BLEST[21]、LAMPS[22]等，以及基于强化学习的数据调度算法 ReLeS[25] 和 RLDS[26]。接下来我们将对其进行分类讨论。

1. 经典数据调度算法

　　在 linux 内核中实现的经典数据调度算法共 3 种，分别是 minRTT 算法、Round-Robin 算法和 RDDT 算法，接下来我们将分别对 3 种数据调度算法进行讲解。

minRTT 算法是当前 MPTCP 的默认数据调度算法，该算法首先将数据段分配给往返时延最小的子流，当往返时延最低的子流的拥塞窗口完全耗尽后，算法将从剩余子流中重新选择往返时延最小的子流发送数据，如图 3-5 所示。

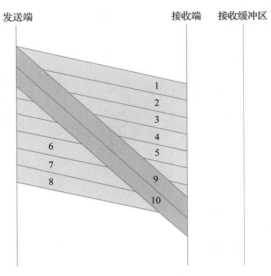

图 3-5　minRTT 算法

Round-Robin 算法以轮询的方式给各个子流调度数据包，该算法根据参数 "cwnd_limited" 的布尔值来决定是否采用真正的轮询机制。cwnd_limited 的值默认为 true，表示可以根据子流的拥塞窗口大小，给各个子流分配不同的数据量；cwnd_limited 的值被设置为 false 时，为真正的轮询调度，每个子流被分配基本相同的数据量，但这会导致无法充分利用带宽较大的子流链路，如图 3-6 所示。

RDDT 算法通过将相同的数据包复制多份，调度给各个子流，但是，这种冗余发送的方式，大幅增加了网络负载，以牺牲带宽来换取时延最小化，不能满足综合性的服务质量指标。

2. 启发式数据调度算法

启发式数据调度算法主要采用基于简化模型的固定调度策略。在已介绍的 3 个经典 MPTCP 数据调度算法的基础上，下面逐一介绍其他 3 种启发式 MPTCP 数据调度算法，分别是 ECF、BLEST 和 LAMPS。ECF 在进行数据调度时考虑了关于路径的所有相关信

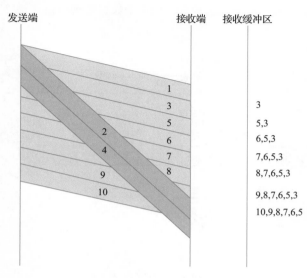

图 3-6　Round-Robin 算法

息，比默认的 MPTCP 数据调度算法（即 minRTT）实现了更大的吞吐量和更高的路径利用率；BLEST 是一个基于阻塞估计的 MPTCP，旨在解决队头阻塞问题；LAMPS 是一种适用于高丢包网络的数据调度算法，在选择子流时考虑了丢包和 RTT。

（1）ECF　ECF 旨在解决 minRTT 在异构网络环境下无法为应用提供理想的聚合带宽，且无法充分利用快路径带宽，进而导致频谱资源利用率不足的问题，在进行数据调度时遵循 "Earliest Completion First" 原则，即选择最先完成数据传输的子路径发送数据包。该算法在 RTT 估计的基础上，将拥塞窗口和发送缓冲区大小考虑在内。从能否利用所有可用路径的角度，ECF 比其他数据调度算法更有效。

我们用一个简单的例子介绍 ECF 的主要思想，如图 3-7 所示。假设一个 MPTCP 链接包含 x_f 和 x_s 两个子流，其中，x_s 是快子流，x_f 是慢子流。在发送缓冲区中，k 个数据包尚未分配至任意一条子流。若子流 x_f 有可用拥塞窗口，数据包将被分配到该路径；否则，ECF 将通过计算数据包在各子流完成时间的方式决定数据包应调度至哪一条子流。具体流程如下：

1）假设 k 个数据包调度至子流 x_f，计算等待时间和传输时间之和，记作 $T_{f,\text{total}}$；

2）假设 k 个数据包调度至子流 x_s，计算传输之间，记作 T_s；

3）判断 $T_{f,\text{total}}>T_s$ 是否成立，若成立，则 k 个数据被调度至子流 T_s；否则数据包被调度至子流 x_f。

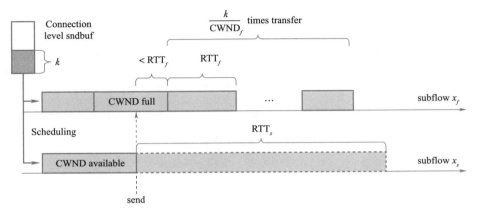

图 3-7 ECF 算法

（2）**BLEST** BLEST 是一个主动式数据调度算法，旨在解决队头阻塞的问题。该算法取代了惩罚慢子流的思想，采用基于阻塞评估的方式，通过评估一个子路径是否会引起阻塞，然后动态地进行调度以阻止阻塞的发生。

MPTCP 在其控制平面上为每个 MPTCP 连接维护一个发送窗口，该窗口位于子流级窗口之上，本节用 MPTCP_sw 表示。BLEST 假设如果一个数据段在子流 S 上传输，将在 MPTCP_sw 中占用一部分空间的时间至少为 RTT_S。BLEST 进一步假设目前在子流 S 上传输且未被确认的数据段在 MPTCP_sw 占用空间的时间相同，即 RTT_S，这是一个保守的假设，实际上这些数据段中的一部分会在更早得到确认。剩余的发送窗口将为较快子流 F（即 RTT 较小的子流）所用。这意味着若子流 F 由于子流 S 导致发送窗口空间不足而无法发送，则会发送队头阻塞。因此，BLEST 会估计在时间 RTT_S 内应在子流 F 上传输的数据量，并检测所估计的数据量与 MPTCP 的发送窗口是否匹配。为了估计数据量（用 X 表示），BLEST 假设每隔一个 RTT_F 时间，拥塞窗口都增加 1，并且总是被调度算法填充，如式（3-6）和式（3-7）所示：

$$\text{rtt}_s = \text{RTT}_S/\text{RTT}_F \tag{3-6}$$

$$X = \text{MSS}_F \cdot (\text{CWND}+(\text{rtt}_s-1)/2) \cdot \text{rtt}_s \tag{3-7}$$

为了避免数据量 X 出现估计不准问题，BLEST 引入了一个修正系数 λ。λ 的调节过程为：在连接初始，λ 设置为 1，意味着估计结果无修正；在 RTT_F 时间内，若发生队头阻塞，λ 将增加 δ_λ，若未发生队头阻塞，λ 将减小 δ_λ。

若 $X\times\lambda>|M|-\mathrm{MSS}_S\cdot(\mathrm{inflight}_S+1)$ 成立，则下一个数据段将不会在子流 S 上传输，而是等待快子流可用。与 minRTT 总是倾向于选择可用子流不同，BLEST 可以略过一些子流而等待一个具有较低队头阻塞风险的子流。

（3）**LAMPS**　LAMPS 旨在解决现有数据调度机制无法使用高丢包网络环境的问题，期望在发生突发丢包时减少不必要的带宽损耗。该算法具有双重选择：基于丢包和时延进行链路质量评估，进而选择子流；基于子流状态选择要发送的数据。

接下来，我们结合图 3-8 介绍 LAMPS 的主要思想。

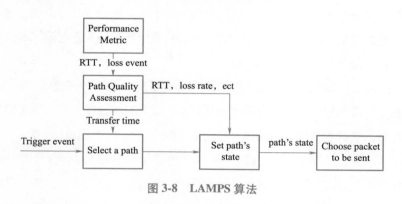

图 3-8　LAMPS 算法

MPTCP 数据调度算法在当且仅当准备好发送数据时被触发。一般来说，常见的触发条件有两种：一种是新数据被上层应用程序添加到发送队列中；另一种是子流在收到 ACK 后释放一些空间，使相关的拥塞窗口变大。

LAMPS 引入了一个路径质量评估模块，该模块负责计算所有子流的传输时间。然后，LAMPS 将选择传输时间最短的子流。

LAMPS 根据每个路径的属性为其设置子流状态，子流有 NORMAL 和 REDUNDANT 两种状态。若一个子流处于 NORMAL 状态，它将选择未被任何 NORMAL 子流发送且序列号最小的数据包发送；否则，子流将发送满足以下条件的数据包：在 MPTCP 的发送缓冲区队列中，这意味着发送方还未收到该数据包的确认；以前从未在此子流上发送；

在满足以上两个条件的所有数据包中，序号最小。特别说明，若所有可用路径都处于 REDUNDANT 状态，则所有子流将在满足上述 3 个条件的情况下以冗余的方式发送数据包，此时，LAMPS 等于 RDDT。

在 LAMPS 中，子流的状态转移过程如下：在 LAMPS 中，REDUNDANT-TO-NOR-MAL 和 NORMAL-TOREDUNDANT 的状态转移规则是可配置的，用户可以根据自己的实际情况确定这些规则。例如，若某一状态为 NORMAL 的子流发生突发高丢包，且丢包率超过预先设置的状态转移阈值，LAMPS 可以将该子流的状态转移至 REDUNDANT。相反，若某一状态为 REDUNDANT 的子流的链路质量越来越好，丢包率低于状态转移阈值，LAMPS 将转移该子流的状态至 NORMAL。

3. 基于强化学习的数据调度算法

强化学习是一种机器学习算法，可以从错误中学习，通过不断地尝试，学习达到目标的方法，最终找到解决问题的最佳方法。下面将介绍两种基于强化学习的数据调度算法的研究工作，分别是 ReLeS 和 RLDS。

（1）**ReLeS**　ReLeS 数据调度机制是 2019 年提出的一种基于强化学习的 MPTCP 数据调度算法，该算法旨在解决现有数据调度机制的优化目标往往是在特定类型场景中的特定性能指标、缺乏自适应性的问题。因此借助深度强化学习（DRL）算法，通过一些经验研究一个两层的全连接神经网络，然后生成多路径数据包调度的特定控制策略。ReLeS 将吞吐量、网络异构性（例如时延和容量）和丢包考虑在内，平衡了各种 QoS 目标，例如平均吞吐量最大化、整体数据传输时间缩短、无序缓冲区容量最小化，可自适应异构、同构网络，并在动态网络条件下进行数据自适应调度。

ReLeS 由两个阶段组成，即离线神经网络训练和在线数据调度，调度策略由神经网络生成，以从环境中观测到的数据作为输入，输出一个划分比例向量 $(p_1, p_2, \cdots, p_i, \cdots, p_n)$，其中，$p_i$ 表示在第 i 个子流上要分配的数据的比例。图 3-9 所示描述了 ReLeS 的框架。

在离线神经网络训练阶段，由 collector 收集形式为 (s_t, a_t, s_{t+1}, t) 的经验元组，此经验元组被存储至经验库中。trainer 借助异步强化学习算法从经验库中采样经验元组并异步地训练神经网络模型。

在在线数据调度阶段，首先数据调度 agent 向神经网络模型输入一组网络信号，如

RTT、吞吐量、丢包等；然后输出多路径数据调度的数据划分比例（即动作 a_t）并计算奖励值，并将状态从 s_t 转移至 s_{t+1}；最后一个新的经验元组被传递给 collector 用于进一步的模型训练。

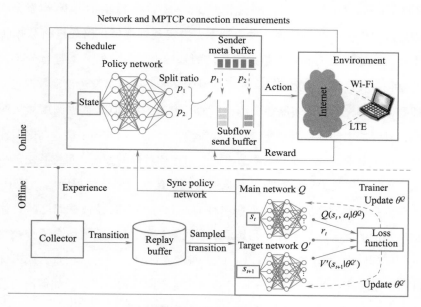

图 3-9　ReLeS 的框架

（2）**RLDS**　与 ReLeS 不同，RLDS 是一种基于 Deep Q network 强化学习的数据调度算法，该算法结合神经网络和 Q-Learning，以提高 MPTCP 数据包调度的性能。众所周知，Q-Learning 的核心是找到 Q 值，然后利用 Q 值对调度策略进行优化。在 RLDS 中，作者使用发送窗口值作为状态，旨在解决如何在资源有限的情况下最大化总吞吐量的问题。RLDS 的主要思想如下：

在 RLDS 数据调度策略中，数据调度问题和路径选择问题被建模为马尔可夫决策过程（MDP），然后采用强化学习算法对问题进行求解。具体来说，RLDS 以发送窗口大小作为状态、以路径选择作为动作。首先 RLDS 按照 Q 值对路径进行排序，然后选择具有更大 Q 值的路径进行数据传输，以确保数据包在接收方按需到达。

与拥塞控制机制一样，数据调度机制是多路径传输控制中的另一个重要问题。本节从 MPTCP 数据调度机制面临的两个基本问题出发，对 MPTCP 拥塞控制中比较重要且经典的拥塞控制机制进行分类讲解。在 Linux 内核实现的 3 种 MPTCP 数据调度算法（即 minRTT、Round-Robin 和 RDDT）未考虑路径异构性，在异构网络尤其是延迟异构网络中可能导致性能严重下降。ECF、BLEST 和 LAMPS 对此进行优化，其中，ECF 遵循 "Earliest Completion First" 原则，即选择最先完成数据传输的子路径发送数据包；BLEST 则通过评估一条路径是否会发生拥塞，决定是否选择该路径进行数据传输；与 BLEST 不同，LAMPS 在对路径质量进行评估的基础上，对数据类型进行分类，路径质量较差的路径负责发送冗余数据包，路径质量较好的路径负责发送正常数据包，既避免了路径拥塞，又可充分利用多路径资源。然而，启发式 MPTCP 数据调度算法通常基于先验知识，且无法主动调整拥塞窗口以优化资源，存在一定的局限性。与之对比，强化学习可从错误中吸取教训，通过不断地尝试学习达到目标的方法，最终找出解决问题的最佳方法。ReLeS 和 RLDS 将 MPTCP 数据调度问题建模为强化学习问题，其中，ReLeS 使用异步深度强化学习算法生成可平衡多种 QoS 目标的多路径数据调度的具体调度策略，以适应不同的综合网络条件，尤其是动态网络条件；RLDS 则结合了神经网络以及 Q learning 以获得最大吞吐量。然而以上算法通常或针对某一特定场景，或以优化固定 QoS 为目标，无法动态自适应具有不同 QoS 需求的不同应用。因此，如何面向应用层设计自适应的 MPTCP 数据调度机制仍是一个值得研究的问题。

3.3 | MPQUIC

3.3.1 MPQUIC 概述

QUIC（Quick UDP Internet Connection）是谷歌于 2013 年提出并实现的一种基于 UDP 的低时延互联网传输协议。该协议最初是为了解决 HTTP 协议中的队头阻塞问题并提升用户网络性能提出的。与目前使用最为广泛的传输层协议 TCP 对比，QUIC 引入了许多新特性。比如 0-RTT/1-RTT 握手时延，在安全性方面 QUIC 使用了比现有 TLS1.2 更为安全的加密传输协议 TLS1.3。同时 QUIC 继承了 HTTP2 的流多路复用特性并解决了 HTTP2 基于 TCP 带来的队头阻塞问题。与 HTTP2 相比，在 QUIC 连接中的多个流中没有相互依赖关系，因此单个流中的 UDP 数据包丢失也只会影响该流的应用层交付，而不会导致其他已传输完成的流被阻塞在接收缓冲区。QUIC 同样是一个可靠性协议，使用包号代替 TCP 传输中的序列号，并且每个包号都严格递增。这样带来的好处是避免了 TCP 传输中的重传歧义。此外，QUIC 支持灵活的拥塞控制算法以及调度算法，将拥塞控制、数据调度等算法实现在应用层。目前 QUIC 已经被广泛应用于互联网中，根据谷歌公司报告[27]，从谷歌浏览器到谷歌服务器之间超过半数的连接使用的是 QUIC 传输协议。在 2021 年 5 月 IETF 公布的 RFC 9000 中，QUIC 也推出了其标准化版本。而如今，HTTP over QUIC（即 HTTP3）也正处在标准化过程中。

QUIC 自提出后便在工业界和学术界引起了极大关注，其所具有的优点极大地提升了各类应用的用户体验。受 MPTCP 启发，研究学者们也逐渐将目光转向 MPQUIC，即 QUIC 的多路径扩展。早在 2017 年，便有相关学者提出并实现了 QUIC 的多路径扩展[28]。同时，阿里巴巴达摩院提出自己的 MPQUIC 实现版本 XLINK，并致力于将其标准化[29]。与 QUIC 相比，MPQUIC 在继承 QUIC 优点的同时利用设备中的多接口从而提高了整体带宽。然而，这也带来新的难题与挑战，急需相关学者们研究攻克。我们将从以下 4 个方面进行概述：

（1）路径管理 对于每条路径，在 MPQUIC 中都使用一个连接 ID（Connection ID）进行标识。同时 MPQUIC 还新增了路径状态帧，路径状态帧的作用是使通信双方能够通知对方当前路径状态，在数据交换时双方应该按照路径状态帧中标记的状态进行数据分配。路径状态帧描述了路径的以下 3 种状态：

- 弃用状态：放弃一条路径，并释放其相应的资源。
- available 状态：允许双方在可用路径中使用自己的逻辑分配数据。
- standby 状态：表明当另一条路径可用时，此条路径不该被分配数据。

当 Client 想发起一条新路径，它必须先检测通信双方是否有未被使用的连接 ID，随后才能建立起多路径通信。

（2）拥塞控制 类似 MPTCP，针对 MPQUIC 的多路径算法也应当满足性能增强、瓶颈链路公平性以及负载均衡这 3 个原则。由于 MPQUIC 与 MPTCP 在实现功能上类似，目前针对 MPQUIC 拥塞控制的研究，尚无过多创新之处。在 MPTCP 中实现的 LIA、OLIA 等算法，都可被移植到 MPQUIC 中并实现类似的性能。但 MPQUIC 拥塞控制算法实现在应用层，因此具有更强的灵活性。

（3）数据流和数据帧管理　MPQUIC 继承了 HTTP2 的流多路复用的功能，且在此基础上，MPQUIC 调度器实现了流到数据包的映射感知。QUIC 中的每个流都会有一个 ID，而从每个流中打包出去的数据包也会标识对应的流 ID。因此对于数据调度器而言，数据包来自哪个流中是可感知的，这有利于实现更好的数据调度。

（4）数据调度　MPQUIC 天然支持流多路复用，与 MPTCP 存在较大差异。MPQUIC 的数据调度分为两类：其一是路径调度，即将数据包分配到哪条路径中发送；其二是流调度，即根据此时流中的优先级分配对应的数据比例。路径调度和流调度都在很大程度上影响着用户的体验。当前 MPQUIC 中的路径调度算法与 MPTCP 类似，目的都在于尽可能避免出现由于网络异构性带来的队头阻塞问题。对于流调度而言，不同的应用程序对于数据的紧急程度是不一致的，而 MPQUIC 的数据调度算法实现在应用层，这使跨层优化调度容易实现且易于部署，因此在这方面要进行许多相关工作。接下来，我们将重点介绍有关 MPQUIC 数据调度的相关研究。

3.3.2　MPQUIC 数据调度机制

MPQUIC 能够和 HTTP2 应用结合，实现流多路复用（multiplexing）功能，这就意味着 MPQUIC 的调度机制需要在 MPTCP 基础上做出调整。由于 MPQUIC 在用户态实现，并引入了流的概念（stream），这些特征使 MPQUIC 能够更加轻松地结合应用对数据内容及优先级进行感知，所以现有的 MPQUIC 调度机制能够同时做到数据优先级及多路径网络性能感知。现存的 MPQUIC 调度可以分为路径调度和流调度两种调度方式：路径调度是根据路径的网络性能对数据需要传输的路径进行选择；流调度是根据应用的特点对流进行优先级刻画，并对流和路径都进行筛选，避免低优先级流对高优先级流的传输造成阻塞。MPQUIC 用户态实现的特点使其调度策略可以结合应用层特点实现用户自定义。目前 MPQUIC 应用场景主要分为 Web 应用和流媒体应用，下面将从以下两个方面对 MPQUIC 调度策略进行介绍。

1. Web 应用场景下的 MPQUIC 流调度策略

Web 应用中，网页的多个对象的时间敏感性不同，例如用户在加载网页时，希望文本对象优先加载，其次是图片对象，最后加载视频。Web 应用的每个对象都可以映射为 MPQUIC 的一个流，所以应用层的需求使流的优先级存在差异。针对流差异性问

题，浏览器为 HTTP2 流建立了优先级依赖树来描述流的优先级，如图 3-10 所示。依赖

树中优先级最高的流为根节点，父节点流的优先级比子节点流
的优先级高，同级子节点的优先级通过权重区别优先级，不同
的浏览器有不同的依赖树建立规则。MPQUIC 沿袭了这一方
式，并针对 Web 应用，设计了多种流调度算法，考虑数据优
先级的同时选择最适合的路径发送数据流。

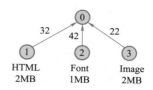

图 3-10　优先级依赖树

（1）**SA-ECF**　SA-ECF[30] 提出在调度时不对数据优先级进行区分会导致低优先级
流对高优先级流的传输造成阻塞，为了使单个流的传输不受队头阻塞影响，SA-ECF 流
调度首先针对 Web 应用对并发数据流建立优先级依赖树。路径调度阶段会选出依赖树
中优先级最高的根节点流，将其调度到往返时延最低的快路径上。接着选出往返时延次
低的路径，根据该路径的往返时延以及拥塞控制窗口，估计剩余的并发流集合中所有流
在该路径上的传输完成时间。如果某流完成时间与快路径上调度流的完成传输时间在一
定范围内，则将该流调度到往返时延次低的路径，否则认为该流会引入队头阻塞时延，
让该流等待到下个调度周期进行传输。

（2）**PStream**　PStream[31] 认为并发流应该按照优先级降序调度；每个路径上流的
传输时间应该是平衡的，以使整个流完成传输的时间最小，避免引入队头阻塞时延；而
且路径的传输资源应该根据流的优先级进行共享。PStream 首先将路径按往返时延升序，
将流按依赖树优先级降序。然后从流排序集合中以一定概率选择一个流调度到最快的路
径上，流被选中的概率是通过其优先级除以所有调度流的优先级和来计算的，以此做到
根据流的优先级分配路径的传输资源。最快的路径被选择的流占满拥塞窗口后，需要重
复计算在其余次低往返时延路径上分配多少数据量才能填充该路径与较快路径的传输时
差（gap），让所有路径上调度的数据同时到达接收端。填补所有路径的 gap 后，如果还
有剩余流带传输，则按所有路径的带宽比重将数据分配到不同的路径上，以此做到数据
公平分享剩余带宽资源。

（3）**mobileHTTP2 Scheduler**　同样为了减少队头阻塞问题，使每个路径同时完成
一个流的数据传输，调度器分为上行链路和下行链路进行非对称调度[32]。在下行链路
通过路径带宽、往返时延和队列延时对每个流在路径上分配的数据量的完成传输时间进
行估计，使分配流的数据量在每条路径的完成传输时间相同，如式（3-8）所示，最终

推算出每个流的分配数据量 S_{ij}。

$$\begin{cases} T_{ij} = \mathrm{RTT}_j + \dfrac{S_{ij}}{(\mathrm{BW}_j)} \\[2mm] Q_{ij} = \sum (k<i) T_{kj} \\[2mm] T_{i1} + Q_{i1} = T_{i2} + Q_{i2} = \cdots = T_{iN} + Q_{iN} \\[2mm] \sum S_{ij} = \mathrm{SIZE}_i \end{cases} \tag{3-8}$$

其中，SIZE_i 为流 i 的数据量大小，S_{ij} 为流 i 在路径 j 上分配的数据量。上行链路为了减少整体 RTT，加快损失恢复，调度器将 ACK 调度到端到端时延最低的路径。

2. 流媒体场景下的 MPQUIC 流调度策略

在视频流媒体场景中，视频供应商的主要目标为提升用户体验（Quality of Ex-perience，QoE），QoE 的评价标准是用户主观的服务评价标准，最重要的有视频比特率和卡顿时间。用户要求视频有高比特率的同时有更低的卡顿时延，但是两者之间是互斥的，所以在带宽受限的情况下，为了给用户提供更好的 QoE，需要在比特率和卡顿时延之间做出权衡。同时 QoE 的评价标准还有视频启动时延和质量切换次数。

流媒体应用数据内容有不同的优先级，MPQUIC 为了提升用户 QoE，对流媒体的应用层数据内容进行感知，并为重要的数据提供高优先级传输。

（1）**XLINK** XLINK[29] 首次将 MPQUIC 应用于淘宝直播等大规模视频服务场景中。XLINK 在多路径建立连接时，首条路径的选择按 5G、4G、Wi-Fi 的链路优先级顺序。为了避免快慢路径导致的队头阻塞问题，在一次调度中，如果快路径上的数据包的 ACK 已经接收完毕，慢路径还未接收完毕，那么需要在快路径上再次发送那些在慢路径上 ACK 还没有收到的数据包。这样可能导致发送的冗余数据过多，因此 XLINK 可以根据客户端反馈的用户当前播放缓冲区已缓存视频内容量来决定是否要冗余发送。除此之外，MPQUIC 对视频的内容进行了感知。视频在传输时需要对其进行压缩再进行传输，在压缩视频中，每帧都代表着一幅静止的图像。在实际的视频压缩编码时，会采取各种算法来减少数据的容量，其中 I、P、B 帧就是最常见的一种算法。I 帧又称帧内编码帧，视频序列中的第一个帧始终都是关键帧——I 帧，B、P 帧都需要参考前面的 I 帧进行编码，所以 I 帧的优先级最高。XLINK 利用流媒体应用的该特点，对于传输过程中出现的丢包数据以及视频的首帧（I 帧）数据，为其设置更高的优先级去优先调度到快路径传输。

（2）**ASMQ**　从编码角度来讲，SVC 的编码模式将视频编码分为基础层和增强层，基础层能保证视频正常播放，增强层可叠加在基础层上被解码为更高质量级别的视频。基于这种特性，基础层的优先传输能够为用户减少卡顿时间，使用尽量多的传输增强层可以提升视频质量级别。ASMQ[33] 利用 SVC 编码模式的特点，针对用户的偏好设计了自适应切换的流调度策略，对数据内容进行了感知，并对多路径进行了传输性能评价。最终将播放截止时间基础层流设置为高优先级流，将其调度到传输质量高的路径上，并以独占的方式在路径上传输。低优先级的流以混合或独占的方式在低传输质量的路径上发送，如图 3-11 所示。独占的调度方式是指流只在一条路径上发送，避免同一流调度到不同路径引入队头阻塞问题；混合式调度是指多个流在同一条路径上发送，共享路径的带宽资源。独占或混合的发送方式会根据网络状态自适应切换。

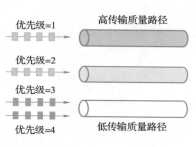

图 3-11　ASMQ 流调度方式

MPQUIC 的调度机制的研究按调度方法可分为经典的调度机制和基于强化学习的调度机制，前文已经对经典的 MPQUIC 调度机制进行了介绍，以下为基于强化学习的调度策略。

3. 基于强化学习的 MPQUIC 调度策略

强化学习为机器学习的范式和方法论之一。强化学习属于动态学习方式，主要的组成部分为：智能体、环境、动作、状态及奖赏。智能体通过和环境交互，收集环境的状态和奖赏，对环境施加动作使输出的动作能够为用户带来最大的长期奖赏收益。强化学习被用于多路径协议的数据调度场景中，一般调度器作为强化学习智能体，采集网络状态信息和动作的评价奖赏做出数据调度分配的动作决策。目前基于强化学习的 MPQUIC 调度器只对路径进行选择，不进行流调度。

（1）**Peekaboo**　Peekaboo[34] 通过对比 minRTT、Round Robin、BLEST 和 ECF 多路径调度器在网络性能异构切动态场景下的传输性能，发现所有调度器在网络性能动态性较大的场景下的不同表现。为了适应网络性能动态性，Peekaboo 应运而生。Peekaboo 调度器主要分为学习阶段和部署阶段。学习阶段可分为在线学习和随机性策略两个部分。在线学习应用了强化学习的 Lin-UCB 算法，算法主要组成部分的定义如下：

- agent（智能体）：MPQUIC 调度器，负责采集所有状态，并根据当前的状态选择路径的动作作为输出。

- state（状态 x_t）：状态用于采集路径的特性，被定义为 $x_t = \left\langle \dfrac{\text{CWND}}{\text{RTT}}, \dfrac{\text{InP}}{\text{RTT}}, \dfrac{\text{SWND}}{\text{RTT}} \right\rangle$，CWND 为路径的拥塞控制窗口，InP 为路径上的飞行数据包大小，SWND 为发送数据窗口大小。

- action（动作 θ_a）：动作取决于路径的数量和可用性用于调整调度决策。如果只有一条路径可以用，则 action 为发送或等待，其中等待动作指一直处于等待状态直到多条路径可用；如果有多条路径可用，会在快路径上直接发送数据，动作为在慢路径发送或等待，此时如果动作为发送则和 minRTT 的调度方式相同。

- renard（奖赏 r）：奖赏值设置为发送的数据包吞吐量，被定义为 $r = \dfrac{\text{PS}}{T_{\text{ACK}}}$，PS 为数据包大小，$T_{\text{ACK}}$ 为从发送数据包到收到该数据包的 ACK 的时间。

在线学习通过以上定义在不同的场景下做出决策动作后，由于路径特征动态性较强，路径特点的信息采集不准确，随机性决策会在在线学习输出动作决策的基础上，根据历史经验对动作做出评价，以一定的概率执行该动作，通过这种方式实现了动作矫正的目的，使调度决策的吞吐量达到最高。在部署阶段，Peekaboo 部署并实现学习阶段输出的动作，定期检查路径特征是否发生显著变化（即动态变化是否超过预定义的阈值）。如果发生显著变化，Peekaboo 会重新进入初始化学习阶段，以便使策略适应新的路径特征和动态级别。

（2）**DRLS**　DRLS[34] 利用深度强化学习方法进行数据调度，只做单纯的路径调度，不对数据内容进行感知。状态为所有路径的 CWND、RTT、飞行数据字节数；动作为最适合进行数据发送的路径；奖赏为调度动作执行至下一个调度周期的平均吞吐量。

DRLS 提出每次智能体选择最佳路径进行数据传输，深度强化学习的训练时间较长，而传输协议对实时性要求较高。所以不同于 Peekaboo 直接使用 LinUCB 算法决策下一步的动作，DRLS 分为在线决策和离线学习两个过程，如图 3-12 所示，两个过程都维护一个完全一样的神经网络。在线决策过程收集状态、奖赏和动作信息记录将其至记忆库中，并直接通过当前神经网络输出动作。离线学习部分会根据在线决策过程录入至记忆库中的经验直接进行异步训练，训练结束后将神经网络参数同步至在线决策的网络中。这种异步训练神经网络的方式，减少了训练时间为传输协议带来的额外耗时。

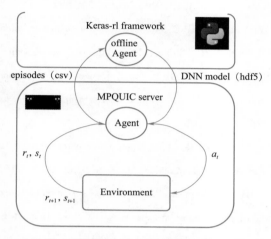

图 3-12　强化学习神经网络同步图

3.4 本讲小结

本讲介绍了移动互联网端到端多路径传输协议，即面向连接的多路径传输协议 MPTCP 及面向无连接的多路径传输协议 MPQUIC，从它们的应用场景及概念出发，介绍了多路径传输技术中重要的拥塞控制机制和数据调度机制。借助多路径传输技术，移动互联网可以获得更好的网络性能。

参考文献

［1］Cisco. Cisco annual internet report（2018-2023）white paper［R］. 2020：1-35.

［2］中国互联网络信息中心(CNNIC). 第 47 次《中国互联网络发展状况统计报告》［R］. 2021.

［3］LI M, LUKYANENKO A, OU Z, et al. Multipath transmission for the internet：A survey［J］. IEEE

Communications Surveys & Tutorials, 2016, 18(4): 2887-2925.

[4] BONAVENTURE O, HANDLEY M, RAICIU C. An overview of multipath tcp[J].; login:, 2012, 37(5): 17.

[5] PENG Q, WALID A, HWANG J, et al. Multipath tcp: Analysis, design, and implemen-tation[J]. IEEE/ACM Transactions on networking, 2014, 24(1): 596-609.

[6] STEWART R R, KALLA M, SHARP C, et al. Request for comments: number 2960 Stream Control Transmission Protocol[M/OL]. RFC Editor, 2000. https://www.rfc-editor.org/info/rfc2960.

[7] WISCHIK D, RAICIU C, GREENHALGH A, et al. Design, implementation and evalua-tion of congestion control for multipath {TCP}[C]//8th USENIX Symposium on Networked Systems Design and Implementation (NSDI 11). 2011.

[8] KHALILI R, GAST N, POPOVIC M, et al. Mptcp is not pareto-optimal: Performance issues and a possible solution[J]. IEEE/ACM Transactions On Networking, 2013, 21(5): 1651-1665.

[9] WALID A, PENG Q, HWANG J, et al. Balanced Linked Adaptation Congestion Control Algorithm for MPTCP: draft-walid-mptcp-congestion-control-01[R/OL]. Internet Engineering Task Force, 2016. https://datatracker.ietf.org/doc/html/draft-walid-mptcp-congestion-control-01.

[10] CAO Y, XU M, FU X. Delay-based congestion control for multipath tcp[C]//2012 20th IEEE international conference on network protocols (ICNP). IEEE, 2012: 1-10.

[11] DONG P, WANG J, HUANG J, et al. Performance enhancement of multipath tcp for wireless communications with multiple radio interfaces[J]. IEEE Transactions on Communications, 2016, 64(8): 3456-3466.

[12] XU J, AI B, CHEN L, et al. When high-speed railway networks meet multipath tcp: Supporting dependable communications[J]. IEEE Wireless Communications Letters, 2019, 9(2): 202-205.

[13] LI W, ZHANG H, GAO S, et al. Smartcc: A reinforcement learning approach for multipath tcp congestion control in heterogeneous networks[J]. IEEE Journal on Selected Areas in Communications, 2019, 37(11): 2621-2633.

[14] XU Z, TANG J, YIN C, et al. Experience-driven congestion control: When multi-path tcp meets deep reinforcement learning[J]. IEEE Journal on Selected Areas in Communications, 2019, 37(6): 1325-1336.

[15] HE B, WANG J, QI Q, et al. Deepcc: Multi-agent deep reinforcement learning congestion control

for multi-path tcp based on self-attention[J]. IEEE Transactions on Network and Service Management, 2021, 18(4): 4770-4788.

[16] SCHARF M, KIESEL S. Nxg03-5: Head-of-line blocking in tcp and sctp: Analysis and measurements[C]//IEEE Globecom 2006. IEEE, 2006: 1-5.

[17] PAASCH C, FERLIN S, ALAY Ö, et al. Experimental evaluation of multipath tcp sched-ulers [C]//Proceedings of the 2014 ACM SIGCOMM workshop on Capacity shar-ing workshop. 2014: 27-32.

[18] LOPEZ I, AGUADO M, PINEDO C, et al. Scada systems in the railway domain: enhanc-ing reliability through redundant multipathtcp[C]//2015 IEEE 18th International Conference on Intelligent Transportation Systems. IEEE, 2015: 2305-2310.

[19] FROMMGEN A, ERBSHäUßER T, BUCHMANN A, et al. Remp tcp: Low latency multipath tcp [C]//2016 IEEE international conference on communications (ICC). IEEE, 2016: 1-7.

[20] LIM Y S, NAHUM E M, TOWSLEY D, et al. Ecf: An mptcp path scheduler to man-age heterogeneous paths[C]//Proceedings of the 13th international conference on emerging networking experiments and technologies. 2017: 147-159.

[21] FERLIN S, ALAY Ö, MEHANI O, et al. Blest: Blocking estimation-based mptcp sched-uler for heterogeneous networks[C]//2016 IFIP Networking Conference (IFIP Net-working) and Workshops. IEEE, 2016: 431-439.

[22] DONG E, XU M, FU X, et al. A loss aware mptcp scheduler for highly lossy networks[J]. Computer Networks, 2019, 157: 146-158.

[23] NI D, XUE K, HONG P, et al. Fine-grained forward prediction based dynamic packet scheduling mechanism for multipath tcp in lossy networks[C]//2014 23rd inter-national conference on computer communication and networks (ICCCN). IEEE, 2014: 1-7.

[24] XUE K, HAN J, NI D, et al. Dpsaf: Forward prediction based dynamic packet scheduling and adjusting with feedback for multipath tcp in lossy heterogeneous networks[J]. IEEE Transactions on Vehicular Technology, 2017, 67(2): 1521-1534.

[25] ZHANG H, LI W, GAO S, et al. Reles: A neural adaptive multipath scheduler based on deep reinforcement learning[C]//IEEE INFOCOM 2019-IEEE Conference on Computer Communications. IEEE, 2019: 1648-1656.

[26] LUO J, SU X, LIU B. A reinforcement learning approach for multipath tcp data scheduling[C]// 2019 IEEE 9th Annual Computing and Communication Workshop and Conference (CCWC). IEEE, 2019: 0276-0280.

[27] TechCrunch. Google wants to speed up the web with its quic protocol[R]. 2016.

[28] DE CONINCK Q, BONAVENTURE O. Multipath quic: Design and evaluation[C]//Proceedings of the 13th international conference on emerging networking experi-ments and technologies(CoNEXT'17). ACM, 2017: 160-166.

[29] ZHENG Z, MA Y, LIU Y, et al. Xlink: Qoe-driven multi-path quic transport in large-scale video services[C]//Proceedings of the 2021 ACM SIGCOMM 2021 Conference(SIGCOMM'21). ACM, 2021: 418-432.

[30] RABITSCH A, HURTIG P, BRUNSTROM A. A stream-aware multipath quic scheduler for hetero-geneous paths[C]//Proceedings of the Workshop on the Evolution, Perfor-mance, and Interopera-bility of QUIC(CoNEXT'18). ACM, 2018: 29-35.

[31] SHI X, WANG L, ZHANG F, et al. Pstream: Priority-based stream scheduling for heterogeneous paths in multipath-quic[C]//2020 29th International Conference on Computer Communications and Networks (ICCCN'20). IEEE, 2020: 1-8.

[32] WANG J, GAO Y, XU C. A multipath quic scheduler for mobile http/2[C]//Proceedings of the 3rd Asia-Pacific Workshop on Networking 2019(APNet'19). ACM, 2019: 43-49.

[33] YANG W, CAO J, WU F. Adaptive video streaming with scalable video coding using multipath quic[C]//2021 IEEE International Performance, Computing, and Com-munications Conference (IPCCC). IEEE, 2021: 1-7.

[34] WU H, ALAY Ö, BRUNSTROM A, et al. Peekaboo: Learning-based multipath schedul-ing for dynamic heterogeneous environments[J]. IEEE Journal on Selected Areas in Communications, 2020, 38(10): 2295-2310.

第 4 讲

数信双平面与收发端到端
深度协同的拥塞控制技术

随着云计算时代的飞速发展，云端承载的业务应用规模日益扩大、种类逐渐增多。在这种情况下，统筹考虑用户体验、成本控制、商业模式等多种要素，诸多大型互联网公司在世界各地都部署了数据中心。这些数据中心通常采用商用器件，连接数千个服务器和交换机，具有庞大的计算、存储、网络等云计算资源，有效支撑了各类业务应用开展，面向用户提供了较好的服务。然而，随着网络应用、用户需求、连接手段的迭代演变，数据中心指数级增长的网络流量和线性增长的网络带宽之间的矛盾日益突出，进而引发的网络拥塞（以下简称拥塞）问题成为掣肘数据中心网络性能提升的核心因素。为解决上述矛盾，学术界和工业界开展了大量研究、实践工作。

拥塞控制的目标是系统性、全局性的，主要通过调整数据流注入网络的大小、频率，进而避免链路或者交换机发生过载，从而让网络有效支撑各种类型的流量正常交互。实践证明，拥塞控制协议可以有效减少时延、提高链路使用率。

拥塞控制协议在时间、主体等维度有不同的分类方式。

在时间维度，根据拥塞发生的时间，可以分为主动拥塞控制协议和被动拥塞控制协议[1]。

①主动拥塞控制协议：是指在拥塞发生前，进行相关的拥塞控制机制设计和实施，达到防患于未然的效果。FastPass[2]、ExpressPass[3] 是较为典型的两类主动拥塞控制协议；

②被动拥塞控制协议：是指在拥塞发生后，实施相关的拥塞机制，典型代表有DCTCP[4]、TIMELY[5] 等。

在主体维度，根据拥塞仲裁发生的主体进行分类[6]，具体分为端到端拥塞控制（如 NDP[7]、DCTCP）、交换机拥塞控制（如 pFabric[8]、PIAS[9]）、以及网络仲裁（如 D$^{3[10]}$、PDQ[11]）三类。

随着网络情况愈发复杂、应用要求动态变化，拥塞控制协议的方式也逐渐演变，日益复杂。上述分类标准粒度较粗，无法细粒度地度量拥塞控制协议。例如，对于某些复杂的拥塞控制算法来说，存在较多的拥塞控制算法状态转换，难以和上述粗粒度分类标准进行匹配。因此，对于现存的拥塞控制算法来说，急需一套统一的状态描述标准，细粒度地对不同拥塞控制协议进行系统性比对。

本讲提出了一种新的数信用双平面、接收端与发送端深度协同的拥塞控制架构，并对拥塞控制的全控制环路进行了线化。基于该架构，可以将已有的拥塞控制协议分解为不同的控制线路，有助于更直观地理解和对比拥塞控制协议。本讲基于数信双平面与收发端到端深度协同的拥塞控制架构，并对现存的一些拥塞控制协议和改进协议进行了细分和描述。

4.1 数信双平面与收发端到端深度协同的拥塞控制架构

为了详细分析拥塞控制的工作流程，本节在数信双平面与收发端到端深度协同的拥塞控制架构上总结了 1~6 的全控制环路过程。需要声明的是，控制程序是拥塞控制算法的重要组成部分，如流调度、负载平衡、快速重传等技术不在本讲的研究范围内。

如图 4-1 所示，在数信双平面与收发端到端深度协同的拥塞控制架构内，数据中心网络的拥塞控制协议可以被划分为数据平面和信用平面两个控制平面，每个控制平面内均包含了发送端、交换机和接收端三类节点。每类节点内均包含了数据处理器和信用处理器。数据仅在数据平面内传输，遵循发送端—网络（交换机）—接收端的传播路径。同理，信用包也只在信用平面内传输，遵循接收端—网络（交换机）—发送端的传输顺序。数据通过数据平面从发送方传输到接收方，信用包在信用平面上发送，并在发送端调度数据包来控制数据传输。被信用包调度的数据包成为计划数据包（Scheduled Data

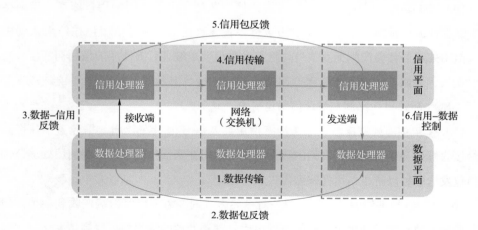

图 4-1　数信双平面与收发端到端深度协同的拥塞控制架构

Packet）。数据处理器和信用处理器对数据包和信用包进行拥塞管理，如拥塞信息记录和处理、数据包传输控制等。在发送端，数据可根据数据平面源端反馈或者信用-数据控制感知网络拥塞程度，进而改变发送窗口或者发送速率。在接收端，信用包依靠信用平面源端反馈或者数据-信用反馈判断网络状态，并调节信用包的发送速率。

下面详细介绍各部分：

（1）数据平面网内处理 当数据包在交换机处的数据队列中发生拥塞时，交换机数据处理器会记录数据包上的拥塞信息，并将其传递给接收器。不同的协议采用不同的拥塞信号，如 ECN（Explicit Congestion Notification）、INT（In-Network Telemetry）等，这些拥塞信号被传输到主机，主机再依据拥塞信息进行拥塞反应。

（2）数据平面源端反馈 当每个数据包到达时，接收端数据处理器提取拥塞信号并将其标记在一个通知包上，例如 ACK、CNP 和信用包。在此之后，通知包被发送给发送端，并且发送端数据处理器基于它所携带的拥塞信息对拥塞作出反应。除此之外，*RTT* 信息还可以用来调节拥塞，这是独立于网络内数据传输的。

（3）数据-信用反馈 首先接收端数据处理器读取数据拥塞信号并测量数据到达率，然后数据处理器将信息反馈给信用处理器，最后信用处理器调整信用包发送速率。如果网络拥塞加重，则信用处理器降低信用包发送速率以缓解数据拥塞。如果网络拥塞缓解，则信用处理器增加信用包发送速率以增加网络利用率。

（4）信用平面网内处理 交换机维护信用队列，用于限制信用包速率。当网络中产生爆发性的流量时，信用队列信用包过多，导致拥堵。一旦信用包在信用队列中拥塞，信用处理器就会产生拥塞信号并将其发送给发送端。目前使用的信用拥塞信号是信用包损失，例如，信用处理器降低超速信用包，接收方通过信用包序列号缺失或 ECN 标记（ECN-marked）比例来估计信用包损失。

（5）信用平面源端反馈 发送端将信用拥塞信号记录在计划数据包上，并将其发送给接收端。当接收端从接收到的数据中获得信用拥塞信号时，接收端信用处理器调整信用包发送率，以防止信用拥塞和损失。

（6）信用-数据控制 信用包以一对一的方式调度数据，发送端在收到一个信用包时发送一个数据包。如果由某条链路的信用处理器处理的信用包可以到达发送方，则数据包可以通过该链路回传而不产生拥塞。由于信用平面承载着细粒度的网络状态信息，如数据包级链路容量，因此信用平面可以精确地控制数据的传输。

　　基于数信双平面与收发端到端深度协同的拥塞控制架构，现有的拥塞控制协议又可被划分为：数据源端自反馈的拥塞控制协议、数据处理及源端自反馈的拥塞控制协议、信用处理及源端自反馈的拥塞控制协议，以及数据平面反馈与信用平面控制耦合的拥塞控制协议。本讲的后续内容将详细介绍一些知名的数据中心网络拥塞控制协议。值得注意的是，本讲将一并介绍一些拥塞控制协议的改进工作。

4.2 数据源端自反馈的拥塞控制协议

　　TIMELY 和 Swift[12] 是基于数据的往返时延（Round-Trip-Time，RTT）的拥塞控制方案，它们可以在没有交换机产生拥塞反馈的情况下管理拥塞。发送方通常监视由 ACK 数据包携带的 RTT，并根据其调整数据发送速率。TIMELY 使用 RTT 梯度调整数据传输速率，而 Swift 使用精确的端到端 RTT 来调节拥塞窗口。因为它们不需要修改硬件，所以这些方案很容易实现。

4.2.1 TIMELY

　　2015 年，谷歌公司在远程直接内存访问（RDMA）的基础上提出了基于 RTT 的拥塞控制协议——TIMELY。TIMELY 根据数据分组的往返传输时延对数据中心网络拥塞进行感知。TIMELY 不需要对交换机进行修改，拥塞管理的所有过程都在终端主机上完成。

　　TIMELY 根据数据包 RTT 的梯度变化来预测网络中的拥塞程度。当数据包的 RTT 变化梯度小于等于 0 时，发送端判断网络中可以容纳更多的数据流且不会发生拥塞，此时成倍地增加发送速率；当 RTT 的变化梯度大于 0 时，发送端判断网络中已经发生了拥塞，通过降低数据流的发送速率来避免产生更严重的拥塞。

　　TIMELY 设置了两个阈值——T_{low} 和 T_{high}，以应对网络中不同的流量情况。如图 4-2 所示。当数据分组的粒度过大的，在网络中会产生临时队列，会造成 RTT 达到峰值。此时 RTT 的梯度为正，发送端会减少数据流的发送速率，但这是没有必要的。当网络达到稳定状态时，RTT 的梯度变化接近于 0，此时如果盲目地根据算法增大数据流的发送速率，会打破网络的稳定状态，造成拥塞。因此，当 RTT 的值小于 T_{low} 时，即使 RTT 的梯度为正，发送端也不会降低数据流的发送速率。当 RTT 的值大于 T_{high} 时，也不算单一地根据 RTT 梯度的正负来控制发送端的发送速率，而是直接降速。TIMELY 的速率调节如算法 4-1 所示。

图 4-2　TIMELY 速率调节

算法 4-1　TIMELY 更新发送速率算法

1　new_rtt_diff = new_rtt − prev_rtt

2　prev_rtt = new_rtt

3　rtt_diff = $(1-\alpha) \cdot$ rtt_diff $+ \alpha \cdot$ new_rtt_diff

4　normalized_gradient = rtt_diff / minRTT

5　**if** $(\text{new\_rtt} < T_{low})$ **then**

6　　rate←rate $+ \delta$

7　　return

8　**if** $(\text{new\_rtt} > T_{high})$ **then**

9　　rate←rate $\cdot \left(1-\beta \cdot \left(1-\dfrac{T_{high}}{\text{new\_rtt}}\right)\right)$

10　　return

11　**if** normalized_gradient<=0 **then**

12　　rate←rate $+ N \cdot \delta$

13　**else**

14　　rate←rate $\cdot (1-\beta \cdot$ normalized_gradient$)$

TIMELY 利用 RTT 变化的梯度信息作为拥塞控制调节的信号，相比于基于 ECN 的拥塞控制机制，RTT 与队列长度（排队时延）的关联性更高，且通过 RTT 的变化情况进行调速可以在队列累积过长之前实现降速。

4.2.2　Swift

Swift 是谷歌公司总结 5 年的生产经验后对 TIMELY 的改进。Swift 运行在主机端，使用端到端 RTT 测量时延来调整拥塞窗口，并采用 AIMD 算法，保持时延在目标时延附近波动。与其他工作相比，Swift 无须交换机支持复杂的功能，简单有效且接近零损耗。

如图 4-3 所示，Swift 将端到端 RTT 细分为 7 个部分，贯穿了从源端生成数据报文并发送，到收到来自目的端的 ACK 报文的完整周期，包括源端网卡发送时延、前向网络时延、目的端网卡接收时延、目的端处理时延、目的端网卡发送时延、反向网络时延和源端网卡接收时延。Swift 认为前向网络时延是影响网络拥塞程度的主要因素，目的端处理时延是影响端点拥塞程度的主要因素。

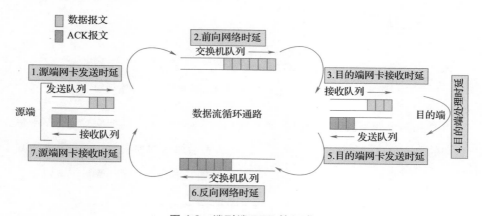

图 4-3　端到端 RTT 的组成

Swift 将 RTT 划分为由链路和交换机导致的网络架构时延（fabric delay），以及在网卡和主机网络堆栈中发生的终端主机时延（endpoint delay）。Swift 利用网卡和主机协议栈记录时间戳的事件序列来分割端到端时延的各个组成部分。图 4-4 所示为数据流循环通路中各个记录时间戳的事件序列图，其中深色事件表示主机协议栈记录软件时间戳，浅色事件表示网卡记录硬件时间戳。其中 t_1 是数据报文被发送的时间，由源端协议栈记录；t_2 是数据报文到达目的端网卡的时间，由目的端网卡在对应的描述符标记硬件时间戳；t_3 是目的端协议栈开始处理数据报文的时间，因此通过 t_3-t_2 可以得出目的端网卡接收时延，此处的关键在于需要同步网卡时钟（记录 t_2）和主机协议栈时钟（记录

t_3）；t_4 是协议栈准备发送 ACK 报文的时间，由 t_4-t_3 可以得出目的端处理时延；Swift 将计算出的目的端网卡接收时延和目的端处理时延之和作为目的端时延，通过 ACK 报文的头部携带到发送端；t_5 是 ACK 报文到达源端网卡的时间，t_6 是 ACK 报文到达源端协议栈的时间，通过 t_6-t_5 可以计算出源端网卡接收时延。基于此，Swift 通过 ACK 报文携带回目的端时延和远端网卡接收时延之和作为终端主机延迟，将端到端 RTT（t_6-t_1）减去端时延可得到网络架构时延。

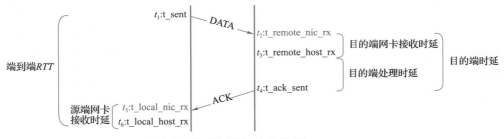

图 4-4　数据流循环通路中各个记录时间戳的事件序列图

Swift 使用两个拥塞窗口——网络拥塞窗口（fcwnd）和终端拥塞窗口（ecwnd）来调节数据的发送窗口，如算法 4-2 所示。其中 ai 表示加性增加参数，β 表示乘性减少的参数，max_md f 表示最大乘减因子。Swift 的有效拥塞窗口为 min（fcwnd,ecwnd）。

算法 4-2　Swift 更新发送窗口算法
1 　cwnd_prev←cwnd
2 　bool can_decrease←（now - t_last_decrease ≥ rtt）
3 　**On Receiving ACK**
4 　　　retransmit_cnt←0
5 　　　target_delay←TargetDelay（）
6 　　　**if**（delay<target_delay）**then**
7 　　　　**if** cwnd>= 1 **then**
8 　　　　　cwnd ←cwnd+$\dfrac{ai}{cwnd}$ · num_acked
9 　　　　**else**
10 　　　　　cwnd ←cwnd+ai · num_acked

```
11          else
12              if can_decrease then
```
$$13 \quad \text{cwnd} \leftarrow \max\left(1-\beta \cdot \left(\frac{\text{delay}-\text{target\_delay}}{\text{delay}}\right), 1-\text{max\_mdf}\right) \cdot \text{cwnd}$$
```
14      Output：cwnd
```

与 TCP 中的广播窗口（advertised window）相比，终端主机时延能够很好地反馈主机端的拥塞状况。因为它反映了与主机上的所有瓶颈状况，包括 CPU、内存、PCIe 带宽、cache 以及线性调度等。

Swift 根据拓扑结构和负载来衡量目标时延。数据中心的拓扑结构是已知的，因此拓扑结构时延可以由固定的基础时延加上每跳的固定时延得出。在不同的负载模式下，网络中的瓶颈链路时延并不是固定的。发送方不知道瓶颈处流的数量，但可以得到这样的规律：当 Swift 收敛到公平时，cwnd 与流的数量成反比。因此，Swift 按照 $1/\sqrt{\text{cwnd}}$ 的比例调整目标时延，即目标时延会随着发送窗口的减少而增大。目标时延的计算公式为：

$$t = \text{base\_target} + \#\text{hop} \times h + \max\left(0, \min\left(\frac{\alpha}{\sqrt{\text{fcwnd}}} + \beta, \text{fs\_range}\right)\right) \tag{4-1}$$

式中，$\alpha = \dfrac{\text{fs\_range}}{\dfrac{1}{\sqrt{\text{fs\_min\_cwnd}}} - \dfrac{1}{\sqrt{\text{fs\_max\_cwnd}}}}$，$\beta = -\dfrac{\alpha}{\sqrt{\text{fs\_max\_cwnd}}}$。

4.3 数据处理及源端自反馈的拥塞控制协议

DCQCN[13]（Data Center Quantized Congestion Notification）服务于 RDMA 流量。如果数据队列拥挤，交换机在数据包上标记 ECN 标签，并将标记的数据包转发给接收方。接收方接收到数据包时，将 ECN 信息记录在 ACK/CNP 数据包上，并将其发送给发送方，发送方根据 ECN 信息调整数据发送速率。HPCC[14]（High-Performance Computiug Cluster）具有与 DCQCN 相同的控制回路，但 HPCC 使用了更具体的反馈信号 INT，这为发送方的拥塞响应提供了更加精确的信息。

4.3.1　DCQCN

DCQCN 是一种端到端拥塞控制协议，能够在大规模数据中心网络中部署 RDMA。DCQCN 通过使用 IP-ECN 将 QCN[15] 机制扩展到 IP 路由的 L3 网络。DCQCN 由 3 个元素组成：堵塞点（Congestion Point，CP）、通知点（Notification Point，NP）和反应点（Reaction Point，RP）。CP 通常指的是交换机，NP 是目的地，RP 是源端。

1. 数据平面网内处理

数据在交换机处发生拥塞，导致 CP 出口队列长度增加。CP 的关键机制是执行 RED-ECN 功能，即使用随机早期检测（RED）机制来标记数据包。通过设置的 3 个参数 K_{min}、K_{max} 和 P_{max}，用于确定数据包是否应该使用 ECN 标记。具体来说，如果缓冲区占用率在 K_{min} 和 K_{max} 之间，则交换机将按比例用 CE 码点标记一个到达的数据包。如果占用率超过 K_{max}，交换机肯定会标记数据包；否则，不标记。

2. 数据平面源端反馈

受到 ECN 标记的数据包传输到 NP 端，NP 通过发送拥塞通知包（CNPs）对标记的包作出反应，这是由 RDMA 通过聚合以太网版本 2（RoCEv2）标准定义的。在 DCQCN 算法中，NP 部分指定了如何以及何时生成和传输 CNPs。当 NP 收到一个 ECN-marked 包时，首先检查最近 N 微秒内是否为这条流发送过 CNP，如果未发送过，则立即生成并向接收端发送一个 CNP。同时，NP 端网卡生成 CNP 包的时间窗口为 N 微秒，因此，即使网络中存在长期拥堵，CNPs 的发送速率也不会超过 CNP/N 微秒。

RP 端根据接收的 CNP 来调整数据的发送速率。RP 算法有 3 个步骤：速率降低、速率增加和快速恢复。当发送方接收一个 CNP 时，它会转到速率下降的周期。首先，发送端记录当前速率，并将其作为快速恢复阶段的目标速率 R_T。然后，根据式（4-2）逐渐降低当前速率 R_C，并更新速率降低系数 α ⊖：

$$\left.\begin{array}{c} R_T = R_C \\ R_C = R_C(1-\alpha/2) \\ \alpha = (1-g)\alpha + g \end{array}\right\} \tag{4-2}$$

⊖　α 的初始值为 1。

如果 NP 没有收到带有标记的数据包，则不会进行 CNP 反馈。因此，在 K 时间内，如果 RP 没有收到 CNP 反馈，则根据式（4-3）更新系数 α：

$$\alpha = (1-g)\alpha \tag{4-3}$$

而 K 的值必须大于 CNP 的生成时隙。

当 RP 端进行连续 5 次减速操作且未接收到新的 CNP 报文时，DCQCN 判定此时网络拥塞已经缓解。由于发送速率经过多次乘性降低已经处于很低的水平，因此首先需要通过快速恢复的算法对流进行增速，在此阶段，发送速率周期性地增加，增速周期是由定时器和字节计数器共同定义的。定时器会设定固定的时间单元，超出该时间单元则进行增速；字节计数器则会统计发送的报文字节数，每超过设定的值则会进行增速。通过定时器和字节计数器的双重周期设定机制，DCQCN 可以确保流的发送速率即使在被降至非常低的情况下，依然可以在数个周期内恢复到正常水平，以保证链路带宽不会因长时间欠载而导致吞吐量下降。RP 端快速恢复阶段调速式（4-4）所示：

$$R_C = (R_T + R_C)/2 \tag{4-4}$$

发送速率快速恢复之后是一个加性增长（Additive Increase），其中当前速率缓慢接近目标速率，目标速率以固定步骤增加 R_{AI}，如式（4-5）和式（4-6）所示：

$$R_T = R_T + R_{AI} \tag{4-5}$$

$$R_C = (R_T + R_C)/2 \tag{4-6}$$

加性增长有助于在带宽释放时获得更多的吞吐量。

4.3.2　PCN

已有的拥塞控制算法，只根据队列长度（Swift 根据 RTT，本质上也是队列长度）来识别网络的拥塞状况。当网络中 PFC 没有被触发时，根据队列长度来判断网络拥塞状况是准确的；但是如果 PFC 被触发，队列长度的累积可能是因为该端口拥塞，也可能是因为该端口被 PAUSE 帧暂停了传输，从而导致数据包的累积，即形成拥塞树。拥塞树产生的根本原因是造成拥塞的流没有及时快速地减到合适的速率。基于以上考虑，清华大学的程文雪等人提出 PCN[16]，一种基于速率控制的端到端拥塞控制协议。

1. 数据平面网内处理

与 DCQCN 相似，PCN 也把算法分为 3 个部分：RP（Reaction Point）、CP（Congestion Point) 和 NP (Notification Point)。CP 指拥塞的交换机，采用 Non-PAUSE ECN (NP-ECN) 方法标记通过的数据包，以检测出口端口是否处于实际拥塞状态。标记 NP-ECN 的数据包并不一定意味着遇到拥塞，需要 NP 作出最终决定，如图 4-5 所示。

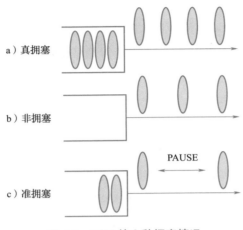

图 4-5　PCN 的 3 种拥塞情况

2. 数据平面源端反馈

接收端识别拥塞流并计算其接收速率，周期性地将拥塞通知分组（CNP）发送给 RP。如果一条流在 CNP 生成周期内接收到的数据包被标记 NP-ECN 的比例大于 95%，则 NP 判定此条流为拥塞流。PCN 在一条流需要减速或者增速的情况下均会生成 CNP 包。若 CNP 包的 ECN 位为 0，则通知 RP 增加数据流的传输速率；若 CNP 包的 ECN 位为 1，则通知 RP 减少数据流的传输速率。

RP 对应发送端的 NIC，能够根据 CNP 中的信息调整每个流的发送速率。如果 RP 接收到 ECN 位为 1 的 CNP 包，则将发送速率直接调节为当前发送速率与 CNP 包中接收速率的最小值。当 RP 端接收到 ECN 位为 0 的 CNP 包时，以先缓慢后激进的增速策略将发送速率逐步调节至线速率。

PCN 主要包括拥塞检测和速率调节两个核心模块，其中拥塞检测模块负责识别真正造成拥塞的流，速率调节模块负责在一个 RTT 内以接收端驱动的方式快速调节发送端速率。PCN 对拥塞控制架构的核心模块进行了彻底的改进，拥塞识别可以做到接近 100% 准确，也可以在一个 RTT 内直接将拥塞流减到最合适的速率。在提高网络性能的同时，PCN 还可以有效降低 PFC PAUSE 帧被触发的概率。然而，PCN 对交换机和接收端都进行了改动，特别是拥塞识别实际上需要交换机与接收端同时配合，拥塞流减速也完全需要接收端的配合，对实际部署的要求较高。

4.3.3　DQCC

DQCC[17] 算法参考 DCQCN 和 PCN 的结构，分为发送端（RP）、交换机端（CP）和接收端（NP）3 个部分。交换机端根据配置的 RED 标记算法对出口队列的报文执行合适的标记策略，接收端通过接收到 ECN 标记的报文占全部接收报文的比重计算出队列构建速率和接收速率，进而计算出目标速率，并周期性地生成 CNP 报文，将其反馈给发送端以指导增速或降速，发送端根据接收到的 CNP 报文的信息调节发送速率。

1. 数据平面网内处理

DQCC 的交换机端算法与 DCQCN 基本一致，交换机出口队列的报文将会被概率性地标记 ECN。参数配置如下：ECN 标记阈值下限 K_{min} 设置为 0，ECN 标记阈值上限 K_{max} 设置为足够大的值，最大 ECN 标记概率 P_{max} 设置为 1。当交换机出口队列准备转发报文时，会更新当前队列长度 qLength 并与 K_{max} 对比，根据 qLength 和 K_{max} 计算出标记概率。随后调用随机函数生成一个 0~1 的任意值，如果该随机值小于计算出的标记概率，则进行打标操作，反之则不打标。

2. 数据平面源端反馈

接收端是 DQCC 设计中功能最复杂的一环，包括记录报文 ECN 标记比例、估算队列构建速率和接收速率、记录竞争流的数量、计算目标速率、周期性生成并反馈 CNP 报文。如算法 4-3 所示，接收端首先判断收到的报文是否为新流，并更新竞争流的数量（flowNum）。接着更新接收报文数量（recNum）和接收数据量（recData）。随后根据报文 ECN 标记更新接收到带有 ECN 标记的报文数量（ecnNum）。根据当前时间（currentTime）和上一次更新信息时间（lastUpdateTime）计算更新间隔 timer，倘若更新间隔超过 CNP 生成周期 T，则计算目标速率（targetRate）；如果 timer 时间内接收到带有 ECN 标记的报文，则判定该流经历拥塞，需进行减速操作；如果 timer 时间内没有接收到带有 ECN 标记的报文，则判定该流未经历拥塞，需进行增速操作。最后发送 CNP 报文。

算法 4-3　DQCC NP 端算法

1	**if** a new flow arrives **then**
2	flowNum←flowNum + 1
3	**end if**
4	recNum←recNum + 1
5	recData←recData + pckSize
6	**if** pktECN = 1 **then**
7	ecnNum←ecnNum + 1
8	**end if**
9	**if** currentTime − lastUpdataTime > T **then**
10	timer←currentTime − lastUpdateTime
11	**if** ecnNum>0 **then**
12	$ecnRatio \leftarrow \dfrac{ecnNum}{recNum}$
13	qLength←Kmax · ecnRatio
14	$qRate \leftarrow \dfrac{qLength-lastQLength}{timer}$
15	$recRate \leftarrow \dfrac{recData}{timer}$
16	$targetRate \leftarrow recRate - \dfrac{1}{flowNum} \cdot qRate$
17	CNP. ecn←1
18	CNP. tarRate←max{targetRate,0}
19	**else**
20	CNP. ecn←0
21	**end if**
22	send_CNP( )
23	update_Paras( )
24	**end if**
25	**if** a flow transmitted over **then**
26	flowNum←flowNum −1
27	**end if**

发送端根据接收端周期性地生成并反馈的 CNP 报文中携带的信息调整速率。类似于 PCN 算法，为了实现增速过程的"先缓慢后激进"的趋势，发送端维护了调速因子 ω。

（1）**减速过程**　当发送端接收到带有 ECN 标记的 CNP 报文，会指导对应的流进行减速操作。发送端通过直接将发送速率调整为接收端计算的目标速率的值，可以实现在一个控制周期内排空交换机队列累积的报文从而消除拥塞。

（2）**增速过程**　当发送端接收到未带有 ECN 标记的 CNP 报文，会指导对应的流进行增速操作。发送端通过计算流的当前发送速率和链路线速率的加权平均值实现增速。

相对于 DCQCN 和 PCN，DQCC 具有更快的收敛速度，从而实现了更短的流完成时间和更少的缓冲区占用。相对于 HPCC，DQCC 不需要交换机支持 INT 信息的处理和写入，对于算法的实际部署更加友好。

4.3.4　HPCC

当前交换机发展的一个重大趋势就是交换机在数据平面上有更大的开放性和灵活性，INT 技术就是一个重要的体现。目前几乎所有交换机供应商都在其最新的产品中支持 INT。INT 功能可以提供精准的链路信息，HPCC 依据 INT 信息对网络进行精准的拥塞控制。

1. 数据平面网内处理

在 HPCC 中，数据包从发送端发出，每经过一个交换机，当前链路的 INT 信息就被交换机添加进数据包中。数据包到达接收端，接收端会将标记在数据包中的所有 INT 信息一起搭载在对应的 ACK 包上传输回发送端。发送端收到 ACK 包后，会根据其中的 INT 信息提供的精准链路信息调整发送速率，从而实现对网络的拥塞控制。

HPCC 中的关键设计主要有两个方面。一方面是应对时延的 INT 信息的方法。网络中可能会存在拥塞，拥塞会导致数据包传输时延。如果 INT 信息在返回发送端的过程中遭遇拥塞，那么 INT 信息会延迟到达。在 INT 信息延迟到达的过程中，发送端并不清楚路径状态的变化，如果还是保持一定的发送速率不断发送新的数据包，会加重路径的拥塞程度。为了解决时延问题，HPCC 提出了飞行字节（inflight bytes）的概念。飞行字节表示路径上已发送但未被确认的字节数，主要由链路中的字节数和队列中的字节数组成。链路拥塞可能导致细粒度反馈时延，这是发送端无法控制的客观情况。因此，每个发送端维护一个发送窗口以限制其发送的飞行字节。当发送端通过计算得出实际传输中字节到达发送窗口时，发送端停止发送。

假设链路的带宽为 B，基础 RTT 为 T，总共有 m 个流通过该链路 k，第 i 个流的发送窗口为 W_i。那么链路 k 的飞行字节是

$$I_k = \sum_{i=1}^{m} W_i \tag{4-7}$$

为了估算链路 k 的飞行字节，需要考虑两种数据量。一个是队列中的数据量 qlen，另一个是链路中的数据量（txRate×T）。链路 k 的飞行字节是

$$I_k = \text{qlen} + \text{txRate} \times T \tag{4-8}$$

当网络不拥塞时，应该有 $I_k < B \times T$。η 代表期望的链路利用率，因此期望的链路中飞行字节是：

$$I_k = \eta \times B \times T \tag{4-9}$$

链路 j 的归一化飞行字节 U_j 的计算公式为：

$$U_j = \frac{I_j}{B_j \times T} = \frac{\text{qlen}_j + \text{txRate} \times T}{B_j \times T} = \frac{\text{qlen}_j}{B_j \times T} + \frac{\text{txRate}_j}{B_j} \tag{4-10}$$

发送端 i 根据式 4-11 调整其发送窗口 W_i，其中 W_{AI} 代表线性增加因子。

$$W_i = \frac{W_i}{\max_j U_j / \eta} + W_{\text{AI}} \tag{4-11}$$

另一个方面是避免对 INT 进行过度响应。如果发送端对每一个返回的 ACK 都进行响应，会导致发送端对重复信息的过度响应。为了解决存在的这种问题，HPCC 采用了 per-RTT 和 per-ACK 结合的方法。对于每一个发送端，在发送窗口的基础上，引入了参考窗口 W_c，在一个 RTT 内，参考窗口不发生变化，基于参考窗口更新发送窗口。每次 W_c 调整后，下一个要发送的数据包的序号 snd_nxt 被记录为 lastUpdateSeq。在 lastUpdateSeq 对应的 ACK 包被回传给发送端之前，发送窗口 W_i 的更新公式为：

$$W_i = \frac{W_c}{\max_j U_j / \eta} + W_{\text{AI}} \tag{4-12}$$

每次更新 W_i 时，参考窗口 W_c 保持不变。直到 lastUpdateSeq 的 ACK 包被传回给发送端，发送端在更新发送窗口 W_i 后再更新参考窗口 W_c，令 $W_c = W_i$。

2. 数据平面源端反馈

数据包在从发送端传输到接收端期间，利用其交换 ASIC 的 INT 特性沿着路径的每

个交换机插入一些数据，包括时间戳（ts）、队列长度（qlen）、传输字节（txBytes）和链路带宽容量（B）等数据包出口当前负载的元数据。当接收端收到数据包时，它将交换机记录的所有元数据复制到其发送给发送端的 ACK 消息中。每次接收到具有网络负载信息的 ACK 时，发送端就决定如何调整其流量。

HPCC 利用 INT 技术对拥塞进行高精度的控制，可以应用于大规模的 RDMA 网络。经过阿里云的实际部署和时间验证，HPCC 能够同时保证低时延、高带宽和良好的网络稳定性。但是，HPCC 的发送端发送数据包后，HPCC 至少需要一个 RTT 才能收到 INT 信息，当突发流量产生时，该 RTT 可能会引发较严重的性能问题。

4.3.5　APCC

HPCC 的反馈机制设计依赖于 ACK 包将链路负载信息传输到发送端。对于一条流来说，其第一个数据包对应的 ACK 包需要至少一个 RTT 才能返回。因此，发送端在收到第一个 ACK 包之前无法探测链路状态。HPCC 在第一个 RTT 中无法收到网络反馈，导致产生无法控制的拥塞。当一个新的流开始时，它的 ACK 包需要至少一个 RTT 才能到达发送端，这意味着流在第一个 RTT 中存在控制缺失。随着链路速率的增加，第一个 RTT 中失控的数据量会显著增加，可能会导致网络拥塞，影响不同流之间的公平性。当拥塞发生时，第一个 RTT 中的流不会因为没有收到反馈信息而降低发送速率，这对其他已经发送了多个 RTT 的流是不公平的。APCC[18] 利用交换机主动反馈来提前获取精确的链路负载信息，弥补流中第一个 RTT 的控制缺失，实现了对 BDP 级流的有效控制。

1. 数据平面网内处理

APCC 使用交换机主动反馈来控制流的第一个 RTT。交换机收到数据包后，使用 S-ACK 包将当前链路的 INT 信息回送给发送端。由于交换机在拓扑中更靠近发送端，S-ACK 可以更早到达发送端。APCC 使用 S-ACK 将网络状态更早地传给发送端，实现对数据流的全生命周期控制。APCC 的框架如图 4-6 所示。首先交换机 1 收到数据包 Pck_i 后，会生成一个 S-ACK 包，然后将当前节点的 INT 信息、数据包序列号和流 ID 存储到 S-ACK 包的 S-ACK-1 中，最后交换机把 S-ACK-1 发回发送端。

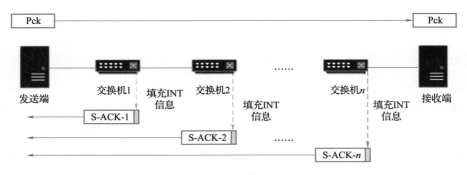

图 4-6   APCC 框架概述

2. 数据平面源端反馈

由于路径上的每个交换机都有自己的 switch ID，并且会为每个数据包生成 S-ACK 包，导致发送端收到大量 S-ACK 包。因此，发送端需要更合适的算法来处理丰富的 INT 信息。

发送端获取交换机反馈的每条链路的 INT 信息，计算每条链路的飞行字节。飞行字节表示链路带宽被占用的程度。发送端收到一个新的 S-ACK 包后，比较收到的来自该交换机的上一个 S-ACK 包中的 INT 与当前 S-ACK 包的 INT，计算并更新飞行字节。APCC 参数及意义如表 4-1 所示。

表 4-1   APCC 参数及意义

参数	意义
fSET	由 flowId 索引的集合
FlowInfo	f SET 中的元素集合
W	发送窗口
W_c	参考窗口
R	发送速率
U	飞行字节
incstage	已进行的加性增加的次数
lastUpdateSeq	上次引起 W_c 更改的数据序号
lastSwitchId	路径上最后一个交换机的 ID
snd_nxt	下一个要发送的数据包的序列号
sackseq	最新的 S-ACK 数据包的序列号

（续）

参数	意义
sSET	每个流维护的 switch ID 索引的集合
cINT	当前 INT
cFlow	当前流量信息
cSwitch	当前交换机信息
MaxU	最大标准化的飞行字节
cFlow	临时存储当前流量的信息
tau	时间参数

　　APCC 选择路径上最拥塞链路的飞行字节更新网络中流的发送窗口，如算法 4-4 所示。为了防止发送窗口过度反应，APCC 采用了乘法变化和加法变化结合的思想。当归一化的飞行字节代表的网络拥塞超过某个阈值或连续多次加性变化后，APCC 使用乘性变化来调整发送窗口。在其他情况下，发送端使用线性增加来调整发送窗口。

算法 4-4　APCC 更新发送窗口和发送速率算法

```
1    Procedure updateWindRate(flowId, switchId)
2        cFlow = fSET(flowId)
3        MaxU = 0
4        tau = 0
5        for(cFlow. sSET)
6            if (cFlow. sSET(switchId). u > MaxU)
7                MaxU = cFlow. sSET(switchId). u
8                tau = cFlow. sSET(switchId). τ
9        if(tau>baseRTT)
10           tau = baseRTT
```

$$11\quad cFlow. U = \left(1 - \frac{tau}{baseRTT}\right) * cFlow. U + \frac{tau}{baseRTT} * MaxU$$

```
12       S-ACKseq = cFlow. S-ACK. seq
13       if(cFlow. U ≥ η or cFlow. incstage ≥ maxstage)
```

$$14\quad cFlow. W = \frac{cFlow. W_c}{\dfrac{cFlow. U}{\eta}} + W_{ai}$$

```
15           if(S-ACKseq>cFlow. lastUpdataseq and switchid == cFlow. lastSwitchId)
```

16	cFlow. incstage = 0
17	cFlow. W_c = cFlow. W
18	cFlow. lastUpdataseq = cFlow. snd_nxt
19	else
20	cFlow. W = cFlow. W_c + W_{ai}
21	**if**(S-ACKseq>cFlow. lastUpdataseq **and** switchid == cFlow. lastSwitchId)
22	cFlow. incstage++
23	cFlow. W_c = cFlow. W
24	cFlow. lastUpdataseq = cFlow. snd_nxt
25	cFlow. R = $\dfrac{\text{cFlow. W}}{\text{baseRTT}}$
26	fSET(flowId) = cFlow

同一个交换机返回的连续 S-ACK 报文中包含的链路信息重叠。此外，网络中存在大量的 S-ACK 包。如果每个 S-ACK 包都更新发送窗口 W，则 APCC 会遇到过度反应，所以这里引入参考窗口 W_c。每次调整 W_c 后，将下一个要发送的数据包的序 snd_nxt 记录为 lastUpdateSeq。在将 lastUpdateSeq 对应的 S-ACK 包发送回发送端之前，发送窗口 W 的更新依赖于 W_c。每次更新 W 时，参考窗口 W_c 保持不变。直到收到序列号大于 lastUpdateSeq 的 S-ACK 包，发送端在更新 W 后更新 W_c。由于每个交换机反馈一个数据包对应的 S-ACK 包，发送端会收到几个数据包序列号相同的 S-ACK 包。为了避免路径的过度反应，APCC 仅在路径上最远交换机生成的 S-ACK 包返回时才更新 W_c。

通过交换机主动拥塞反馈，APCC 在流的第一个 RTT 中实现了对突发 BDP 级流的及时控制，并在各种实验拓扑中减少了 FCT 的尾部时延。但是由于 APCC 中交换机需要对每个数据都进行反馈，导致网络中存在大量的 S-ACK 包，增加了队列长度也减少了交换机反馈带来的收益。

4.3.6　FastTune

针对 HPCC 不及时问题，结合 APCC 基于交换机主动反馈 INT 信息的方法，并提出基于反向路径 ACK 包填充的方法，FastTune[19] 设计了一种及时精准的拥塞控制机制。FastTune 交换机使用来自 INT 信息的细粒度负载信息作为反馈。和 APCC 一样，FastTune 使用

S-ACK 反馈网络状态,在流传输的第一个 RTT 中实现早期控制。它在反向路径的 ACK 包中填充 INT 信息(ACK-Padding)而不是在数据包填充(Packet-Padding),可以减少反馈时延。此外,发送方根据有效的和细粒度的反馈乘性地调整发送窗口以实现快速收敛。

1. 数据平面网内处理

FastTune 交换机有条件地为流生成 ACK(S-ACK),为每个数据流记录一个 NewACK 值,指示是否为流生成 ACK。NewACK 的初始值设置为 true。如果 NewACK 值为 true,交换机将为接收到的数据包生成一个带有 INT 信息的 ACK。当交换机收到来自链路的 ACK(包括 H-ACK 和 S-ACK)时,它将 NewACK 设置为 false,并且不再为此流生成 ACK。这样,每个交换机只需要产生几个 S-ACK 就可以控制数据流的第一个 RTT,弥补了 APCC 中 S-ACK 过多引起的大量开销的缺点。

FastTune 使用对称路由来保证 ACK 包必须遵循相应数据包的反向路径。由于 ACK 包和数据包的路径是对称的,它们会经过相同的交换机,所以 ACK 包可以感知数据包路径的状态。如图 4-7 所示,数据包和 ACK 包在 t_2 和 t_4 时间点通过交换机。如果交换机将反馈填充到数据包中,则反馈信息的时延为 Delaypck $=t_5-t_2$。但是,如果交换机在 ACK 包中填充反馈信息,则反馈延迟只有 Delayack $=t_5-t_4$。在 ACK 包中填充反馈可以显著减少反馈信息的时延,允许发送方感知更实时的网络状态,从而进行更准确的控制。

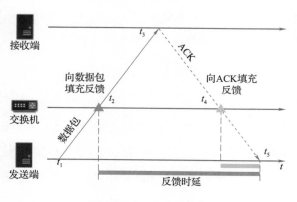

图 4-7　FastTune 设计

2. 数据平面源端反馈

发送端根据收到的 ACK 包中填充的 INT 信息计算链路利用率 U,U 是路径中最拥塞链路的链路利用率，并且发送端使用乘法增减（MI/MD）调整发送窗口 W。对于一条链路来说，其利用率是需要传输的数据量 D 与一个 RTT 内最大传输数据量 D_0 的比值。路径在一个 RTT 内需要传输的数据量等于发送速率乘以 RTT 加上端口的队列长度。一条路径在一个 RTT 内传输的最大数据量是一个 BDP。一条链路的链路利用率 u 的计算公式为：

$$u = \frac{\text{txRate} \times T + \text{qlen}}{B \times T} \tag{4-13}$$

发送方根据发送窗口 W 控制流量，当窗口用完时停止发送。所以期望的发送窗口和当前发送窗口之间存在如下关系：

$$\frac{W_{\text{new}}}{W_{\text{cur}}} = \frac{\eta}{U} \tag{4-14}$$

式中，U 为最拥塞链路的链路利用率。FastTune 发送端使用乘性增加快速更新发送窗口 W。η 是预期的链接利用率。

$$W = \frac{W}{\dfrac{U}{\eta}} + W_{\text{AI}} \tag{4-15}$$

W_{AI} 是一个小的增加因子，可以防止发送窗口降为零，导致无法重新启动。由于连续的 ACK 携带重复的路径信息，FastTune 采用 per-RTT 和 per-ACK 结合的策略来确保快速收敛而不会过度反应。发送窗口 W 的更新基于参考窗口 W^c：

$$W = \frac{W^c}{\dfrac{U}{\eta}} + W_{\text{AI}} \tag{4-16}$$

在空间维度上，FastTune 利用细粒度反馈精准响应拥塞；在时间维度上，FastTune 利用交换机反馈弥补第一次 RTT 中控制的不足。FastTune 还使用基于反向路径的 ACK 填充来缩短反馈路径并减少反馈时延。与 HPCC 相比，FastTune 显著降低了 FCT，同时实现了更快的收敛、更高的吞吐量和接近零的排队。

4.3.7　UECC

与 APCC 相似，UECC[20] 也是基于交换机和主机协同反馈 INT 信息的拥塞控制算法。经由交换机转发的数据包会触发交换机向发送方主动反馈 INT 信息，这里交换机会生成 SAK（Switch ACK）包向发送方报告链路状态信息。交换机是路径中最先感知到拥塞的，依赖交换机可以在第一时间将链路状态信息传递回发送方，因而拥塞控制算法能够更及时地探知和调控网络状态。

1. 数据平面网内处理

在 UECC 中，利用交换机反馈 INT 信息是为了解决流的第一个 RTT 内发送方无法获取 INT 信息的问题。然而对于交换机和主机协同反馈的模式，在第一个 RTT 之后发送的数据包，都能接收到含有 INT 信息的 ACK 包或者 NACK 包，并且来自接收方的 ACK 包或者 NACK 包开始源源不断地返回发送方。为了减少网络中控制信息的开销，UECC 仅在流的第一个 RTT 内使用交换机反馈 INT 信息，在其余 RTT 内采用主机反馈 INT 信息。

新的数据流产生时，UECC 的发送方对第一个 RTT 内发送的数据包进行特殊的 BDP 标记。当数据包进入交换机出口队列时，交换机首先判断当前数据包是否含有 BDP 标记。如果有，交换机会生成一个 SAK 包，将当前端口的 INT 信息和数据包中包含的上游链路的 INT 信息标记在 SAK 包中，并将 SAK 包返回给发送方，数据包则正常排队转发，在出队时被标记当前端口的 INT 信息；如果没有 BDP 标记，数据包正常排队转发，交换机在数据包出队时向其标记当前端口的 INT 信息。

设流的第一个 RTT 内最后发送的数据包是 RTT_{last}，当 RTT_{last} 对应的 ACK 包 ACK_{last} 到达发送方时，标志着路径上所有交换机的 INT 信息均已过期，此时发送方无须保存和维护与交换机相关的信息，相关数据被删除。自此以后，UECC 依靠接收方主机传回的 ACK 包控制网络发送状态。

2. 数据平面源端反馈

算法 4-5 展示了 UECC 更新发送窗口和发送速率算法。收到确认包后，发送方首先获取发送确认包的节点 ID，然后更新对应 ID 的视图。更新完成后，发送方首先遍历所有视图，选出最小的发送速率（即当前网络瓶颈链路允许的发送速率），然后将该网络瓶颈链路发送速率设置为发送方的发送速率。此外发送方还需要完成交换机反馈到主机反馈的平滑过渡。发送方会特别关注第一个 RTT 中最后发送的数据包 RTT_{last}，如果收到该数据包对应的确认包，发送方会删除多视图中对应节点上游节点的视图信息，如此一来，当 RTT_{last} 到达接收方时，发送方会删除所有路径上交换机的视图信息，完成从交换机反馈到主机反馈的过渡。在过渡中，UECC 尽最大努力保证了 INT 信息在时空上的完整性。

算法 4-5　UECC 更新发送窗口和发送速率算法

```
1    Procedure ReceiveACKorSAK( pkt)
2        nodeID = getNodeID( pkt)
3        preNodeID = getpreNodeID( pkt)
4        ComputeWINandRATE( nodeID, pkt)
5        if pkt is ACK then
6            sendWin = VSet. find( nodeID) . W
7        end if
8        sendRate = linkSpeed
9        for tempView in VSet do
10           if sendRate > tempView. rate then
11               sendRate = tempView. rate
12           end if
13       end for
14       if pkt is the ACK/SAK packet of the last data packet with the BDP mark then
15           VSet. delete( preNodeID)
16       end if
17   end Procedure
```

4.3.8　MPICC

在数据中心网络中，通常由于大量数据包在短时间内经过某个节点或某段链路，数据包来不及被及时接收或转发，进一步形成端口队列累积并导致拥塞。数据中心网络天然具有良好的多路径性质，针对数据中心的多路径特征提出相应的基于 INT 信息的拥塞控制算法，具有较高的可行性和研究意义。MPICC[21] 是一种基于 INT 信息的多路径协同设计拥塞控制算法，解决了基于 INT 信息控制的拥塞控制算法在数据中心网络中的负载均衡问题和多路径传输过程引入的数据包乱序问题。

1. 数据平面网内处理

在第一个 RTT 内，MPICC 采用 ECMP 路由，发送方根据接收方反馈的 ACK 包或

NACK 包建立初始的网络多路径视图。发送方为每条流维护一组多路径信息，路径用 pathID 进行唯一标识，每条路径的信息包括发送窗口、发送速率、收到的上一组 INT 信息等。

　　对于接收方来说，由于不同路径的拥塞程度不同，同一条流的数据包到达接收方的时延也不相同，导致接收方数据包乱序到达。MPICC 设置了一块缓冲区来解决数据包的乱序问题。

　　图 4-8 所示为 MPICC 接收方乱序数据包管理的状态机。当一个数据包 pkt 到达接收方时，接收方首先检查 pkt 是不是当前期待的数据包，如果是，则接收 pkt，然后检查缓冲区是否有暂存的数据包，如果有暂存数据包，则检查缓冲区是否有接收方新的期待的数据包，如果有就接收，这一过程不断重复直到没有能接收的数据包；如果 pkt 不是当前期待的数据包，接收方会查看缓冲区是否还能容纳新的数据包，如果可以，就将 pkt 存入缓冲区等待后续接收，如果缓冲区已经满了，那么接收方就会向发送方发送 NACK 包触发发送方的重传机制，同时丢弃当前乱序的数据包 pkt。

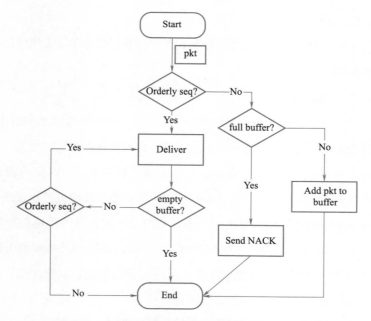

图 4-8　MPICC 接收方乱序数据包管理的状态机

2. 数据平面源端反馈

在数据包有序传输阶段，MPICC 一方面要监测控制单条路径的拥塞情况，另一方面要为即将发送的数据包选择比较空闲的路径。对于单条路径来说，发送方根据收到的同一条路径的连续的 INT 信息可以计算出路径上每段链路的飞行字节数，进而计算各段链路的利用率，随后基于其中最拥堵的一段链路调节发送窗口和发送速率。对于即将发送的数据包，发送方从自身维护的多路径信息视图中选择一条当前利用率比较低的路径，指定其为即将发送的数据包要走的路径。

MPICC 通过在发送方建立和维护多路径信息视图实现对多路径拥塞的控制。实验结果表明，MPICC 极大地提升了网络吞吐量，减少了网络工作负载的流完成时间，充分利用了网络丰富的多路径资源，提升了网络传输性能。

4.4 信用处理及源端自反馈的拥塞控制协议

4.4.1 ExpressPass

ExpressPass 是一种基于信用调度的分布式逐跳拥塞控制方案，无须链路层流控机制即可实现有界队列。

1. 信用平面网内处理

在 ExpressPass 中，终端主机主要以两种方式工作：信用额度限制和启动/停止信用流。一旦信用请求信号到达，数据接收方开始给数据的发送方投递信用包。信用包到达后，发送方向接收方发送数据包。在数据流结束时，如果在一段时间内没有数据要发送，则数据发送方将信用停止信号发送到数据接收方，然后接收方停止发送信用包。对于信用包，ExpressPass 使用 84B 大小的最小以太网帧。并且每个信用包能够调度数据发送方发送一个最大以太网帧（例如，1538B）。因此，信用额度被限制为链路容量的5%，而其余的 95% 用于传输数据包。终端主机还标记信用包，以便交换机可以对信用包进行分类，并将速率限制应用于单独的队列。

ExpressPass 在交换机上采用选择性的信用包丢弃机制。交换机可区分信用队列和数据队列，选择性地丢弃信用包以确保信用速率可控。信用包的速率受链路容量的限制。

如图 4-9 所示,有 4 个信用包到达交换机 Switch 1,但是在下一个链路只能传输两个数据包。在输出端口 O 对 4 个信用包进行速率限制,以匹配反向链路容量。因此,一半的信用包被丢弃在输出处。此外,由于 DCN 大多采用等价的多路径(例如,Clos 网络),交换机采用等价多路径(ECMP)来确保路径对称,因为 ExpressPass 机制要求路径对称,即数据包必须遵循相应信用包的反向路径。

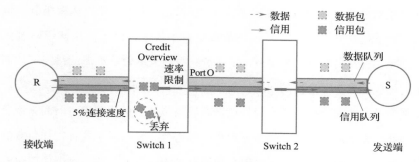

图 4-9　ExpressPass 概览

2. 信用平面源端反馈

为了权衡快速收敛、链路利用率和公平性 3 个性能,ExpressPass 引入了循环性的信用反馈,该反馈可动态调整信用包的发送速率。信用反馈机制能实现高利用率、公平性和快速收敛。ExpressPass 使用信用包丢失率作为拥塞指标。在信用反馈机制中,每个信用包都带有一个序号,这个序号是由数据的接收方赋予的,并且属于同一条流的信用包的序号是连续的。随后,数据包携带并返回该序号至数据的接收方。

3. 信用−数据控制

一段时间后(通常默认为一个 RTT 周期),接收方会统计这段时间内序号的缺失数量。序号的缺失表示信用包已在网络中丢弃。当检测到序号缺失时,ExpressPass 会将信用发送速率降低为上一个 RTT 期间通过瓶颈链路的信用速率。

ExpressPass 使用信用调度的机制,无须建立队列即可完成低成本带宽探测,同时通过数据包粒度调度数据分组的到达,这些可以使用商用交换机来实现。通过在交换机上调整信用包的发送速率,ExpressPass 可以有效地控制拥塞,实现快速收敛,大幅降低小流量的 FCT。在交换机处,ExpressPass 仅需要少量缓冲区,即使有大量并发流量的存在,ExpressPass 也能确保高利用率和公平性。

4.4.2 ExpressPass++

当前信用预约型拥塞控制方案很少考虑具有大量短流的工作负载，当短流与长流在网络队列中共同传输时，长流会影响短流的传输效率，会增加短流的流完成时间。在ExpressPass中也存在此问题。ExpressPass根据信用包（84B）和数据包（1538B）的大小比例（分别对应最小和最大以太网帧大小），对信用使用5%的速率限制。但是，由于短流（小于或等于几百个字节）比正常数据包小得多，因此使用速率限制机制会降低效率，进而显著提高FCT，尤其是在工作负载中绝大多数是小流的情况下。而且，对于长流量的尾包，也存在这样的问题。由于尾部等待时间（第99个百分位数）是数据中心应用程序最重要的指标，现有设计对于高网络负载下的尾部等待时间来说，不是最理想的。因此，无论流量是非常短还是很大，都需要一种适用于各种工作负载的方案。

针对上述问题，ExpressPass++采用令牌桶算法调度数据包[8]，每个信用包对应固定字节的令牌数，允许调度一个最大以太网帧大小的数据。但在ExpressPass++中，一个信用包可调度多个小数据包，而每个数据包同时携带用于反馈控制的重复信用序号，从而导致信用发送速率受到错误调节。

1. 信用平面网内处理

与ExpressPass类似，ExpressPass++采用接收端信用预约的方式进行数据传输。接收端使用CREDIT_START和CREDIT_STOP启用和停止数据流的传输。发送端在接收到信用包后，向接收端传输数据。信用传输速率为链路速率的5%，以保证链路容量。

2. 信用平面源端反馈

使用ECN标记作为参数来传递信用包的拥塞信息。在接收方，将所有信用包的ECT字段设置为ECT(1)。在每个RTT中，接收方会根据信用反馈控制来调整信用包的速率，如算法4-6所示。

算法 4-6 基于 ECN 标记的信用反馈机制

1	$\omega \leftarrow \omega_{init}$
2	sum_rate←initial_rate

```
3    repeat
4        per updata period(RTT by default)
5        credit_loss = #data_ecnmarked / #data_received
6        if   credit_loss<=target_loss   then
7            (increasing phase)
8                ω=(ω+ω_max)/2          (ω_max=0.5)
9            sum_rate = (1-ω)·sum_rate+ω· max_rate · (1+target_loss)
10       end if
11       else
12           (decreasing phase)
13           sum_rate=sum_rate· (1 - credit_loss)·(1+target_loss)
14           ω = max(ω/2,ω_min) (0<ω_min<=ω_max)
15       end if
16   until End of Flow
```

交换机的每个端口都使用一个数据队列和一个信用队列，并且它们在物理上是隔离的。在交换机处，将 ECN 标记阈值 K 设置为队列的尾部。交换机每收到 10 个信用包，就根据 10 个信用包被丢弃的个数计算丢包率 loss_rate。交换机将信用队列中信用包标记为 ECN 的概率为：

$$P_{ECN}=\sigma \cdot loss\_rate \tag{4-17}$$

式中，σ 是默认值为 1 的控制因子。在发送方，与带有 ECN 标记的信用包对应的数据包也带有 ECN 标记。在一个 RTT 周期内，接收方收到的带有 ECN 标记的数据包的比例等于该 RTT 中信用包的平均丢失率。

3. 信用−数据控制

ExpressPass++使用令牌而不是信用包来调度数据。信用包不再是调度数据包的数量，而是 1538B 大小的数据。对于要发送的流，发送方在出口设置令牌桶，令牌桶的容量与接收到的信用包的数量有关。一个信用包到达时，该发送方的令牌桶增加 1538 个令牌，代表令牌桶中允许发送数据包的容量增加了 1538B。每次接收到信用包时，令牌桶的容量都会增加 1538B。这样，超过最大以太网帧大小的数据流，仍按照最大以太网帧的大小（即 1538B）发送数据包。对于不是完整的最大以太网帧大小的数据包，只要令牌桶具有足够的容量，就可以发送该数据包。如算法 4-7 所示，与 ExpressPass 相比，这种设计能够减少信用浪费。通过这种机制，短流和长流的尾部在调度时仅占据其原始消息的大小，而不是一个最大以太网帧。

算法 4-7　令牌桶算法

```
1    buk_capacity←0
2    repeat
3        upon a credit packet arrives
4        buk_capacity←buk_capacity+1538
5        for the first packet j in data buffer
6        if   buk_capacity>=buk_capacity_j   then
7            buk_capaticy = buk_capacity − buk_capacity_j
8            send( j )
9        end if
10   until End of Flow
```

ExpressPass++方法简单有效，在减少短流量的平均 FCT 的同时，不会增加大流量的尾部 FCT。使用令牌桶算法，ExpressPass++可以充分利用信用包，从而不会在发送方中造成信用浪费。为了匹配 ExpressPass 的信用反馈控制，ExpressPass++引入了 ECN 标记机制来估算信用损失率。实验结果表明，ExpressPass++极大地减少了短流的流完成时间，并且在队列占用、零数据丢失和快速收敛方面与 ExpressPass 保持一致。

4.4.3　Aeolus

Aeolus[22] 是一个适配于信用预约型拥塞控制协议的算法。数据中心网络的带宽一直在增长，已经从 10G 发展到 100G。因此，大部分数据流能够在几个 RTT 内传输完毕。所有的信用预约型拥塞控制协议在这种情况下无法达到最佳性能，因为这些拥塞控制协议使用信用包时需要一个 RTT 的时延才能调度新的流。ExpressPass 缺乏对数据流的第一个 RTT 的合理利用；Homa 虽然允许在第一个 RTT 内传输投机包，但是数据包的优先级低于投机包，增加了数据流的尾部传输时间；NDP 虽然能够达到比较好的性能，但是需要对交换机进行大量的修改操作，从而限制了 NDP 的扩展性。Aeolus 能够在合理利用第一个 RTT 的同时，简化其在数据中心网络的部署条件。

Aeolus 的功能可以分为三大块：

（1）**速率控制**　Aeolus 在第一个 RTT 内以链路速率向网络中注入数据包，一旦发送端接收到信用，则根据"一个信用包调度一个数据包"的原则来控制数据的发送速率。

（2）**选择性丢弃**　为了确保投机包不占用数据包的带宽，Aeolus 在交换机上对超过一定阈值的投机包进行丢弃，但不会丢弃数据包。Aeolus 使用 RED/ECN 来实现在一个 FIFO（First Input First Output）队列中选择并丢弃投机包。在发送方，投机包和数据包的 ECN 字段分别设置为 Non-ECT 和 ECT(0)，如图 4-10 所示。在交换机处启用 ECN 标记，并将阈值配置为选择性丢弃投机包的阈值。这样，任何超出此阈值的投机包都将被交换机选择性丢弃。在接收端，投机包或数据包的 ECN 标记将会被忽略。

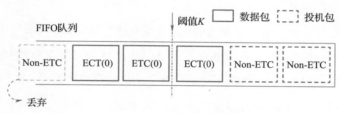

图 4-10　Aeolus 选择性丢弃机制概览

（3）**丢失重传**　Aeolus 接收端的每个数据包 ACK 能够快速通知发送端投机包已到达。Aeolus 使用选择性 ACK 而不是累积 ACK 进行丢失检测。为了确认最后一个投机包是否被丢弃，发送端在发送最后一个投机包后立即发送探测数据包。该探测数据包携带最后一个投机包的序列号。当接收端接收到探测包时，将返回一个携带探测包序列号的 ACK。一旦发送端收到此类探测 ACK，便可以立即推断出所有投机包（包括最后一个数据包）的丢失。对于丢弃的投机包，Aeolus 使用正常包进行重传。

Aeolus 可以与现存的所有信用预约型拥塞控制协议兼容，在充分利用第一个 RTT 的同时，保持了原有协议的优点，并且易于部署。虽然减少了第一个 RTT 中的带宽浪费，但是 Aeolus 可能会增加短流的流完成时间。

4.4.4　SSP

为了避免队列堆积，当第一个 RTT 发生拥塞时，Aeolus 会直接丢弃投机包。但是，当网络传输速率达到100Gbit/s时,相当一部分小流量(0~100KB)在第一个RTT内就已经完成传输了,因此丢弃投机包将严重影响小流量的性能。SSP的工作就是为了解决上述问题。SSP发送投机包与数据包机制概览如图4-11所示。

SSP的核心思想是,当一条新流到达发送端时,协议允许新流在第一个RTT内以线速率发送投机数据包,而投机包引起的网络拥塞问题则留给交换机解决。一旦有新流到达,便快速启动。所有流量都以链路速率开始,然后根据接收的信用额度调整发送速率。当交换机的队列长度超过ECN阈值,即产生网络拥塞时,SSP采用和Aeolus相反的机制——在交换机中选择性地丢弃普通的正常

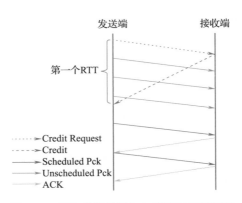

图4-11 SSP发送投机包与数据包机制概览

数据包,而将投机包尽可能地保留在交换机队列中。这一方案在有效利用第一个RTT内可用的空闲带宽的同时,也保护了更可能属于小流的投机数据包,从而获得更小的流完成时间。此外,SSP还采用流调度机制来解决短流被阻塞的问题:在发送方SSP用DSCP打标的方式为小流的数据包分配较高的优先级,通过短流优先的方法使所有流量的平均流完成时间更小。SSP的实验结果表明该协议可以加快小流量(0~100KB)的传输速度,比Expresspass和Aeolus的流完成时间更短,同时SSP不会导致过多的队列堆积。另外,SSP协议很容易在现有的网络硬件条件下部署——交换机的ECN/RED功能可以轻松实现SSP的选择性丢包机制;DSCP打标功能可以满足发送端对数据包优先级标记的需求。

4.4.5 MP-Credit

在当前的高速数据中心中,即使采用ECMP这类负载均衡的算法,强路径一致性传输也无法充分利用多个等效链路。为了优化端到端时延并充分利用网络资源,MP-CREDIT[23]设计了保证强路径一致性传输的多路径信用协议。

MP-CREDIT利用credit spray统一平衡多条路径上的流量,并采用无顺序反馈控制来纠正信用混乱。接收端在每个信用包的报头上随机设置路径ID,交换机根据其路径

ID 路由信用包。当信用包到达发送端时，发送端将在数据包上设置与接收到的信用包相同的路径 ID，以便数据包可以通过与信用包相同的路径。MP-CREDIT 把流量均匀地传输到网络中，减少了交换机的队列累积。并且，由于每个到达的数据包都携带一个路径 ID，接收端能够通过监测相关路径 ID 携带的数据的到达速度来探测路径状态。数据中心网络拓扑内包含了多条等价路径，因此，理想情况下零排队可以避免无序的情况发生，因为数据包通过网络时没有任何排队时延。而 credit spray 可以有效地保持低无序度，有两个原因：数据队列被信用调度机制限制在低长度，从而限制了最大无序度；随机发送信用包使相同路径上的队列长度几乎相同，有助于保持不同路径之间的低时延差。MP-CREDIT 机制概览如图 4-12 所示。

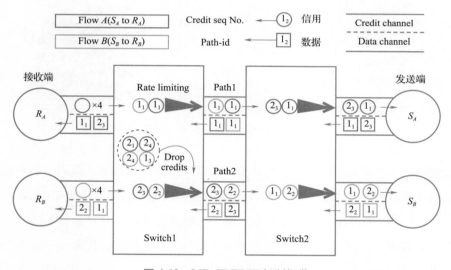

图 4-12 MP-CREDIT 机制概览

4.4.6 Themis

适用于数据中心网络的拥塞控制协议越来越多，不可避免地会出现多协议共存的现象。然而，由于不同的拥塞控制协议采用的拥塞信号不同，多协议共存时，会导致出现严重的不公平现象。例如，当 DCTCP 与 ExpressPass 共存时，ExpressPass 会抢占 DCTCP 的带宽，不仅会导致拥塞加剧，也会导致网络性能降低[24]。因此，Themis[25] 提出了在交换机上进行多协议共存的流量调度算法。

为了消除 DCTCP 和 ExpressPass 共存时产生的不公平竞争，Themis 将两者控制的流分配到不同的虚拟队列中，再区别对待不同的虚拟队列，平衡两者之间的差异。图 4-13 所示是 Themis 对交换机芯片的建模。Themis 将输入端口和输出端口之间分为 3 个部分：分类模块，根据不同类的流的表现将它们分类到不同的组里；重循环模块，将流重循环到入口并分配到新的队列组；执行操作模块，对不同类的流执行区别操作来增强网络的公平性。

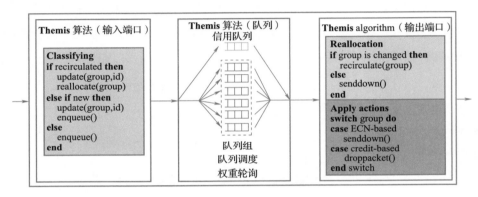

图 4-13　Themis 对交换机芯片的建模

分类模块通过识别流在队列中的表现来区分 ECN 流和信用流。队列分为两组，分别用于容纳不同种类的流量。队列的调度策略选择权重轮询（Weighted Round Robin，WRR）。输入端口中设计了一个分类器，用于执行分类算法，并存储每条流对应的队列。Themis 根据不同流的不同表现抽象出一个指标——激进度，代表一种流量在与其他流量共存时获取带宽的能力。一种流量越激进，那么它抢占带宽的能力就越强。首先让所有新流全部进入低激进度的队列组，以便在同一个环境中观察其表现。当流条数大于所在组的队列数时，则让新流进入此时最短的队列，如果流条数小于队列数，则优先进入空队列。

重分配模块分为重循环和重分类两步。重循环模块部署在交换芯片的输出端口处，首先会检测一个数据包是否被标记了重循环码点（codepoint），然后根据不同情况对其进行操作。如果一个包被标记了重循环码点，那么会将其送入重循环通路，对于没有重循环码点的包则会将其直接发送到输出链路。当一个包被重循环到输入端口的分类器时，即进入重分类的步骤。它的重循环码点会修改它所属的流在分类器中的分组定位，后面到达的这条流的数据包都会被分到新的组别的队列中，这一点可以由现有的优先级机制实现。

执行操作模块采用丢弃信用包的方式来压制被区分的信用预约流量。对于带有重循环码点的包，Themis 会对比它的目的地址是否有信用包传输过来，如果有则说明这是一条信用流并已发生拥塞，可以通过丢弃信用包的操作来控制它的发送速率。而对于目的地址被没有记录在任何信用包的源地址中的包，则说明它是一条 ECN 流，可以直接将其发往下一跳。

Themis 在交换机上设计了分类、重分配和执行操作 3 个模块，挑选出混合流量中更激进的流量，充分利用了可编程交换机的特性，让它们与激进度不同的流量进入不同的队列中，然后进行针对性的速率压制操作，解决了信用预约协议与 ECN 协议共存时的带宽分配不公平问题。

4.5　数据平面反馈与信用平面控制耦合的拥塞控制协议

大部分拥塞控制算法在进行模拟实验时，采用的数据中心真实工作负载模型都认为超过 100KB 的数据流为短流。但是在即时响应的服务中，数据流要比 100KB 小得多。因此 Behnam 等人提出 Homa[26]，一种应用于远程过程调用（Remote Procedure Call，RPC）数据中心网络的拥塞控制传输协议。

1. 数据－信用反馈

为了充分使用交换机中的优先级队列，Homa 把数据包分为 4 种类型：DATA、GRANT、RESEND、BUSY。DATA 是从发送端传输到接收端的数据包，是数据流的一部分。GRANT 是信用包，包含接收端给发送端分配的可发送的字节数，并指定 DATA 包使用的优先级。当接收端发现 DATA 包丢失后，接收端会给发送端传输 RESEND 包，指示发送端重新发送数据流的范围。如果发送端正在发送优先级更高的 DATA 包，发送端会回传一个 BUSY 包，避免超时。除了 DATA 包，其他 3 种包在传输过程中的优先级都很高。而 DATA 包则会根据消息的大小确定不同的优先级。

2．信用−数据控制

Homa 把数据流的数据包分为两类：投机包和正常数据包。发送端在第一个 *RTT* 内向接收端发送投机包，接收端收到投机包后，通过 GRANT 包调度正常数据包。接收端采用两种不同的策略来确定投机包和正常数据包的优先级。对于投机包，接收端会根据最新的流量模式选择优先级分配，并把该信息搭载到其他的数据包上以告知发送端。发送端都会保留每个接收端的分配情况，在下次发送投机包时选择相应的优先级。对于正常数据包，接收端在每个 GRANT 包中指定一个优先级，发送端将该优先级用于授权的 DATA 包。每一个 GRANT 包调度一个 DATA 包，这使接收端可以根据接收到的数据流来动态调整优先级分配。接收端对每条数据流使用不同的优先级，原则上是越短的数据流分配越高的优先级。如果传入的消息过载，则仅接受最高优先级的数据流。如果网络比较空闲，则 Homa 使用最低的可用优先级，这样就为新的更高优先级数据流留出了更高的优先级。

4.6 | 本讲小结

本讲在数信双平面与收发端到端深度协同的拥塞控制架构的基础上，回顾了 2015—2022 年一些经典的拥塞控制协议案例以及改进算法。对现有的拥塞控制协议进行分析研究后发现，不是所有的拥塞控制协议都能满足架构内的整个环路控制。在这个架构内，现有的拥塞控制协议可以被大致分为 4 类。值得注意的是，该分类方式仅针对本讲涵盖的拥塞控制协议，并不是所有的拥塞控制协议只能分为这 4 类。

本讲覆盖的拥塞控制协议均适用于数据中心网络。然而面对复杂多变的网络环境，高性能数据中心融合网络成为发展趋势。融合网络保留了高性能计算网络的特性，如低时延、低包开销对高性能应用的强支持性，还支持数据中心的特性，如标准化对以太网的兼容、先进的拥塞控制等。Cray 最新设计的 SlingShot 网络正走在融合网络的前沿，SlingShot 网络能够与现有的以太网设备完全互操作，同时为高性能计算系统提供良好的性能。目前已有专家学者开始研究把数据中心网络中的拥塞控制协议适配于融合网络[27]。高性能数据中心融合网络仍还处在发展阶段，需要不断的开发和研究，拥塞控制的未来如何，值得期待。

参考文献

［1］ HUANG S, DONG D, BAI W. Congestion control in high-speed lossless data center networks：A survey［J］. Future Generation Computer Systems, 2018, 89：360-374.

［2］ WU H, FENG Z, GUO C, et al. ICTCP：Incast congestion control for TCP in data center networks ［J］. IEEE/ACM Transactions on Networking, 2013, 21（2）：345-358.

［3］ PERRY J, OUSTERHOUT A, BALAKRISHNAN H, et al. Fastpass：A centralized zero-queue data-center network［C］//Proceedings of ACM SIGCOMM'14. New York：ACM, 2014：307-318.

［4］ ALIZADEH M, GREENBERG A, MALTZ D A, et al. Data center TCP（DCTCP）［C］//Proceedings of ACM SIGCOMM'10. New York：ACM, 2010：63-74.

［5］ MITTAL R, LAM V T, DUKKIPATI N, et al. TIMELY：RTT-based Congestion Control for the Datacenter［C］//Proceedings of ACM SIGCOMM'15. New York：ACM, 2015：537-550.

［6］ 曾高雄, 胡水海, 张骏雪, 等. 数据中心网络传输协议综述［J］. 计算机研究与发展, 2020, 57（1）：74-84.

［7］ HANDLEY M, RAICIU C, AGACHE A, et al. Re-architecting Datacenter Networks and Stacks for Low Latency and High Performance［C］//Proceedings of ACM SIGCOMM'17. New York：ACM, 2017：29-42.

［8］ ALIZADEH M, YANG S, SHARIF M, et al. pFabric：Minimal Near-optimal Datacenter Transport ［C］//Proceedings of ACM SIGCOMM'13. New York：ACM, 2013：435-446.

［9］ BAI W, CHEN L, CHEN K, et al. Information-agnostic flow scheduling for commodity data centers ［C］//Proceedings of NSDI'15. Berkeley：USENIX Association, 2015：455-468.

［10］ WILSON C, BALLANI H, KARAGIANNIS T, et al. Better never than late meeting deadlines in datacenter networks［C］//Proceedings of ACM SIGCOMM'11. New York：ACM, 2011：50-61.

［11］ HONG C, CAESAR M, GODFREY P B, et al. Finishing flows quickly with preemptive scheduling ［C］//Proceedings of ACM SIGCOMM'12. New York：ACM, 2012：127-138.

［12］ KUMAR G, DUKKIPATI N, JANG K, et al. Swift：Delay is simple and effective for congestion control in the datacenter［C］//Proceedings of ACM SIGCOMM'20. New York：ACM, 2020：514-528.

［13］ ZHU Y, ERAN H, FIRESTONE D, et al. Congestion control for large-scale RDMA deployments ［C］//Proceedings of ACM SIGCOMM'15. New York：ACM, 2015：523-536.

［14］ LI Y, MIAO R, LIU H, et al. HPCC：High recision congestion control［C］//Proceedings of ACM SIGCOMM'19. New York：ACM, 2019：44-58.

［15］ PAN R, PRABHAKAR B, LAXMIKANTHA A. QCN：Quantized congestion notification［J］. IEEE802, 2007, 1：52-83.

［16］ CHENG W, QIAN K, JIANG W, et al. Rearchitecting congestion management in lossless ethernet ［C］//Proceedings of the USENIX NSDI'20. Berkeley：USENIX Association, 2020：19-36.

［17］ ZHOU Y, DONG D, PANG Z, et al. ERA：ECNRatio-based congestion control in datacenter networks［C］//Proceedings of CCGrid'22. Cambridge：IEEE, 2022：771-774.

［18］ ZHOU R, YUAN G, DONG D, et al. APCC：Agile and precise congestion control in datacenters ［C］//Proceedings of ISPA'20. Cambridge：IEEE, 2020：22-32.

［19］ ZHOU R, DONG D, HUANG S, et al. FastTune：Timely and precise congestion control in data center network［C］//Proceedings of ISPA'21. Cambridge：IEEE, 2021：166-174.

［20］ YUAN G, ZHOU R, DONG D, et al. Breaking one-RTT barrier：Ultra-precise and efficient congestion control in datacenter networks［C］//Proceedings of ICCCN'21. Cambridge：IEEE, 2021：1-9.

［21］ YUAN G, DONG D, QI X, et al. MPICC：Multi-Path INT-based congestion control in datacenter networks［C］//Proceedings of NPC'21. Berlin：Springer, 2021：32-40.

［22］ HU S, BAI W, ZENG G, et al. Aeolus：A building block for proactive transport in datacenters ［C］//Proceeding of SIGCOMM'20. New York：ACM, 2020：1-13.

［23］ HUANG S, DONG D, ZHOU Z, et al. MP-CREDIT：Multi-path credit for high-speed data center transports［J］. Computer Networks, 2021, 193(1)：1389-1286.

［24］ WEI Z, DONG D, HUANG S, et al. EC4：ECN and credit-reservation converged congestion control［C］//Proceedings of IEEE ICPADS'19. Cambridge：IEEE, 2019：209-216.

［25］ HU D, DONG D, BAI Y, et al. Harmonia：Explicit congestion notification and credit-reservation ［J］. Journal of Computer Science and Technology, 2021, 36(5)：1071-1086.

［26］ MONTAZERI B, LI Y, ALIZADEH M, et al. Homa：A receiver-driven low-latency transport protocol using network priorities［C］//Proceedings of ACM SIGCOMM'18. New York：ACM, 2018：221-235.

［27］ ZHOU R, DONG D, HUANG S, et al. Taming congestion and latency in low-diameter high-performance datacenters［C］//Proceedings of NPC'21. Berlin：Springer, 2021：98-106.

第 5 讲

加密网络测量
分析技术

本讲力求系统而详细地介绍加密网络测量分析相关的最前沿、最重要、最实用的技术。在叙述结构上，5.1 节介绍了加密网络测量分析的统一框架，使全书整体不失系统性，读者可以从头到尾通读，也可以选择单一小节详读，以学习其中具体理论思想与技术。5.2~5.4 节分别以实际需求为导向，从 4 个不同的需求目标对加密网络测量分析的研究领域进行了阐述。5.2 节对流量管理需求目标涵盖的加密流量业务分类、加密流量应用分类和加密流量 QoE 识别 3 个领域进行了叙述。5.3 节则主要关注可以为用户画像提供超精细粒度情报的加密流量内容与用户行为分析领域，对相关的理论方法与研究动向予以简述。5.4 节则面向网络安全的实际需求，针对性地对加密恶意流量分析的研究进行了描述与分析。5.5 节从特殊的访问控制需求，互联网内一些新兴的、特殊的网络场景出发，介绍了这些网络场景下的加密网络测量分析方法。5.6 节介绍了加密流量分析常用数据集、编程库与工具，供读者自行查阅和补充学习。

5.1 | 加密网络测量分析体系结构与概念

2021 年 8 月 19 日，互联网基础设施服务提供商 Cloudflare 披露，该公司成功化解了当时已知最大规模的分布式拒绝服务（Distributed Denial of Service，DDoS）的攻击，此次攻击峰值达到了每秒 1720 万次请求。通过对网络的测量分析，Cloudflare 发现这些攻击流量源于全球 125 个国家和地区的 2 万多个僵尸程序。其中，接近 15% 的攻击流量源于印度尼西亚，另外 17% 的攻击流量源于印度和巴西。这表明，以上国家和地区可能存在很多被恶意软件感染的设备。在无法控制或接触目标设备的情况下，网络测量分析是获取各类情报最有效也是最可行的途径。

5.1.1 网络测量分析的产生与意义

互联网是一个由上亿台计算机互联而成的全球性计算机网络，自 20 世纪 80 年代末以来，互联网的规模一直在以指数的速度膨胀。现代互联网的网络结构庞大、异构，网络流量加密、高速，网络行为复杂、多变，互联网在高速发展的同时，也面临以下问题：

（1）网络信息安全问题　互联网体系结构的基本设计遵循简单和开放性的原则，极大地促进了互联网的迅速发展。但随着互联网用户数量和网络应用服务持续增长，网络行为变得越来越复杂，对网络的流量攻击威胁问题也越发严重，网络安全问题日益突出，已给网络安全和管理带来极大威胁。木马、僵尸、蠕虫病毒和勒索软件等网络攻击层出不穷。2021 年 5 月 7 日，美国最大燃油管道运营商 Colonial Pipeline 遭网络攻击下线，被迫关闭其美国东部沿海各州供油的关键燃油网络，是 2021 年造成实质影响最大的网络安全事件。

（2）网络内容传播监管问题　互联网的加密化、高速化发展，给网络内容传播的监控与管理带来了巨大的挑战。网络内容传播的自由性，导致出现垃圾邮件泛滥、盗版软件共享等问题。根据卡巴斯基最新的垃圾邮件和网络钓鱼报告，到 2021 年，发往收件箱的电子邮件将近一半被归类为垃圾邮件。

（3）网络服务质量保障问题　随着互联网新业态的不断涌现，网络的动态性显著增加，粗粒度的网络服务质量保障机制已无法保障复杂应用场景下的服务质量，有服务质量保障的网络是未来大规模实时交互应用发展的前提，也是维护国家网络安全的重要保障。同时现代互联网规模异常庞大，对网络的负载和稳定性要求都极其严苛，即使是网络的不稳定问题都可能带来巨大的经济损失，而各种原因导致的网络中断则会造成更为严重的后果。2019 年 7 月 11 日，澳大利亚新南威尔士州网络流量过载，导致其最大的电信运营商 Telstra 突发网络故障，全国断网数小时，造成的经济损失超过 1 亿美元。

（4）新的应用需求对网络技术提出新的挑战　各领域新兴技术的发展，对数据传输的时延和可靠性等性能的要求越来越高。VR/AR、车联网、远程医疗、智能电网、工业互联网等都要求网络具备大带宽、大连接、高可靠、低时延等特性。

网络测量分析是按照一定的方法和技术，利用软件或硬件工具来测试网络的运行状态、表示网络特性并进行分析的一系列活动的总和。网络测量分析通过收集数据或报文踪迹，以定量地分析不同的网络应用在网络中的活动规律。其是对互联网的流量特征、性能特征、可靠性特征、安全性特征及网络行为模型等进行精确描述的基础；也是网络规划、网络管理和网络安全、新网络协议与网络应用设计等诸多研究工作的重要前提，为互联网的科学管理和有效控制，以及互联网的发展与利用提供科学依据。

通过定量测量、分析网络，可以探讨网络特征与网络行为的规律，对网络行为进行建模分析，识别异常行为和违法内容，保障网络信息安全，并对网络内容传播进行有效监管；通过网络测量精确捕捉定量的互联网及其活动的测量数据，包括带宽、时延、丢包率等，可以建立网络性能基线，合理分配网络资源，迅速定位网络故障，为网络服务质量提供保障，为规划设计新一代高速网络提供科学依据。

5.1.2　加密网络测量分析全生命周期过程

随着国内外网络安全法律法规的完善和用户网络安全意识的兴起，目前大量网页已经被加密。根据 NetMarketShare 发布的数据[1] 可知，2021 年 12 月三大主流鼓励使用 HTTPS 的浏览器市场占比已超过 90%，全球加密 Web 流量也已经超过 90%；根据谷歌透明度报告 "Chrome 中的 HTTPS 加密情况"[2]，2022 年 2 月 Chrome 加载网页中启用加密已经达到了 97%。除网页外，隐私与版权意识的加强使视频、音乐等内容，以及即时通信、文件传输等应用在网络中采用加密传输，而反作弊和服务器安全保护的需求也推动了电子游戏、远程访问等行为流量的加密化。谷歌透明度报告 "所有 Google 产品和服务中的已加密流量" 已经在 2021 年 7 月达到了 95%。网络流量的加密化已经成为必然趋势。

在加密网络环境下，网络测量依然是流量分析的重要数据来源。加密网络测量分析与传统网络测量分析的主要区别在于网络流量的加密化，也就是流量测量得到的网络流量数据不再是可以直接匹配和读取的明文流量数据。加密网络测量分析，尤其是加密流量分析，旨在从加密流量中充分挖掘情报，实现对网络流量的有效管理以保障网络本身的服务质量（Quality of Service，QoS）或优化用户的体验质量（Quality of Experience，QoE），并进一步通过网络监管保障网络基础设施和用户的安全。

1. 加密网络测量分析全生命周期

加密网络测量分析并不是一个单一的任务，而是一系列需求与目标的集合。现有研究涉及其中的多个领域，使用了多种方法，并且各个方法都有差异性的输入（值得注意的是，这里的输入指方法的输入，一般情况下是对原始加密流量进行一定的处理后得到的数据）与输出。但现有加密流量分析领域缺乏对各项研究的体系化划分，而更倾向于按照分析方法的输入或输出进行归并，这一简单的归并过程可能存在以下问题：

①混淆了加密流量分析中各个需求目标，未对不同类型、不同性质的加密流量分析目标加以归类；

②忽略了加密流量分析需求目标之间的内在逻辑性，未考虑各加密流量分析需求目标输入、输出之间的关联关系与层次化特征；

③未对加密流量分析方法与加密流量分析目标需求之间进行强关联，未考虑加密流量分析方法在不同目标中的特异性。

加密流量分析研究领域的非体系化，导致后续研究者在对该领域进行研究和技术应用的过程中，难以挖掘不同研究在数据和逻辑上的递进关系，进而导致选择不合适的特征与适用性差的方法，走了"弯路"。

因此，为方便读者对加密网络测量分析全生命周期有清晰的认识，尤其是对加密流量分析中各个需求目标和各个研究领域之间关系的认识，本节按照现有研究工作的发展脉络和实际互联网中存在的各类加密流量分析需求，对加密网络测量分析内各个领域的关系进行了划分，如图 5-1 所示。

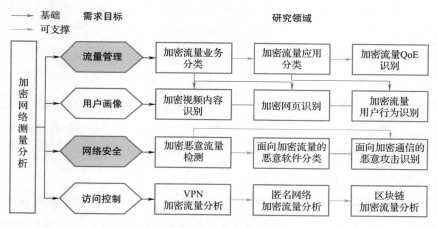

图 5-1　加密网络测量分析全生命周期示意图

面向流量管理的加密网络测量分析指的是通过加密流量分析实现对网络流优先级的调整和网络资源的合理调配，以追求更高的网络运行效率，改善用户的上网体验。这一类需求主要包括加密流量业务分类、加密流量应用分类和加密流量 QoE 识别 3 个研究领域，对应 5.2 节的内容。

面向用户画像的加密网络测量分析指的是通过加密流量分析实现对网络用户的高精准画像，并对其访问的加密内容进行挖掘，以打击非法内容、规范网络行为、保护人民利益。这一类需求主要包括加密视频内容识别、加密网页识别和加密流量用户行为识别3个研究领域，对应5.3节的内容。

面向网络安全的加密网络测量分析指的是通过加密流量分析实现对恶意流量的筛选和网络攻击流量的过滤，旨在保护特定的设备与系统不受网络攻击等恶意行为的影响。这一类需求主要包括加密恶意流量检测、面向加密流量的恶意软件分类和面向加密通信的恶意攻击识别3个研究领域，对应5.4节的内容。

面向访问控制的加密网络测量分析指的是针对互联网中的特殊网络形式，面向某些特定用户群体，使之无法使用此类特殊网络或限制其行为以实现保护的加密网络测量分析研究。这一类需求主要包括VPN加密流量分析、匿名网络加密流量分析和区块链加密流量分析3个研究领域，对应5.5节的内容。

以上4类需求目标中的各个研究领域所涉及的概念在后文中会进一步阐述。

形象地说，加密流量分析的各个过程类似鉴定一瓶没有标签信息的液体是什么。现在有一瓶液体（流量），我们想要知道这瓶液体是什么东西（流量对应的一些情报），但是我们不能把瓶子打开（不考虑也难以实现破译）。我们可以通过液体的质量、体积、密度（统计特征）或瓶子的材质（协议特征）抑或液体摇晃起来的感觉、黏稠程度（序列特征）等，判断这是什么类型的液体（业务分类）、属于哪个品牌（应用分类）。在知道这瓶液体比如是酒后，则可以通过各类特征进一步去判断是什么酒（内容识别），有没有毒（恶意流量识别）等。

2. 加密网络测量分析中的常见概念

加密网络测量分析作为一个新颖的互联网研究和技术领域，其中存在部分与网络相关的概念和新产生的概念，部分概念已经在前文出现，而剩下的将在后文中出现。下面详细阐述这些概念的含义。

（1）流量 流量指的是网络上传输的数据，是经过网络协议栈层层封装后，在网络传输中间节点捕获的数据的统称。在加密网络测量分析中，流量一般指网络层及以上的数据构成的集合，以报文为原子单位。

（2）流 流指的是流量在一段时间内，通信双方之间形成的报文序列。流有着不同的定义，不同的定义对标不同的约束条件。在加密网络测量分析中，流指的是由源 IP、目标 IP、源端口、目标端口和传输层协议 5 个参数同时形成的五元组唯一约束的报文序列。如果不考虑通信双方的交互（IP-端口对的互换），该流则被称为单向流；反之则称为双向流。在实际加密流量分类过程中，可能会依据时间戳或 TCP 连接情况等其他参数对流进行进一步划分。

（3）加密流量　加密流量指的是经过加密协议加密后的流量，加密流量不仅仅是被加密的流量，还包含交互性的加密网络协议特征，如密钥交换等。

（4）加密网络协议　加密网络协议是包含加密算法、密钥协商算法、安全协议机制等一系列保护数据安全和抗攻击的，具有加密功能的网络协议，该协议符合协议栈各层解耦的特性。目前最为主流的加密网络协议为传输层安全协议（Transport Layer Security，TLS）。

（5）加密恶意流量　加密恶意流量是结果导向的，指的是恶意软件或网络攻击通过网络执行时产生的流量，该流量将对目标设备造成负面影响。

（6）VPN 流量　VPN 流量是指经过 VPN 工具产生的流量，是一种特殊的嵌套加密流量，将多条流（目前很可能都是加密的）通过一条隧道进行传输。

（7）匿名网络流量　匿名网络流量更加关注于匿名性，通过多条隧道实现流量的匿名化，比 VPN 流量更复杂。因其自身的混淆机制，匿名网络流量难以被检测出来。

（8）加密流量业务类型　业务，又称服务，是互联网中一种人为定义的、正交的应用集合，用于满足用户的一类需求，如视频业务、VoIP 业务、在线游戏业务。由于业务或服务是人为定义的，所以其粒度也会随场景的需求变化而变化。一种互联网业务会包含多个互联网应用，而复杂的应用可能会包含多种互联网业务，构成多对多关系。但是在实际网络中，应用会存在其自身的主营业务，每一种应用仅存在一种主营业务。

（9）加密流量应用类型　加密流量应用类型指的是当前流量对应的实际应用，可能是客户端应用，也可能是手机 App、网页应用、小程序等。同一个应用的不同版本一般视作同一个应用。

（10）加密流量内容　加密流量内容指的是加密流量传输的数据的实际内容。

（11）加密流量用户行为　加密流量用户行为指的是加密流量传输的数据背后对应

的用户行为。

（12） QoE   QoE 是用户体验（Quality of Experience），一般在在线视频、游戏等领域更有意义，是用户的主观感受，一般用一些特定的事件进行锚定。

（13） 加密流量数据集   加密流量数据集指的是加密流量的标签数据集，标签取决于当前数据集面向的加密流量分析需求，样本为流量数据，一般为 pcap 或 pcapng 文件。

5.2 | 加密流量业务分类、应用分类及 QoE 识别

加密流量分类是网络流量管理的有效方式，在加密流量分析技术中，分类问题一直是被研究的热点。目前加密流量承载业务广泛、应用种类多样，因此有必要对加密流量进行分类，从而实现细粒度的网络流量管理与安全监管。流量分析者根据自身需求，人为地将加密流量定义为多种类别。最常见的是根据网络业务类型划分的在线视频、即时通信、网页浏览和文件传输等业务类别，以及根据具体的网络应用程序划分的腾讯 QQ、新浪微博、优酷视频和京东商城等应用类别。上述两种划分方式分别对应加密流量业务分类和加密流量应用分类，两种分类需求的比较见表 5-1。

表 5-1   业务分类与应用分类的比较

	业务分类	应用分类
待处理的流量	多业务类型的混杂加密流量	多应用类型的混杂加密流量
输出类别数量	类别数量少且相对固定	类别数量多且不固定
分类粒度	较粗	较细
分类特征	业务显著性特征	应用程序显著性特征

尽管业务分类与应用分类在需求侧重点上有诸多不同，但是在方法设计上具有较大的相似性，所以本书将从方法设计流程的角度介绍业务分类与应用分类方法。当前对加密流量分类方法的设计一般包含 3 个步骤：流量样本构建与完善、加密流量特征提取和分类器模型设计。

视频等流媒体流量作为加密流量业务分类的一个类别，在加密流量中占据较大的比重，QoE 指标代表了流媒体业务的用户体验质量，识别加密流媒体的 QoE 有利于优化网络传输策略，改善服务质量，并进一步提升网络流量管理能力。

5.2.1　流量样本构建与完善

尽管加密流量在当今的网络环境中已经十分普遍，但是可用于加密流量分类研究的标签数据样本需要人为主动采集和构建。在流量采集过程中，个人在计算机或手机等终端设备上采集样本存在以下缺陷：

1）容易混杂不可控的背景流量。操作系统在运行时部分功能（例如检查更新、网络环境探测等功能）有联网需求，同时后台运行的软件也会不可控地产生网络流量。

2）样本覆盖面不够广泛。人工采集时往往长期使用某个设备或处于某个网络环境，难以收集到全面覆盖样本空间的数据。

3）数据集类别间样本不平衡。大多数对流量处理的方法基于传输层连接，而不同的业务类型传输层连接的数量相差较大，通过人工的方式难以平衡不同类别间的样本规模。

为此产生了多种为构建和完善加密流量标签样本的方法，可以在流量采集阶段及数据预处理阶段构建与完善样本。

在流量采集阶段，可进行自动化采集和标签构建。编写操作脚本以替代人工采集，此方法便于实现多空间节点流量采集，尽可能大地覆盖流量样本空间。常见的自动化方法有调用浏览器驱动 WebDriver 与 Android 自动化测试框架 UiAutomator2，驱动浏览器或 Android 设备进行自动采集。

标签构建方面，Android 设备支持 VPN 分应用代理机制，可以实现 App 级别的流量标签构建，配置私有的 VPN 网络并使 Android 设备连接，然后在本机设备上通过抓包程序抓取通过代理的流量（即 App 的纯净流量），避免系统背景流量混杂[3]，如图 5-2 所示。此方法可以在非 root 权限下收集纯净的网络流量。在计算机和服务器设备上由于网

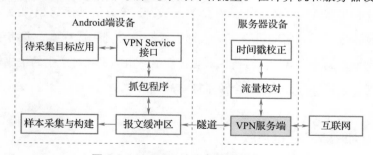

图 5-2　Android 端设备流量标签构建

络连接都是由运行在系统上的进程发起的，因此可以通过读取进程表和网络连接状态，构造"PID-端口"对的方式构建标签样本。

在数据预处理阶段，可采取生成式对抗网络（Generative Adversarial Networks，GAN）进行残缺样本的完善。在机器学习模型训练过程中，样本的不平衡会导致模型分类效果不佳。针对类别间样本不平衡的残缺样本，GAN能够从现有样本中生成用于加密流量分类的均衡样本，从而使依赖监督学习的加密流量分类方法转向半监督学习，缓解由于样本造成的分类误差，如图5-3所示。

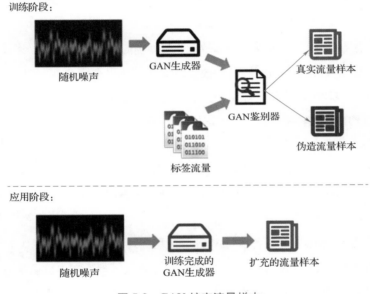

图 5-3 GAN 扩充流量样本

当前有一种半监督学习的加密流量分类方法[4]，该方法基于卷积神经网络实现了GAN的生成器和鉴别器，将随机噪声输入到生成器中得到生成样本，并将生成样本和真实样本共同输入到鉴别器进行对抗性训练，使最终由随机噪声产生的生成样本与真实样本无法通过鉴别器区分，达到补全流量样本的效果。

5.2.2 加密流量特征提取

基于明文载荷的流量分析技术在加密流量占比较少的时期发挥过重大作用，然而随着网络流量的加密化逐渐普及，分析者无法从加密流量中提取特定的信息作为特征字符串进行匹配。尽管当前的加密算法会掩盖流量的内容特征，但是流量的统计特征受加密影响较小，因此统计特征被首先考虑用来做加密流量分类。当前分类方法中常用的加密流量统计特征如表 5-2 所示。

表 5-2　常用的加密流量统计特征

时间相关特征	相邻报文间隔时间均值、方差、最大值、最小值
	发送方向报文峰值间隔
	接收方向报文峰值间隔
	流持续时间、活动时间、空闲时间
长度相关特征	同一条流内报文长度均值、方差、最大值、最小值
	发送方向报文总长度
	接收方向报文总长度
其他统计特征	每秒传输字节
	发送方向报文数量
	接收方向报文数量
	TTL 均值

随着加密流量分类研究的深入，越来越多的研究者发现统计特征只能粗略刻画流量的全貌，不能反映流量的局部突发特性。统计特征能够适用于业务分类，但难以在应用分类上达到理想效果，往往在特定数据集上的实验表现优秀，然而在真实网络环境下表现不尽如人意。

为了满足应用分类的需求，研究者需要选择更为有效的流量特征表达方法，因此产生了基于残存明文特征、时间序列特征及长度序列特征的流量特征提取方法。

当下网络的流量并非完全被加密传输，仍然有一些明文信息暴露在传输过程中。TLS 1.2 的握手报文头部和 DNS 的问答记录在加密网络环境下依然可以获取，因此可以根据加密传输中残存的明文特征进行分类方法的设计，而使用残存明文特征可显著提升应用分类效果。

利用 DNS 信息可以识别 Android 平台 App 流量[5]，Android 端流量在 DNS 请求报文中暴露的 hostname 有以下两个显著特点：

①相同 App 查询的 hostname 具有高度相似性。

②不同 App 查询的 hostname 差别明显。

对不同的 App 构建 hostname 库，使用 TF-IDF 方法计算评分并进行匹配，可达到 App 分类效果。类似地，还可以利用 TLS 握手的 Certificate 报文明文信息[6]，结合 DNS 明文信息为特征设计加密流量分类方法。

尽管残存明文特征能够有效地提升识别的精确率，但是存在漏报率较高、明文特征库不够全面等问题。此外，随着网络协议的发展，明文的 DNS 协议逐渐被 DoT（DNS over TLS）和 DoH（DNS over HTTPS）替代，而具有明文握手字段的 TLS 1.2 协议也逐渐被加密范围更广的 TLS 1.3 替代，因此基于残存明文特征的方法会逐渐失效。鉴于此，人们开始考虑如何利用序列特征对加密流量进行分类，不同于统计特征和残存明文特征，序列特征能够从完全加密的角度更加精细地刻画流量的局部特性。

一种名为 FlowPic 的方法[7] 被提出，可用于利用流量的时间序列特征，将时间设为坐标轴的横轴，同时将 IP 报文的荷载长度作为纵轴绘制长度分布图。为了规格化输入形状，该方法将 60s 的时间跨度映射为 1500 个单位，同时丢弃了超过 1500 字节（通常为以太网的 MTU 值）的报文。不同应用通过以时间为横轴构造的伪图像差别明显，进而将流量分类问题转化为图像识别问题。

利用流量时间特征之间的关联特征构造复合特征，也被用于加密流量分类[8]。操作方法是：首先从流量中提取时间序列特征，然后使用连续小波变换（Continuous Wavelet Transform，CWT）、常数 Q 变换（Constant Q Transform，CQT）和魏格纳-维纳分布（Wigner-Ville Distribution，WVD）3 种时间序列变换与分布方法，对加密流量的时间相关特征进行变换，并将变换结果作为分类器输入。时间序列特征处理流程如图 5-4 所示。

除了加密流量报文的时间序列，长度序列也可以作为分类特征，并且长度序列与传输的内容大小相关，受网络环境和加密影响较小。一种名为 MaMPF，利用马尔科夫链对流量全报文长度特征进行刻画的方法被提出[9]。该方法利用信息类型序列和长度块序列，使用幂律分布函数对"长度-数量"分布进行拟合，发现不同的应用在分布上呈现较大差异。

网络协议分层设计理念，导致实际传输过程中需要对数据进行切分，从而使在网络层或传输层获取的报文长度与真实的应用层长度有较大偏差。针对该问题，可以使用最高可见协议减少由协议切分及协议头部造成的影响[10]。最高可见协议即从加密协议栈

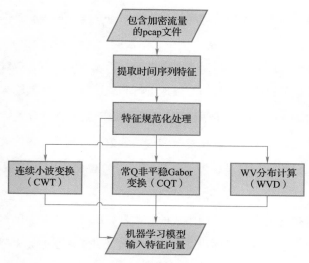

图 5-4 时间序列特征处理流程

中能够解析到头部格式信息的最高层协议，如此即可去掉最高可见协议的头部，只取协议数据单元（Protocol Data Unit，PDU）长度作为特征。最高可见协议 PDU 提取过程如图 5-5 所示。当前的方法表明利用滑动窗口的方式提取多组定长最高可见协议的 PDU序列可显著提高分类效果。

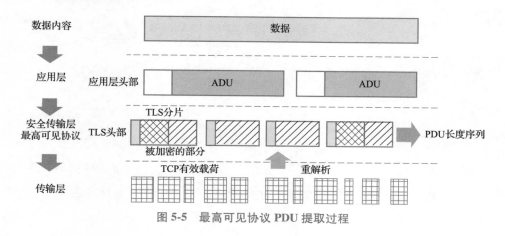

图 5-5 最高可见协议 PDU 提取过程

5.2.3 分类器模型设计

分类器模型设计是加密流量分类的最后一步，一般而言，模型的设计与特征的处理方法密不可分。对统计类特征往往使用传统机器学习算法，常见的有支持向量机和随机森林算法。

支持向量机是一类按监督学习方式对数据进行二元分类的广义线性分类器。除了进行线性分类之外，还可以使用核技巧有效地进行非线性分类，将其输入隐式映射到高维特征空间中。Muehlstein 等人[11] 使用 SVM-RBF 对加密流量进行分类，将径向基函数作为支持向量机的核函数，并对正则化参数和伽马参数进行调优，最终实现了操作系统平台、浏览器和应用分类。同样地，Al-Obaidy 等人[12] 也使用支持向量机算法进行了社交媒体应用分类。

随机森林可以被视为多个决策树组成的分类器，Lv 等人[13] 在随机森林算法的基础上进行了改造，提出了二次投票随机森林模型。假设有 5 种业务类型分类问题（假设类别为 A~E），类别之间两两交叉训练一个二分类模型，共计 10 个二分类模型。在测试阶段将流量特征输入到 10 个二分类模型中，得到 10 个分类结果后，选取票数最高的类别作为最终分类的结果，如图 5-6 所示。这种方法将多分类问题转化为多个二分类子问题，使每个训练好的模型专注于预测两个类别，提高了分类准确率和召回率。

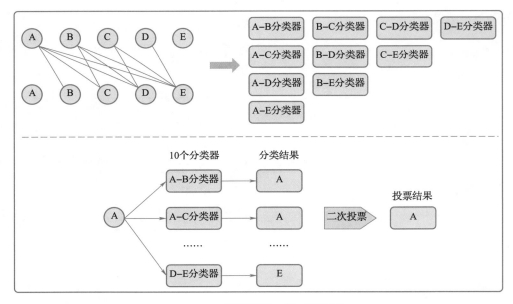

图 5-6　二次投票随机森林模型设计

虽然基于传统机器学习的模型在算法复杂度上占有一定优势且在特定数据集上表现优秀，但往往存在过拟合问题，难以在现实环境中使用，为此深度学习逐渐被用于解决加密流量分类问题。而在深度学习算法中，全连接网络（Fully Connected Neural Network，FC）、卷积神经网络（Convolutional Neural Network，CNN）和循环神经网络（Recurrent Neural Network，RNN）构成了其他深度学习架构的基础算法，在解决加密流量分类问题上被广泛使用。

CNN 是一种前馈神经网络，它的人工神经元可以响应一部分覆盖范围内的周围单元，对大型图像处理有出色表现。CNN 由一个或多个卷积层和顶端的全连通层组成，也包括关联权重和池化层。这一结构使卷积神经网络能够利用输入数据的二维结构。面向业务分类和应用分类的综合需求，Lotfollahi 等人[14] 提出了 Deep Packet 模型架构，该方法不需要提取特别的流量特征，而是依靠神经网络自动学习流量特征，在模型输入阶段只需要将加密流量规整到特定形状。使用一维 CNN 模型处理一维输入，经卷积和最大池化操作后进入三层全连接层，最终使用 SoftMax 分类器输出，其间同样采用 Dropout 操作解决过拟合问题，如图 5-7 所示。

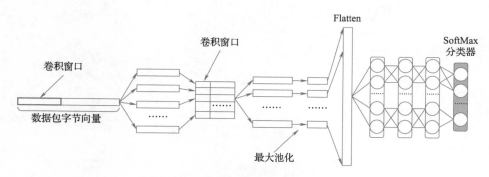

图 5-7　CNN 结构进行加密流量分类

长短期记忆网络（Long Short-Term Memory，LSTM）由 RNN 衍生而来，不同于传统的 RNN，LSTM 可以通过门函数对隐藏状态添加或删除信息，从而在长序列处理问题中保留重要信息。虽然 LSTM 在长序列的处理能力上高过 RNN，然而加密流量中超长序列依然有可能导致 LSTM 在训练过程中出现梯度爆炸和梯度消失问题，因此 Yao 等人[15]提出了一种基于注意力机制的 LSTM 模型。模型结构如图 5-8 所示，$\overrightarrow{\boldsymbol{h}}_i$ 和 $\overleftarrow{\boldsymbol{h}}_i$ 表示双向

LSTM 结构中的隐藏向量，α_i 则代表每个隐藏向量对应的注意力权重，c 表示最终输出的编码向量。注意力机制的计算与编码向量输出 c 的计算方法如式（5-1）~（5-3），其中 W_p，b_p，u_s 是在训练过程中确定的参数。

$$\boldsymbol{u}_i = \tanh(W_p h_i + b_p) \tag{5-1}$$

$$\alpha_i = \frac{\exp(\boldsymbol{u}_i^{\mathrm{T}} \boldsymbol{u}_s)}{\sum_j \exp(\boldsymbol{u}_j^{\mathrm{T}} \boldsymbol{u}_s)} \tag{5-2}$$

$$\boldsymbol{c} = \sum_i \alpha_i h_i \tag{5-3}$$

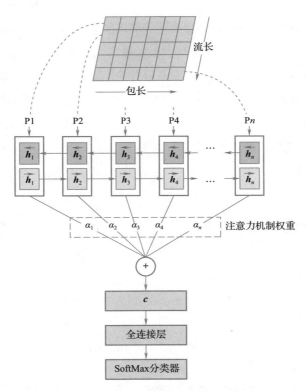

图 5-8　基于注意力机制的 LSTM 模型结构

除上述采用基本神经网络的模型外，还有一些研究者提出了较为复杂的组合模型用于加密流量业务分类和应用分类。Chen 等人[10] 结合 N-gram 模型与双向双层 GRU 构建长度敏感特征选择模型，提出了 LS-CapsNet。Liu 等人[16] 结合表示学习，提出了基于多层双向 GRU 模型的分类模型 FS-Net。这些组合模型充分利用加密流量蕴含的报文关联性特征，解决了通用分类问题的基本模型，在解决加密流量分类问题上更加专业。

5.2.4　加密流媒体 QoE 识别

QoE 是以用户的认可程度为标准的一种服务评价方法。据思科公司的 2020 全球互联网流量研究报告[17] 显示，近年间用户对于网络直播、在线视频播放等流媒体服务质量的需求不断攀升。因此，对于占比较高的流媒体流量进行 QoE 精确识别有助于视频服务商及时掌握用户体验情况，进而提升服务质量。

QoE 的影响因素直接关系到 QoE 的评价结果。林闯等人[18] 将 QoE 的影响因素分为服务、环境、用户 3 个层面，如表 5-3 所示。由于其影响因素类别和数量众多，目前对 QoE 的研究涉及计算机科学、心理学、社会学、统计学等多学科的相关知识和理论。

表 5-3　QoE 影响因素

服务	网络层	带宽、时延、丢包率、误码率、抖动等
	应用层	编解码类型、帧率、分辨率等
	服务层	应用级别、内容类型等
环境	自然环境	噪声、光照、是否移动等
	社会环境	文化风俗、社会观念等
	服务环境	软件、硬件环境等
用户	期望值	对服务或应用的期望值
	身心状态	心情、身体舒适度等
	个体背景	年龄、性别、文化背景等

QoE 的评价方法被分为主观评价方法、客观评价方法以及主客观结合方法。其中，QoE 的客观评价是 QoE 评价的重要组成部分，从网络流量中获取流媒体资源的 QoE 相关参数，进而推断 QoE 指标。

然而，加密化场景为 QoE 相关参数的识别带来了挑战。以视频流媒体业务为例，在传统非加密场景下，基于深度报文检测（Deep Packet Inspection，DPI）技术可以方便地从流量中获取视频大小、播放时长、码率等信息，进而计算或评估视频源质量、初始缓冲时延、卡顿时长等 QoE 关键性能指标。而加密流媒体的引入导致基于 DPI 的 QoE 评估方案无法获取到流媒体的参数信息，针对加密流媒体流量的 QoE 识别则旨在提取特征并分析加密流媒体 QoE 的相关参数，进而建模实现 QoE 等级评价，如图 5-9 所示。

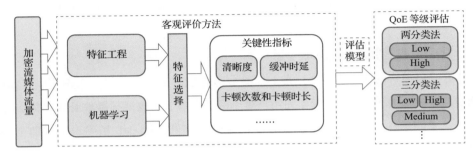

图 5-9　QoE 客观评价过程

面向移动网络应用场景，潘昊斌等人[19] 提出了一种针对 HTTPS 加密 YouTube 视频的 QoE 参数（传输模式、码率和清晰度）识别方法，先根据视频流初始的若干数据包含的 4 种特征识别自适应码流传输模式（HLS、DASH 和 HPD），再基于视频块统计特征建立机器学习模型，最终识别出视频块的码率和清晰度。

针对 QUIC 协议下的 YouTube 视频流量，Tisa-Selma 等人[20] 设计了 DSOM（Deep Self Organizing Map）机器学习模型，通过视频流量的各种统计特征，推断初始缓冲时延、视频质量等 QoE 指标。

目前对于 HTTPS 下加密流媒体 QoE 识别的研究大多面向 HTTP 1.1 over TLS，而不适用于 HTTP 2 协议下的加密流媒体。对此，Wu 等人[21] 将 HTTP 2 场景下的混合数据长度作为识别指纹，并提出 H2CI（HTTP 2 Chunk Inference）方法，从加密的视频流中精确恢复 Chunks 的原始长度，最终实现细粒度分辨率识别。

总体而言，目前加密场景下基于流量的流媒体 QoE 识别多针对某具体应用选取特征和构建识别模型，泛化性还不足。同时，流媒体服务商对 HTTP 2 协议的应用越来越广泛，对 HTTP 2 下加密流媒体 QoE 的识别是亟待解决的问题。

5.3　加密流量内容及用户行为分析

用户画像是互联网大数据时代下，通过数据建立描述用户的多维度标签。对于互联网厂商而言，准确的用户画像有助于针对不同用户提供个性化服务、满足用户需求、提高服务质量,同时有利于资源的整体规划,实现资源的精准分配。对于监管部门而言,用户画像是预防及阻止犯罪的有力手段,有助于发现潜在的恶意对象与活动,将危险扼杀在摇篮中。

在当今用户隐私与安全意识日益提高的背景下,加密流量内容分析与用户行为分析是构建准确用户画像的基础,具有深远的研究意义与重大的工程应用价值。

5.3.1　加密视频流量内容精细化识别

第 49 次《中国互联网络发展状况统计报告》[22] 显示,2020 年 12 月至 2021 年 12 月,以网络视频、短视频为代表的视频服务类的用户规模和网民使用率在各类互联网应用中稳居前三位。与此同时,视频服务商为了提供高安全性和强隐私性的网络服务,往往对传输数据进行部分加密或全部加密。因此,对于传输数据多、传播范围广的加密视频流量进行精细化识别是加密流量识别领域的重要一环,是网络内容传播监管的科学基础。

加密视频流量内容精细化识别的主要目标是在不解密报文信息的前提下,获取加密视频流量特征,并识别加密传输视频的内容标签。

传统的 DPI 技术通过针对不同的网络应用层载荷进行深度检测,以实现视频流量内容识别。但是由于加密视频流量的内容已高度加密化,难以获取有效载荷,因此传统的 DPI 识别方法难以用于加密视频流量的识别。

当前主流的加密视频流量内容精细化识别方法,是通过获取加密视频流量的传输特征或握手特征等,构建视频指纹库,并通过匹配识别算法,将待识别加密视频的指纹与已有视频指纹库中的视频指纹匹配,进而获取待识别视频的内容标签,其流程如图 5-10 所示。

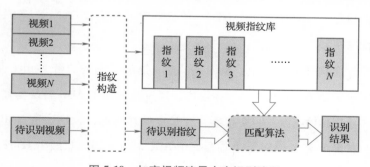

图 5-10　加密视频流量内容识别流程

为了使播放中的视频能够自适应调整，视频服务商采用 HTTP 自适应流媒体技术，典型的技术方案有 Apple 公司提出的动态码率自适应技术 HLS（HTTP Live Streaming）、MPEG 与 3GPP 联合提出的 MPEG-DASH（Dynamic Adaptive Streaming over HTTP）技术。

这些自适应流媒体技术，将完整的视频文件按固定时长切分为若干有序的视频 ADU（Application Data Unit），由于视频内容的差异性，ADU 的数据长度也不尽相同。如此，一个有序的 ADU 长度序列便构成一个加密视频流量的明文指纹，若干明文指纹的集合则构成明文指纹库。而实际传输时由于 TLS 等协议的封装，获得的加密传输数据长度要比 ADU 长度略大，这样有序的传输数据长度序列构成了一个加密视频流量的传输指纹，若干传输指纹的集合则构成密文指纹库。明文指纹与传输指纹的构成如图 5-11 所示。

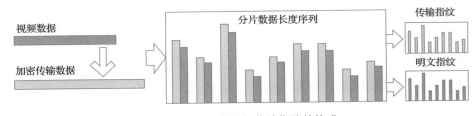

图 5-11   明文指纹与传输指纹的构成

加密视频流量精细化识别的过程就是基于匹配识别算法，将待识别的加密视频流量的传输指纹与已有的视频指纹库匹配。当匹配算法的评估误差在允许的范围内，就可以认为该加密视频流量指纹与已知视频指纹匹配。

现有的加密视频流量精细化识别研究聚焦在构建匹配识别算法和视频指纹库。在匹配识别算法的研究上，KNN[23]、CART[24] 等机器学习算法和 CNN[25] 等深度学习算法被广泛用于加密视频流量精细化识别中。

在视频指纹库构建的研究上，Reed 等人[26] 提出了识别加密 Netflix 视频的方法，利用代理获得视频描述信息构建明文指纹库，通过提取加密 ADU 特征构建传输指纹以进行识别。考虑到传输指纹与明文指纹存在长度偏移问题，识别加密 Netflix 视频的方法将匹配窗口扩展为 30 个 ADU，并简要修正 ADU 特征，以尽量减少 HTTP 头部和 TLS 协议开销的影响。

此后，该领域在 Reed 论文的基础上又相继提出使用有限状态机进行视频识别的方法[27]，以及从侧信道识别视频的方法[28] 等，但大都存在对匹配结果的评价指标不够全面、测试指纹库较小等问题，无法证明算法在大型指纹库等实际场景下的通用性。

吴桦等人[29] 提出了一种对加密视频 ADU 指纹的精准还原方法，用于修正加密视频 ADU 的传输指纹，使修正指纹更接近明文指纹，在大型指纹库场景下取得了较好效果。具体来讲，吴桦等人提出了基于 HTTP 首部和 TLS 片段 HHTF（HTTP Head & TLS Fragmentation）的 ADU 长度还原方法，通过提取采集到的明文数据长度信息，将生成的 ADU 明文字典作为标签，将密文的传输长度等相关特征作为输入数据，构建并训练精准复原 ADU 长度的机器学习回归模型。通过该模型获得修正指纹后，采用 k 段匹配方法（即如果修正指纹中有连续 k 个 ADU 与明文指纹的连续 k 个 ADU 长度和顺序都一致，则视为匹配成功）实现对加密视频内容的精细识别，如图 5-12 所示。

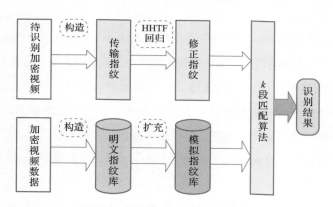

图 5-12　HHTF k 段匹配识别过程

当前针对加密视频流量识别的研究仍然主要针对基于 TLS 的 HTTP 1. X 协议，且存在识别精度不够高、识别粒度不够细、识别算法计算复杂度较高、视频指纹库不够充分等问题。对于正逐步普及的 HTTP 2 协议和 QUIC 协议等，其机制复杂程度更高、混淆性更强，因此如何在新一代流媒体协议下实现加密视频内容精细化识别将是未来的研究重点。

5.3.2　基于网页指纹的加密网页识别

最近几年 Web 服务飞速发展，在给人们工作生活带来极大便利的同时，也引发了许多隐私泄露的问题。因此互联网隐私保护技术越来越受到重视，主要措施包括加密通信和匿名访问。加密通信协议从最初的 SSL 1.0 发展到 TLS 1.3，并成功应用于 HTTPS 中。尽管加密通信协议不断升级改造使网页访问中的明文传输数据越来越少，但是访问过程中产生的网络流量仍会暴露使用者的意图，例如报文元数据、上下文流数据、信元元数据等信息可以形成网页指纹（Webpage Fingerprinting，WF）。根据用户实际使用网页的场景情况，基于网页指纹的加密网页识别方法，可以被分为面向单标签的加密网页指纹识别和面向多标签的加密网页指纹识别[30]。

1. 面向单标签的加密网页指纹识别

面向单标签的网页指纹识别，认为用户使用浏览器每次仅会访问一个页面，即只打开单个标签页。基于此场景下的网页指纹识别方法可以被细分为基于统计的方法、基于传统机器学习的方法和基于深度学习的方法。

（1）基于统计的识别方法　早期的研究将加密网页指纹识别视为匹配问题，从浏览器与代理中分离出 Web Objects，使用 Web Objects 的大小和数量计算 Jaccard 相似系数，以此衡量被监视页面与普通页面产生网络流量的相关性，从而识别出被监视页面[31]。

（2）基于传统机器学习的识别方法　通过传统的机器学习方法，如朴素贝叶斯、SVM、随机森林、KNN 等，进行加密网页指纹识别，首先要收集被监视网页的访问流量，从中构造流量特征来训练分类器，然后输入被捕获的用户访问流量，即可判断用户访问了哪个被监视网页。这种识别方法的核心在于流量特征的构造，常见的流量特征构造方法如下：

1）基于报文长度序列构造特征。这种构造方法一般将以客户端为基准的上行报文和下行报文长度分别设置为不同的初始值，然后累加长度形成长度序列。以累加报文个数为横轴，以累加长度为纵轴，在累加长度值关于累加报文个数的曲线上采用分段线性插值的方法插入 n 个点，这 n 个点的纵坐标就是特征向量[32]。除此之外，还有研究是将长度累加序列以 m 为间隔进行划分，获得一系列子区间，统计落在每个长度区间的报文个数 k，找到最大报文个数 k_{max} 所在的长度区间，以该长度区间的端点值为输入计算散列值 h，(k_{max}, h) 即特征向量[33]。

2）基于报文时间序列构造特征。报文填充技术的产生让基于报文长度序列构造特征识别加密网页的方法的有效性大打折扣，甚至失效。由此引发了人们对基于报文时间序列构造特征来识别加密网页方法的研究。对上行和下行链路上的报文分析加密隧道的时间，可以构建基于时间序列的特征向量[34]。

（3）基于深度学习的识别方法　通过深度学习方法，如 SDAE（Stacked Denoising AutoEncoder，堆叠降噪自动编码器）、CNN、LSTM 等，可以使用特征提取网络自动提取特征，而不再需要通过特征工程手动构建特征[35]。目前针对 CNN 应用于加密网页指纹识别的研究工作较多，有的研究使用 CNN 提取特征并使用全连接层作为分类网络构建了分类器[36]；有的研究在基于 CNN 自动提取特征的基础上，还使用了一些手动构建的特征，可以增强网页指纹识别方法对报文总数、报文长度、传输时间等信息的利用能力，提升了识别方法的可解释性以及抗干扰的能力[37]。尽管相较于传统的机器学习识别方法，基于深度学习的识别方法普遍具有较高的网页指纹识别效果，但是这种方法的训练成本偏高，需要大量样本数据的支持，导致往往需要花费大量时间来收集和训练数据。

2. 面向多标签的加密网页指纹识别

在面向多标签的网页指纹识别应用场景中，用户每次使用浏览器时会打开多个标签页同步访问。这种情况下由于多个标签页的访问流量叠加，面向单标签的网页指纹识别通常会失效。解决这一问题通常需要两步，首先对多个标签页的访问流量进行分割，然后设计分类算法对分割完的网页流量进行分类。

（1）流量分割算法　目前主要有两种流量分割算法。第一种，尽量让猜测的流量分割点与真实的距离不超过规定的报文数目[38-39]。第二种，把长度为 L 的流量记录为许多长度为 l 的小段，如果猜测的流量分割点与真实的流量分割点位于同一小段上，则认为分割正确[40]。

（2）流量分类算法　由于分割后的流量会存在缺失和重叠 2 种干扰，多标签网页指纹识别场景下的分类算法往往要具备更强的抗干扰能力。目前一种分类效果较好的算法采取了分治思想，将每个页面的流量拆分为一些固定长度的小段，分别对每一小段进行分类，统计小段的分类结果即得到了整段流量的分类结果[40]。尽管该方法可以有效地提高分类准确率，但是就第 1、2 个页面而言，识别准确率还是远远低于单标签的加密网页指纹识别方法，这也说明了面向多标签的加密网页指纹识别方法是目前的研究难点。

5.3.3 加密流量用户行为识别

在"后疫情时代",人们对于网络的依赖更加严重,网上办公、网上学习、网上交流等成为后疫情时代的热门活动。相较于粗粒度的业务与应用分类,更细粒度的用户行为识别的需求显得越发迫切,其为更加精细、准确的用户画像提供了技术支撑,并提升了有关部门对于信息庞杂的互联网的监管能力。

在用户行为识别领域,目前的研究主要从浏览器与移动端应用两方面开展:前者聚焦于用户在使用浏览器时进行的操作;后者则关注集成了多种功能的移动端应用,使用机器学习与深度学习等方法,对用户行为进行识别与区分。

当前市场上,各类移动端应用层出不穷,功能更是丰富繁多。用户行为识别是基于不同应用的不同功能进行时,以机器学习与深度学习为主的研究方法,对从数据集构建、特征选取到模型训练都提出了要求。在这个先前缺乏关注的前沿领域,不同的研究者针对不同的应用与功能,展开了研究。

有研究者针对 Gmail 等数款 Android 平台应用,提取报文长度与时间序列特征,利用随机森林对应用内功能进行分类[41]。类似的方法被应用于浏览器操作行为的识别[42]。为了获取具有更高准确性与泛用性的识别结果,研究者对机器学习与深度学习的模型,以及选取的统计学特征进行了比较与优化。

微信、Instagram、Facebook 等流行的社交应用因为用户数量众多、集成功能复杂等原因,受到了极大的关注。为了从互联网海量加密流量中提取出不同应用与功能对应的流量,WHOIS 与 SNI(Server Name Indication)均被研究者纳入考虑范围[43-44],然而其本质仍然是明文字段的查询与匹配,存在失效的风险。

此外,作为机器学习与深度学习的基础,也有少量研究关注了标签数据集的构建。Wei 等人[45] 基于 Android 系统网络层、操作系统层与用户层的不同特性,构建多层次的 Android 应用分析系统,通过记录与重放用户行为,生成足够的流量数据,以用于后续研究分析。为了达成同样的目标,有研究者提出启发式的 UI 路径生成方法,实现了在模拟器中自动运行应用,并自动探索应用的使用方法,从而模拟用户操作,产生网络交互[46]。

整体而言,对用户行为识别领域内的研究十分匮乏,受限于应用与其提供的功能,以及应用版本的高速迭代，该领域内的研究仍具有广阔的探索空间。

5.4 加密恶意流量分析

随着网络中加密恶意流量数量增加[47]，如何快速高效地在网络流量中识别出加密恶意流量是亟待解决的问题。本节将在介绍加密恶意流量特征和使用的混淆技术的基础上，进一步介绍针对恶意软件和恶意攻击产生的加密流量的分类和识别研究。

5.4.1 加密恶意流量检测

Gartner 报告[47] 指出，2020 年为止全球超过 70% 的恶意软件通过使用某种类型的加密协议来隐藏传送、命令、控制或泄露数据等活动，而 60% 的组织将无法有效检测蕴藏在加密流量中的恶意流量。Zscaler 公司 2020 年加密攻击报告[48] 显示，基于安全套接字层的威胁增加了 260% 以上，使用加密的勒索软件增加了 500% 以上。因此，如何在网络加密流量中检测出恶意流量已经成为网络安全领域亟待解决的问题。恶意代码是一种用于实现攻击者有害目的的计算机程序，包括干扰计算机正常运作，窃取用户的私密信息，控制用户主机发起 DDoS 攻击等恶意活动。恶意流量是恶意代码进行通信产生的网络流量；加密恶意流量指利用恶意代码在发生攻击活动时为逃避安全产品和安全人员的检测而使用加密通信技术产生的流量。

加密恶意流量检测目标是在普通加密流量中检测到 DDoS、APT、Botnet 等恶意流量。常规加密流量检测技术相对而言比较成熟，多利用加密数据随机分布带来的数据高随机性、高熵值的特点实现在网络流量中对常规加密流量的检测目标。与常规加密流量检测相比，加密恶意流量检测的难点主要表现为以下 3 点：

①攻击者常常利用流量混淆技术，例如将恶意流量的特征伪装成正常流量的特征，增加检测的难度。

②数据集严重不平衡，恶意流量远远小于正常流量，可能产生训练不充分的问题，从而影响检测精度。

③检测错误代价大，因此对检测精度要求更高。

流量混淆技术是一种使目标流量被置于观测流量中而无法被识别的方法。恶意流量往往会使用流量混淆技术来达到躲过网络监测的目的。目前常见的流量混淆技术按实现原理主要分为 3 类[49]：

（1）随机化流量混淆　利用加密、随机填充、随机时延调整、位运算等方法随机化目标流量特征字段、字符和部分流量统计特征等信息，使观察者难以从观测流量集中识别目标流量的状态称为随机化流量混淆。

（2）拟态流量混淆　利用正则表达式转换、借用连接等方法，辅以加密、填充等技术，将目标流量特征转变为样本流量特征，使观测者难以从观测流量集识别目标流量的状态称为拟态混淆。

（3）隧道流量混淆　将目标流量报文封装进正常流量报文的加密负载中，使观测者难以从观测流量集识别目标流量的状态称为隧道流量混淆。

5.4.2　面向加密流量的恶意软件分类

随着加密安全通信技术的持续发展，恶意软件通过加密等混淆技术来隐藏流量特征的方式越来越常见。同时，各种变形技术和恶意代码自动生成工具的发展，导致出现一大批新的恶意代码变体来规避恶意代码检测。虽然恶意软件及其变体花样百出，但是恶意软件家族的本质大体是一致的，同一个恶意软件家族在恶意代码执行过程中表现出一定的相似性，因此对恶意软件家族的分类与识别也变得至关重要。目前使用加密通信的恶意软件家族超过 200 个，可以说使用加密通信的恶意软件几乎覆盖了所有常见类型，如特洛伊木马、勒索软件、感染式病毒、蠕虫病毒、下载器等，其中特洛伊木马和下载器类的恶意软件家族占比较高。然而，现有的探针、安全软件等主要针对非加密恶意流量进行检测和识别，对于加密的恶意流量识别研究则较少。因此，如何对加密流量中的恶意流量进行分类和识别成为网络安全领域亟待解决的问题。本节主要介绍面向加密流量的恶意软件分类研究，主要分为基于流量分析的分类方法和基于深度学习的分类方法。

（1）基于加密流特征的分类方法　由于加密只会影响数据内容而不会改变流量的统计特征，例如 TLS 头部字段中的 IP 地址和端口号、数据流的总字节数、报文大小、时间间隔等统计特征信息，因此该方法利用上述信息作为识别恶意软件流量的特征，基于流的特征对恶意软件产生的加密恶意流量进行分析，实现对加密恶意流量分类的目标。本节介绍以下 3 种基于流量分析的分类方法：

①从加密流量中的非加密部分检测出关键信息进行静态分析的检测。比如可以通过计算载荷中的熵值来区分加密恶意流量；对于 TLS 加密流量而言，其头部字段是未被加密的，因此可以通过分析 TLS 协议头部字段中的一些参数来推断流量的性质，从而对加密流量中恶意软件进行检测分类。

②由于加密操作不会改变 TLS 头部字段的端口号，因此对于采用 TLS 协议加密流量的恶意软件的检测分类，可以通过检查流量报文的源端口号和目的端口号，根据网络协议或者应用在通信时使用的端口号规则并与之映射，从而对不同的恶意软件应用进行识别。

③恶意软件在进行一次恶意攻击产生的流量序列中必然会有一段或者多段关键序列，其仍然保留恶意攻击的相关特征，类比生物基因学的同源分析，同源的基因序列通常通过核心基因片段来分析其所属的基因家族。因此可以通过对加密流量序列中那些仍然保留恶意攻击特征的关键序列进行分析，检测包含攻击流量的子序列，从而识别不同恶意软件产生的流量，以此来实现对恶意软件攻击的检测分类。该检测方法能够应用于不同通信协议下的网络流量检测，不受协议类型局限，具有广泛的应用场景。

（2）**基于深度学习的分类方法**　使用深度学习方法对加密流量中的恶意软件产生的流量进行分类时，首先要提取相关通信样本的若干特征，然后根据特征属性、特征与类别的相关性对数据进行预处理，最后生成一个以不同网络数据流为列向量、数据流的不同特征为行向量的特征矩阵，以供后续模型训练。在对样本进行特征提取后，处理提取到的特征，采用合适的分类学习算法作为分类器对这些特征数据进行学习训练，训练出具有检测多种类型攻击的分类模型，从而实现基于加密流量的恶意软件检测分类。

目前已经存在较多基于深度学习的方法来实现加密流量中恶意软件分类的研究，例如，Prasse 等人[50] 提出了使用 LSTM 对 HTTPS 的可观察信息部分进行恶意软件分类的方法，并研究开发了基于 LSTM 的恶意软件分类模型。该模型使用 HTTPS 流量的握手阶段信息，能够识别网络流中大部分恶意软件（包括部分未知恶意软件）。Anderson 等人[51] 深入分析了 18 类恶意加密软件流量的特征，对恶意软件产生的加密流量中的敏感字段进行了总结，并使用线性回归、决策树、随机森林、SVM 和多层感知器等多种机器学习算法对这些字段进行训练，从而使用训练生成的分类器检测恶意软件产生的加密流量。实验结果表明随机森林算法具有更高的准确率。针对标签数据不充足的情况，Gu 等人[52] 提出了一种不依赖于协议的僵尸网络检测方法，独立于僵尸网络的命令控制式（Command and Control，C&C）协议和结构，从主机之间的通信行为特征和单个主机表现出的恶意行为特征两个维度检测僵尸主机。实验结果表明，该方法能够区分使用不同网络协议的僵尸网络。

5.4.3　面向加密通信的恶意攻击识别

常见的恶意网络攻击包括 DDoS 攻击、僵尸网络（Botnet）、钓鱼攻击等。随着加密流量通信技术的广泛应用，网络流量加密逐渐成为一种通信标准。加密方法的普及和门槛的降低，使越来越多的网络攻击开始使用加密方法隐藏恶意攻击，如 C&C 通信、后门程序以及数据泄露等，都可能通过加密手段来实现。目前恶意网络攻击中使用加密方法的有僵尸网络中加密的 C&C 通信、加密的远程访问木马（Remote Access Trojan，RAT）攻击和加密货币挖矿等[53]。针对以上加密恶意流量识别的方法如下：

（1）**僵尸网络中加密的 C&C 通信**　僵尸网络是指攻击者通过利用网络协议漏洞、暴力破解等手段控制网络上大量主机，形成僵尸网络。僵尸网络控制者与僵尸网络之间通过加密的 C&C 通信传递命令和控制信息。攻击者利用僵尸网络发动拒绝式服务攻击、窃取用户信息[54]。针对僵尸网络中加密的 C&C 通信的检测方法有很多。例如，在基于特征提取和深度学习的识别方法中，对僵尸网络中的加密 C&C 通信的报文特征进行分析，提取出有代表性的特征，如 DNS 域名、时序特征、密文特征等。再通过 Word2vec模型将密文十六进制字符表示为向量，以完成加密流量的向量化表达，并采用多窗口卷积神经网络提取加密 C&C 通信模式的特征，实现加密 C&C 通信数据流的识别与分类[55]。

（2）**加密 RAT 攻击**　RAT 建立了秘密的到攻击者的反向连接，并通过此连接窃取中毒主机的私人数据或传递黑客命令执行特定操作[56]。RAT 由客户端和服务器端两个独立的部分组成，这两个部分通过互联网相互通信。黑客通过包含木马病毒或者病毒连接的钓鱼电子邮件将客户端秘密地安装在被攻击的计算机上，并通过客户端远程接收黑客的命令。而服务器部分位于黑客一侧，负责向被攻击的计算机发送控制命令和接收敏感数据。对加密的远程访问攻击的识别方法是，通过分析远程访问木马的活动过程，比较合法活动与加密的远程访问密码活动之间的差异，提出多个典型的特征，如表 5-4 所示。

表 5-4　加密的 RTA 攻击的典型特征

特征	含义
输出字节比	表示平均出站字节与入站字节的比值
PSH 标志比	具有 PSH 标志的报文数与会话报文数的比值
早期报文编号	表示会话早期阶段的报文编号
心跳标志	表示会话是否有心跳报文

其中，输出字节比用来表示平均出站字节与入站字节的比值；PSH 标志比用来表示具有 PSH 标志的报文数与会话报文数的比值；早期报文编号用来表示会话早期阶段的报文编号，阶段时间阈值可以设置为 1 秒；心跳标志是用来表示会话是否有心跳报文，是一个值为 0 或 1 的布尔值。利用以上典型特征，使用多种机器学习方法，如 KNN、朴素贝叶斯、逻辑回归、支持向量机、随机森林和决策树等，可达到较好的识别效果。

（3）网站钓鱼攻击　如今大多数网络浏览器都通过判断访问的网站是否基于 HTTPS 而决定提示用户该网站是否安全，通常会在 UR 栏显示绿色的带锁符号，用以表示该网站使用了 HTTPS。但是这种表示方式也会给用户带来误解，使他们以为访问的网站很安全，从而成为钓鱼网站的受害者。利用深度神经网络识别恶意使用 Web 证书的方法通常是，首先观察网络钓鱼证书是否不同于合法网站的证书，并将不同之处编码成矩阵，然后利用 LSTM 或其他机器学习方法对特征进行学习，以达到较为理想的识别结果[57]。

5.5　VPN、匿名网络、区块链网络加密流量分析

特殊网络是指与传统的客户端/服务端（Client/Server，C/S）结构不同或者使用特殊技术、工具形成的网络。这类网络比传统网络更高效、隐蔽，目的性更强，难以用传统方法监管，从而带来了一系列管理和安全问题。传统流量检测技术不能有效应对特殊

网络的流量检测面临的问题，因此，本节将重点分析 VPN 流量、匿名网络以及区块链网络加密流量。

5.5.1 VPN 工具分类与协议识别

虚拟专用网（Virtual Private Network，VPN）是指使用加密和访问控制技术在公共网络中建立的专用通信网络。任何两个节点之间的连接都没有传统专用网络所需的端到端物理链路，而是由公网的某些资源动态组成。虚拟专用网络对客户端来说是透明的，用户使用专用线路进行通信，其原理如图 5-13 所示。根据 VPN 网络的应用，可以把VPN 分为三类：远程接入 VPN、内联网 VPN、外联网 VPN。然而，被 VPN 工具掩盖的流量失去了原有的报文头部信息、流量侧信道特征信息，为网络监管带来了新的挑战。

图 5-13　VPN 原理示意图

1. VPN 流量检测

针对 VPN 网络流量检测，可首先采用滑动重缩放范围微分（DSRR）的流量预处理方法来区分加密和未加密的流量，基于流的功能部署 DSRR，然后使用随机森林模型区分 VPN 与非 VPN，该方法在 ISCX VPN-nonVPN 数据集上获得了 97% 的精度和 96% 的召回率[59]；可以通过使用 Apache Spark 和人工神经网络上的时间相关特征对 VPN 网络流量进行分类，使用 ANN 和 Apache Spark Engine 的 VPN 分类准确率为 96.76%，非 VPN分类准确率为 92.56%[60]；还可以通过顺序卷积神经网络的侧信道攻击，使用从 You-Tube 服务器到客户端计算机的流量中获得的每秒连续字节序列（BPS），并将其用作识别视频的独特特征，该方法在非 VPN、VPN 和 VPN 混合流量中，准确率分别为 90%、

66%和 77%[61]。

2. VPN 工具分类

VPN 的主要功能是在公用网络上建立专用网络，从而进行加密通信。其按照代理协议和业务类型的分类分别如表 5-5 和表 5-6 所示。

表 5-5　VPN 工具业务分类表

VPN 工具类型	VPN 工具	特点
校企 VPN 工具	AnyConnect、EasyConnect	只可以对内网进行快速链接，但是不具备连接外网的能力
跨境 VPN 工具	中国联通、中国移动、中国电信、中国广电推出的 VPN 工具	具备国际通信业务经营资质，通过国际通信出入口局认证
风险 VPN 工具	天行 VPN、GreenVPN、蜗牛 VPN、快喵 VPN、超速加速器、熊猫超级 VPN、快马加速器、VPN 神器、非凡 VPN、绿豆 VPN、超人 VPN、5VPN、Snap VPN、极速安全 VPN、蝙蝠 VPN 等[62-63]	非法 VPN 工具。通过私自架设服务器的方式使用匿名代理协议连通国内外服务器

表 5-6　部分常见 VPN 工具表

VPN 工具名称	特点
V2Ray	利用 Golang 自研加密传输协议（VMess 协议）封装原始流量。客户端可以在会话期间直接将加密数据传输到代理服务器，无须协商
Shadowsocks	将原来 SSH 创建的 SOCKS5 协议拆分成服务端和客户端，其通信过程与 SOCKS5 相近
ShadowsocksR	Shadowsocks 升级版。特点在于流量中没有握手报文，直接将加密数据伪装成 TCP、HTTP 和 TLS 流量的负载，因此无法将其与标准 TCP、HTTP 及 TLS 流量进行区分[63]
Trojan	与强调加密和混淆的 SS/SSR 等工具不同，Trojan 将通信流量伪装成互联网上最常见的 HTTPS 流量，从而有效防止流量被检测和干扰
AnyConnect	通过使用数据报传输层安全性（DTLS），为基于 TCP 的应用程序以及对时延敏感的流量（例如 VoIP）提供优化连接
EasyConnect	提供基于 URL 授权的细粒度访问权限控制，将 SSL 与业务系统的账号做唯一绑定，目的是防止内部用户越权访问

3. VPN 协议识别

安全代理旨在公共开放的网络环境下为用户提供匿名保护。不同的代理协议下产生的流量具有不同的行为特征[64]，并且不同代理协议下的流量数据细节不同。举例如下：

（1）**Shadowsocks（SS）识别**　在工作方式方面，SS 与其他代理工具相同。但与其他代理工具不同的是，其可以保护客户端和代理之间的流量免受防火墙或任何其他潜在对手的影响。由于 SS 协议不会主动混淆流量，所以其在 TLS 连接下握手、定时、报文方向等流量特征仍然存在，该特点可以作为识别 SS 协议的指标。

（2）ShadowsocksR（SSR）识别　流量可将提取时间、报文长度、负载、报文头 4 个维度特征作为伪装性强的加密流量特征[62]。可通过基于 GOSS 算法的机器学习模型输出得到流量所属端口，如果是 443 或非 80 端口，则判定其为 Shadowsocks 流量。为识别 SSR 的 HTTP 和 TLS 伪装流量，可通过提取流和报文的时空特征、HTTP 特征和 TLS 特征进行分类学习，基于 DART 算法对 SSR 伪装流量和背景流量进行有监督的机器学习分类。该方法对 SSR 伪装流量具有良好的识别效果。

（3）GoQuite 识别　其本质上隶属于 TLS，可以将来自客户端的流量混淆为正常的 HTTPS 流量。其特性是 TLS 握手部分的数据流表现出明显的 SS 特征，该特点可作为识别指标。

（4）GOST 识别　结合 Tl 协议及 Shadowsocks 协议，在双重加密下传输的数据量会比普通数据量大，导致网络时延迟，实际场景中可以将此特点作为识别指标[65]。

（5）VMess 识别　其具有不会对流量进行混淆操作，也不会对网络流量特性进行修改的特点。例如在 TLS 流量下，握手信息加密但其报文的方向、大小、时序等信息均不会发生改变，该特点可作为识别指标。Zhang 等人[65] 提出可将 IP 代理（IP 代理行为就源端而言，会引起流量聚合，并影响一个时间窗口内的流量相关性）和数据加密行为（对于数据加密行为，使用第一个有效载荷的信息熵和可见字符的比值对其进行量化，其中 VPN 加密代理流量显示为加密的 TCP 头，没有任何明文标头，既不包含握手过程又不携带明文头，而 SSH 流量不具备该特征）作为行为特征，可通过机器学习模型提取被检查流的行为特征并识别 VMess 协议下加密代理流量。该方法的精度可以达到 99.89%。

总体而言，SS 和 SSR 协议的特点是不会主动混淆流量；GoQuite 的特点是 TLS 部分表现出明显的 SS 特征并且会将客户端流量混淆为正常的 HTTPS 流量；GOST 的特点是其为多协议下产出的一项 VPN 协议，数据量大；VMess 的特点是不会混淆流量并且也不会修改网络特性。目前的研究中，识别具体工具或协议的方法大多类似，基本上都是首先提取指定的特征或者行为，然后深度学习或者机器学习模型训练并进行识别。

以上协议使用存在于网络流量的侧信道信息中的不同加密策略，但在特定情况下，相同的加密协议会导致仅仅通过加密策略进行分类的方法失效。根据以上协议分析可知，不同 VPN 协议下的网络流量具有不同特点，可通过在侧信道支撑下，抓取客户端和服务端之间的报文并预处理提取单位数据（例如网站数据），得到包含更多的有效数据信息数据集的输入信息，并基于神经网络模型自动提取有效的数据特征后构建训练器，如 CNN、GOSS 算法等，在监督学习下完成 VPN 流量检验以及协议分类。例如，唐舒烨等人[66] 提出可直接提取各 VPN 工具密钥协商阶段的流量特征，例如流量连接特性特征、IP 报文字节序列特征以及密钥协商时间序列特征等，通过自组建 GBDT-LR 模型进行协议分类，该方法可以对 VPN 工具中的 VMess 协议、Socks5 协议和 Shadowsocks 协议进行识别。

5.5.2　匿名网络间的分类与识别

匿名通信是一种通过采用数据转发、内容加密、流量混淆等措施来隐藏通信内容及关系的隐私保护技术。为了提高通信的匿名性，这些数据转发链路通常由多跳加密代理服务节点构成，而所有节点构成了匿名通信系统（或称匿名通信网络）。匿名通信系统本质上是一种提供匿名通信服务的覆盖网络，可以向普通用户提供 Internet 匿名访问功能以掩盖其网络通信源和目标，向服务提供商提供隐藏服务机制以实现匿名化的网络服务部署[67]。

目前较为流行的匿名网络有 Tor、I2P 和 Freenet。下面介绍这 3 种匿名网络的分类与识别方法。

1. Tor 流量的分类与识别

Tor（The onion router，洋葱路由），是目前应用最广泛的匿名网络。其通过使用多跳代理机制对用户通信隐私进行保护：客户端会选择一系列节点建立 Tor 链路，链路中的节点只知道其前继节点和后继节点，不知道链路中的其他节点信息。在数据传输过程中，客户端对数据进行层层加密，由各个中继节点依次解密，如图 5-14 所示。中继节点和目的服务器无法同时获知客户端 IP 地址、目的服务器 IP 地址以及数据内容，从而保障了用户隐私。另外，Tor 演变出更多隐藏连接并绕过封锁的技术，例如混淆技术。

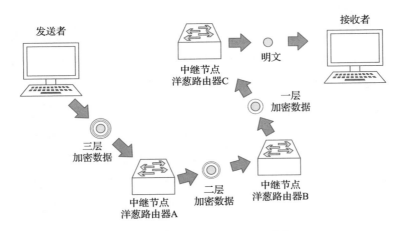

图 5-14　Tor 数据传输原理示意图

针对 Tor 流量的分类与检测识别方法如下：

（1）基于 TLS 指纹的识别方法　基于 TLS 指纹的识别方法是从密码套件、数字证书中抽取 Tor 流量的 TLS 指纹特征。这种方法仅需分析 TLS 流量中 Client Hello，Server Hello，Certificate 报文，识别速度快，适用于在线识别。但如果密码套件、数字证书等特征发生改变，该识别方法需同步做出改变。

（2）基于报文长度分布的识别方法　这种方法能有效解决基于 TLS 指纹的识别方法鲁棒性不足的问题，采用支持向量机分类算法判断待识别流的报文长度分布是否满足 Tor 流量的分布特征。这种方法需要有前期学习过程，增加了方法的实施复杂度，并且在线识别时需统计一定数量的报文，因而与基于 TLS 指纹的识别方法相比，该识别方法识别速度较慢，但具有通用性[68]。

（3）基于网页指纹的识别方法　这种方法又可以细分为基于统计的方法、基于传统机器学习的方法和基于深度学习的方法。生成网页指纹的典型特征一般有 TCP/IP 报文元数据、上下文流数据、信元的元数据等[69]。

2. I2P 流量的分类与识别

I2P（Invisible Internet Project，隐形网计划）是一种使用单向加密隧道的 P2P 匿名通信系统，采用俗称大蒜路由的扩展洋葱路由技术，相较于 Tor 更具有隐蔽性和安全性。对 I2P 流量的识别可以从 I2P 的传输层协议 NTCP 出发。NTCP 协议具有严格的消息格式，NTCP 连接建立阶段的连接报文存在明显的长度序列模式，并且 I2P 数据流载荷长度、数据流确认时间等特征也具有明显的区分性。基于以上特征对数据流进行匹配过滤，可以实现 I2P 网络流量的识别[70]。

3. Freenet 流量的分类与识别

Freenet 是一个分布式的匿名信息存储和检索系统，为用户提供文件上传、下载和检索服务，并保证上传者和下载者的匿名性。针对 Freenet 流量的识别，可以首先根据 Freenet 流特征对流经边界路由器的流量设定阈值进行初步过滤，然后对过滤后的流量进行分类处理，基于报文长度、流时间间隔等特征采用机器学习的方法进行流量分类[71]。

4. 匿名网络间的分类与识别

除了解决一段网络流量中是否含有某种匿名网络流量等二分类问题，目前也有旨在解决多种匿名网络间多分类问题的研究，分类粒度可以细化到用户行为级别。这里的用户行为可以是浏览、聊天、发电子邮件、听音频、看视频、传输文件等。基于时间相关的流量特征，采用机器学习、深度学习算法训练出来的多层次分类器可以确定流量是不是匿名网络流量，并确定匿名网络类型，从而预测用户的行为[72]。

5.5.3　区块链网络的分类与识别

区块链是一种新兴的分布式数据库技术，具有去中心化、不可篡改性、可追溯性与数据一致性等特点，能够被用于解决不受信任环境中的数据管理问题[73]。自比特币诞生以来，作为其核心技术的区块链受到了世界的广泛关注。随着互联网及其基础设施的快速发展，区块链在金融、物联网、公共服务等诸多领域都具有广阔的应用前景[74]。近年来，区块链技术高速迭代，主要分为 3 个发展时期[75]：

①以比特币等加密货币为代表的区块链 1.0 时代。

②以以太坊等智能合约平台为代表的区块链 2.0 时代。

③进入社会治理领域后，与诸多基础行业等结合的区块链 3.0 时代。

现如今，区块链的潜力已得到广泛的认可与深入的挖掘，成为近年来学术研究与工程应用的热门领域。

与传统网络相比，区块链广泛地采用了加密与匿名技术，使对区块链及其用户的监管成为难题。以太坊引入私有加密协议，对应用层数据进行打包与加密，使传统的加密流量分类方法难以适用[76]。区块链采用 P2P 架构，点对点地在不同用户之间形成连接与网络，使其更容易遭受恶意攻击。基于区块链的去中心化应用（Decentralized Application，DApp）同样运行于对等网络，而不再采用传统的 C/S 架构，取消了中心服务器与数据库，并将参与者的信息与数据均以加密形式存储于区块链中。

目前，在区块链领域的加密网络流量研究仍然十分匮乏，主要关注的是以下内容：

1. 比特币流量识别

因为比特币消息具有特定的报文内容与格式，所以识别未加密的比特币流量不具有任何难度。而在实际应用中，为了规避网络审查，用户大多采用 VPN、SSH、Tor 等加密工具传输比特币，以掩盖或混淆比特币流量。然而，尽管比特币流量采用 Tor 等加密隧道进行传输，其流量模式如速率、时间、报文大小等仍然具有独特性。这是由于比特币的对等方会发送特定类型的消息，其分布、大小、流量形状等特征，使得易于区分比特币流量与其他协议流量。Rezaei 等人[77] 基于此类特征构建的分类器，能够在 Tor 等加密隧道的基础上，或在与其他背景流量进行混合时，有效识别比特币流量。

2. 以太坊流量识别

相较于传统的加密流量识别，以太坊拥有特殊的私有加密协议，使其通信过程中的 TCP 与 UDP 报文均存在一定的相似性[76]，研究者根据这些相似的内容进行特征提取，基于活跃节点库对以太坊流量进行识别。但该领域内的研究稀缺，亟待寻找更多识别以太坊流量的方法。

3. 区块链应用识别

随着区块链的飞速发展，DApp 的用户日益增多，一些研究着眼于区块链应用的识别，以 Android 及 IOS 为研究平台，对比特币钱包应用及基于以太坊的 DApp 展开分类，采用随机森林、支持向量机等模型，对选取的流量特征进行优化，但其本质仍然是传统的加密流量研究，即对 TLS 等加密协议进行识别[78-79]。

4. 区块链恶意流量检测

区块链拥有特殊的网络协议与架构，即使拥有高度的加密性与匿名性，其在高速发展之下，仍然存在许多亟待发现与修复的安全漏洞。当前，针对区块链底层的 P2P 网络进行的攻击频繁发生，引发了人们对于区块链安全性的重视。区块链流量异常检测是防御区块链攻击的前提。Kim 等人[80] 采用半监督学习的方式，通过数据收集和异常检测功能来检测恶意事件,对正在发生的区块链底层网络攻击做出及时响应,从而提高区块链的安全性。该类针对区块链底层网络安全性的研究可以扩展至其他 P2P 网络。相比于被加密协议与分布式共识协议保护的应用层,与区块链底层流量相关的研究仍是亟待填补的空白。

5.6　加密流量分析常用数据集、编程库与工具

5.6.1　加密流量分析研究常用公开数据集

机器学习与深度学习是当前加密流量分析采取的主要方法,而数据是使用这两种方法的基础,决定了模型的上限。在普遍的科学研究中,可复现是推动领域发展的重要支撑。通过可用且可靠的公开数据集,将使:

①研究成果易于复现,便于其他研究者进行验证;

②不同的研究之间具有可比性;

③研究成果易于推广。

然而,互联网近年来以前所未有的速度发展,流量领域内的公开数据集普遍老旧,概念漂移严重,其中的样本数据已经不再符合现网中的实际流量状况。一些公开数据集使用机器而非人去采集,因此数据集中缺失用户行为。另外,在特殊的实验环境中获取数据,构建公开数据集,会导致样本数据与现实场景产生差异,使依据该公开数据集训练出的模型无法投入实际工程应用。

当前,被广泛使用的主要公开数据集如下。

1. ISCX VPN-nonVPN 数据集

该数据集包含常规会话和 VPN 会话,共 14 种流量分类类别:VoIP、VPN-VoIP、P2P、VPN-P2P 等。数据集内容如下:

网页浏览:Firefox 和 Chrome;

电子邮件:SMPTS、POP3S 和 IMAPS;

聊天:ICQ、AIM、Skype、Facebook 和 Hangouts;

流媒体:Vimeo 和 Youtube;

文件传输：使用 Filezilla 和外部服务的 Skype、FTPS 和 SFTP；

VoIP：Facebook、Skype 和 Hangouts 语音通话（时长为 1 小时）；

P2P：uTorrent 和 Bittorrent。

数据集地址：https://www.unb.ca/cic/datasets/vpn.html。

2. MIRAGE-2019 数据集

该数据集包含 20 个移动应用字段，主要有每条流前 30 个报文的报文长度序列、到达时间序列以及数据流的统计信息。

数据集地址：http://traffic.comics.unina.it/mirage/。

3. QUIC 数据集

该数据集包含 5 个谷歌 App，每个 App 中包含数百条流。

数据集地址：https://drive.google.com/drive/folders/1Pvev0hJ82usPh6dWDlz7Lv8L6h3JpWhE。

4. CIC 数据集

该数据集主要包含入侵检测、恶意软件和 Tor 方面的数据，包含良性和最新的常见工具，更接近真实世界数据，实现的攻击包括暴力 SSH、DoS、DDoS、Heartbleed、Web 攻击、渗透、僵尸网络等。

数据集地址：https://www.unb.ca/cic/datasets/。

5. Youtube 加密视频流量数据集

该数据集包含 100 个视频，每个视频观看 100 次，共 10 000 个视频流量。但原始报文未做数据脱敏处理。该数据集可用于标题识别，每个 pcap 文件均标注了相应的视频标题。

数据集地址：http://www.cse.bgu.ac.il/title_fingerprinting/。

6. Android 恶意软件流量

该数据集包含 426 个恶意软件，5065 个正常软件的流量，其中恶意软件流量可分为广告软件、勒索软件、恐吓软件和短信恶意软件。

数据集地址：http://205.174.165.80/CICDataset/CICMalAnal2017/Dataset/PCAPS/。

7. Stratosphere IPS 数据集

该数据集包含三类实验捕获场景：恶意捕获、正常捕获和混合捕获。其中恶意捕获负责捕获长期恶意软件流量；正常捕获得到的正常数据集，是对机器学习模型的正确验证；混合捕获提供了一个真实场景——实验机器从未感染转为感染，后经一段时间后感染被清除——该场景可以有效验证机器学习算法和模型。从真实的恶意软件捕获的流量中创建模型，为构建数据集提供了数据支撑。

数据集地址：https://www.stratosphereips.org/datasets-overview。

8. ISCX Tor 2016 数据集

该数据集是 UNB（University of New Brunswick）发布的 Tor 流量中有标签数据集。其中包含两种场景下的数据集：Tor 流量检测和 Tor 流量中的应用识别。

数据集地址：https://www.unb.ca/cic/datasets/tor.html。

9. NSL-KDD 数据集

该数据集包含 41 种网络流量特征，通过仿真不同用户类型以及不同的网络流量和攻击手段，在 Tcpdump 网络连接环境下采集数据。其特点在于训练集与测试集数据分布均匀且无冗杂。

数据集地址：https://www.unb.ca/cic/datasets/nsl.html。

10. UNSW-NB15 数据集

该数据集包含样本规模达 100G 的数据集，且数据集在真实网络环境下产生，训练集和测试集样本分布相似。

数据集地址：https://ifcyber.unsw.edu.au/ADFA%20NB15%20Datasets/。

5.6.2　加密流量分析工程化实现常用工具与编程库

1. 常用工具

加密流量分析工具最主要的作用就是能够对网络报文进行采样。采样并非只是收集一段时间内的流量情况，而是对当前所有的流量数据进行快速的整合和分析。用户通过分析结果能够获得当前网络的整体状态，同时也可以发现网络中存在的各种异常情况。常见的加密流量分析工具如下：

（1）**Wireshark**　一款免费开源的网络报文分析软件，主要功能是捕获报文并详细显示报文信息。Wireshark 支持 Windows、Linux、macOS 等多种操作系统，不仅可以通过图形用户界面运行，还可以通过 Tshark 命令行程序运行。Wireshark 可以对数百种网络协议进行解析，可以读写 Tcpdump、pcap、network 等多种捕获文件格式，输出可以导出为 XML、PostScript、CSV 或纯文本格式。

（2）**Tcpdump**　一个运行在命令行程序下的报文分析器，允许用户捕获和解析报文。Tcpdump 适用于大多数的类 UNIX 平台，包括 Linux、Solaris、BSD、Mac OS X、HP-UX、AIX 等。

（3）**Zeek**　一个开源的网络流量分析软件，主要被用作安全监测设备来检查链路上的所有流量中是否有恶意活动的痕迹。除此之外，Zeek 还支持安全领域外的流量分析任务，包括性能评估和故障排除。

（4）**CICFlowmeter**　一款流量特征提取工具，用于输入 pcap 格式文件，输出 pcap 文件中报文的特征信息，共 80 多维，以 CSV 格式输出。

（5）**Charles**　一款代理服务器，通过成为计算机或浏览器的代理，截取请求和请求结果达到分析抓包的目的。

（6）**Fiddler**　一个 Web 调试工具，能记录所有客户端、服务器的 http 和 https 请求。允许用户监视、设置断点，甚至修改输入、输出数据。

2. 常用编程库

编程库是一系列预先编写好的代码集合，供开发者在编程中调用，可以大大减少重复工作量。常见的用于加密流量分析的编程库如下：

（1）**Dpkt**　一个 python 模块，可以快速简单地进行报文的创建与解析。

（2）**Libpcap/Npcap**　Libpcap 是一个功能强大的网络报文捕获函数库，可以用来进行报文的捕获、过滤、分析和存储。Libpcap 可以在绝大多数类 UNIX 平台下工作。Npcap 是 Libpcap 库的 Windows 版本，是 Winpcap 的改进版，提高了速度、可移植性、安全性和效率。

（3）**TensorFlow**　一个开源软件库，用于各种感知、分类和语言理解的机器学习任务。

（4）**Pytorch**　一个开源的 Python 机器学习库，基于 Torch，可以进行强大的 GPU 加速张量计算，具有包含自动求导系统的深度神经网络。

5.7 本讲小结

本讲从大家最熟悉的"上网"出发，抛出了互联网在高速发展的同时面临的问题和挑战，从而引出相关解决方案——网络测量分析技术。为了让读者对此体系结构有清晰的认知，本讲首先介绍了加密网络测量分析体系的结构和基本概念。然后按照实际互联网环境中的各类加密流量分析需求，将加密流量分析按照 4 类实际需求进行了划分。结合研究领域的技术革新，介绍了为满足不同加密流量分析需求对应的数据构建、经典算法和业内初步共识的最新技术等研究。最后列举了加密流量分析常用数据集、编程库与工具，以供读者查阅和学习。

加密网络的测量与分析是一个庞大的领域，本讲受到篇幅限制，仅对主要概念和常用的技术、方法进行了简要的介绍。另外，随着计算机网络和深度学习的飞速迭代与更新，读者可以根据本讲提供的大体框架的"地形图"，学习本领域的最新进展内容。对于有志于对该领域进行深入研讨的读者，可以在下面几个方向做进一步的研究：

（1）基于图神经网络（Graph Neural Network，GNN）的加密流量分类与识别 该方法从分类与识别的具体需求出发，构建适配的图输入特征，运用恰当的 GNN 分类器模型，以实现高精确率或高速化目标下的加密流量分类与识别。

（2）联邦学习（Federated Learning）框架下的加密流量分析 联邦机器学习作为一种分布式机器学习框架，能有效帮助多个机构在满足用户隐私保护、数据安全和政府法规的要求下，进行数据使用和学习建模，以满足流量分析的具体需求。

（3）基于知识图谱（Knowledge Graph）的用户异常行为检测 引入知识图谱以解决复杂新型网络中知识来源匮乏、抽取方法难解的问题；基于实体和事件行为关联，抽取加密网络行为事件知识，实现用户异常行为的实时检测。

参考文献

[1] NetMarketShare. Market share for mobile, browsers, operating systems and search engines[Z/OL]. https://netmarketshare.com/.

[2] Google. HTTPS encryption on the web-Google transparency report[R/OL]. https://transparencyreport. google. com/https/overview.

[3] 程光，徐珂雅，陈子涵. Android 平台自动化网络流量采集与标签数据集构建系统：2021SR1327236[P]. 2021-04-30.

[4] ILIYASU A S, DENG H. Semi-supervised encrypted traffic classification with deep convolutional

generative adversarial networks[J]. IEEE Access, 2019, 8: 118-126.

[5] HE G, XU B, ZHU H. Identifying mobile applications for encrypted network traffic[C]//2017 Fifth International Conference on Advanced Cloud and Big Data (CBD). Cambridge: IEEE, 2017: 279-284.

[6] CHEN Y, ZANG T, ZHANG Y, et al. Rethinking encrypted traffic classification: a multi-attribute associated fingerprint approach[C]//2019 IEEE 27th International Conference on Network Protocols (ICNP). Cambridge: IEEE, 2019: 1-11.

[7] SHAPIRA T, SHAVITT Y. FlowPic: A generic representation for encrypted traffic classification and applications identification[J]. IEEE Transactions on Network and Service Management, 2021, 18 (2): 1218-1232.

[8] BALDINI G. Analysis of encrypted traffic with time-based features and time frequency analysis [C]//2020 Global Internet of Things Summit (GIoTS). Cambridge: IEEE, 2020: 1-5.

[9] LIU C, CAO Z, XIONG G, et al. Mampf: Encrypted traffic classification based on multi-attribute markov probability fingerprints[C]//2018 IEEE/ACM 26th International Symposium on Quality of Service (IWQoS). Cambridge: IEEE, 2018: 1-10.

[10] Chen Z H, Cheng G, Xu Z H, et al. Length matters: Scalable fast encrypted internet traffic service classification based on multiple protocol data unit lengths[C]//2020 16th International Conference on Mobility, Sensing and Networking. Cambridge: IEEE, 2020: 531-538.

[11] MUEHLSTEIN J, ZION Y, BAHUMI M, et al. Analyzing HTTPS encrypted traffic to identify user's operating system, browser and application[C]//2017 14th IEEE Annual Consumer Communications & Networking Conference (CCNC). Cambridge: IEEE, 2017: 1-6.

[12] AL-OBAIDY F, MOMTAHEN S, HOSSAIN M F, et al. Encrypted traffic classification based ml for identifying different social media applications[C]//2019 IEEE Canadian Conference of Electrical and Computer Engineering (CCECE). Cambridge: IEEE, 2019: 1-5.

[13] LV G, YANG R, WANG Y, et al. Network encrypted traffic classification based on secondary voting enhanced random forest[C]//2020 IEEE 3rd International Conference on Computer and Communication Engineering Technology (CCET). Cambridge: IEEE, 2020: 60-66.

[14] LOTFOLLAHI M, JAFARI S M, SHIRALI H Z R, et al. Deep packet: A novel approach for encrypted traffic classification using deep learning[J]. Soft Computing, 2020, 24(3): 1999-2012.

［15］ YAO H, LIU C, ZHANG P, et al. Identification of encrypted traffic through attention mechanism based long short term memory［J］. IEEE Transactions on Big Data, 2022, 8(1)：241-252.

［16］ LIU C, HE L T, XIONG G, et al. Fs-net: A flow sequence network for encrypted traffic classification［C］//Proceedings of the IEEE INFOCOM 2019-IEEE Conference on Computer Communications. Cambridge：IEEE, 2019：1171-1179.

［17］ CISCO. Cisco Annual Internet Report (2018-2023) White Paper［R］. 2020.

［18］ 林闯, 胡杰, 孔祥震. 用户体验质量(QoE)的模型与评价方法综述［J］. 计算机学报, 2012, 35(01)：1-15.

［19］ 潘吴斌, 程光, 吴桦, 徐健. 移动网络加密 YouTube 视频流 QoE 参数识别方法［J］. 计算机学报, 2018, 41(11)：2436-2452.

［20］ TISA-SELMA, BENTALEB A, HAROUS S . Video QoE inference with machine learning［C］// 2021 International Wireless Communications and Mobile Computing (IWCMC). Cambridge：IEEE, 2021：1048-1053.

［21］ WU H, LI X, CHENG G, et al. Monitoring video resolution of adaptive encrypted video traffic based on HTTP/2 features［C］//IEEE INFOCOM 2021-IEEE Conference on Computer Communications Workshops (INFOCOM WKSHPS). Cambridge：IEEE, 2021：1-6.

［22］ 中国互联网络信息中心. 第 49 次中国互联网络发展状况统计报告［R］. 2022.

［23］ LIU Y, LI S, ZHANG C, et al. Itp-knn: Encrypted video flow identification based on the intermittent traffic pattern of video and k-nearest neighbors classification［C］//International Conference on Computational Science. Berlin：Springer, 2020：279-293.

［24］ 黄顺翔, 程光, 吴桦, 徐健. Youtube 移动端加密视频传输模式快速识别［J］. 小型微型计算机系统, 2017, 38(11)：2427-2431.

［25］ SCHUSTER R, SHMATIKOV V, TROMER E. Beauty and the burst：Remote identification of encrypted video streams［C］//26th USENIX Security Symposium (USENIX Security 17). Berkeley：USENIX Association, 2017：1357-1374.

［26］ REED A, KRANCH M. Identifying https-protected netflix videos in real-time［C］//Proceedings of the Seventh ACM on Conference on Data and Application Security and Privacy. New York：ACM, 2017：361-368.

［27］ STIKKELORUM M. I know what you watched：Fingerprint attack on YouTube video streams［C］//

27th Twente Student Conference on IT. Enschede：University of Twente，2017.

[28] GU J，WANG J，YU Z，et al. Walls have ears：Traffic-based side-channel attack in video stream-ing[C]//Proceedings of the IEEE INFOCOM 2018-IEEE Conference on Computer Communica-tions. Cambridge：IEEE，2018：1538-1546.

[29] 吴桦，于振华，程光，胡晓艳. 大型指纹库场景中加密视频识别方法[J]. 软件学报，2021，32(10)：3310-3330.

[30] 孙学良，黄安欣，罗夏朴，谢怡. 针对 Tor 的网页指纹识别研究综述[J]. 计算机研究与发展，2021，58(08)：1773-1788.

[31] SUN Q，SIMON D R，WANG Y M，et al. Statistical identification of encrypted web browsing traffic [C]//Proceedings 2002 IEEE Symposium on Security and Privacy. Cambridge：IEEE，2002：19-30.

[32] PANCHENKO A，LANZE F，PENNEKAMP J，et al. Website Fingerprinting at Internet Scale [C]//Network & Distributed System Security Symposium. San Diego：NDSS，2016.

[33] SHEN M，LIU Y，CHEN S，et al. Webpage fingerprinting using only packet length information [C]//ICC 2019-2019 IEEE International Conference on Communications (ICC). Cambridge：IEEE，2019：1-6.

[34] FEGHHI S，LEITH D J. A web traffic analysis attack using only timing information[J]. IEEE Transactions on Information Forensics and Security，2016，11(8)：1747-1759.

[35] RIMMER V，PREUVENEERS D，JUAREZ M，et al. Automated website fingerprinting through deeplearning[J]. arXiv preprint，arXiv：1708. 06376，2017.

[36] SIRINAM P，IMANI M，JUAREZ M，et al. Deep fingerprinting：Undermining website fingerprint-ing defenses with deep learning[C]//Proceedings of the 2018 ACM SIGSAC Conference on Com-puter and Communications Security. New York：ACM，2018：1928-1943.

[37] BHAT S，LU D，KWON A H，et al. Var-cnn：A data-efficient website fingerprinting attack based on deep learning[J]. arXiv preprint，2018，arXiv：1802. 10215

[38] WANG T，GOLDBERG I. On Realistically Attacking Tor with Website Fingerprinting[J]. Proc. Priv. Enhancing Technol. ，2016，2016(4)：21-36.

[39] XU Y，WANG T，LI Q，et al. A multi-tab website fingerprinting attack[C]//Proceedings of the 34th Annual Computer Security Applications Conference. New York：ACM，2018：327-341.

［40］ CUI W, CHEN T, FIELDS C, et al. Revisiting assumptions for website fingerprinting attacks ［C］//Proceedings of the 2019 ACM Asia Conference on Computer and Communications Security. New York：ACM, 2019：328-339.

［41］ CONTI M, MANCINI L V, SPOLAOR R, et al. Analyzing android encrypted network traffic to identify user actions［J］. IEEE Transactions on Information Forensics & Security, 2016, 11(1)：114-125.

［42］ MUEHLSTEIN J, ZION Y, BAHUMI M, et al. Analyzing HTTPS encrypted traffic to identify user's operating system, browser and application//2017 14th IEEE Annual Consumer Communications & Networking Conference (CCNC). Cambridge：IEEE, 2017：1-6

［43］ CONTI M, MANCINI L V, SPOLAOR R, et al. Can't you hear me knocking：Identification of user actions on android apps via traffic analysis［C］//Proceedings of the 5th ACM Conference on Data and Application Security and Privacy. New York：ACM, 2015：297-304.

［44］ DENG Q, LI Z, WU Q, et al. An empirical study of the wechat mobile instant messaging service ［C］//2017 IEEE Conference on Computer Communications Workshops (INFOCOM WKSHPS). Cambridge：IEEE, 2017：390-395.

［45］ WEI X, GOMEZ L, NEAMTIU I, et al. Profiledroid：Multi-layer profiling of android applications ［C］//Proceedings of the 18th annual international conference on Mobile computing and networking. New York：ACM, 2012：137-148.

［46］ DAI S, TONGAONKAR A, WANG X, et al. Networkprofiler：Towards automatic fingerprinting of android apps［C］//2013 Proceedings IEEE INFOCOM. Cambridge：IEEE, 2013：809-817.

［47］ Cisco Encrypted Traffic ANALYYTICS ［R］. https：//www. cisco. com/c/dam/en/us/solutions/collateral/enterprise-networks/enterprise-network-security/nb-09-encrytd-traf-anlytcs-wp-cte-en. pdf.

［48］ Zscaler ThreatLabZ. The State of Encrypted Attacks［R］. https：//info. zscaler. com/webinar-the-state-of-encrypted-attacks.

［49］ 姚忠将, 葛敬国, 张潇丹, 郑宏波, 邹壮, 孙焜焜, 许子豪. 流量混淆技术及相应识别、追踪技术研究综述［J］. 软件学报, 2018, 29(10)：3205-3222.

［50］ PRASSE P, MACHLICA L, PEVNÝ T, et al. Malware detection by analysing network traffic with neural networks［C/OL］//2017 IEEE Security and Privacy Workshops. Cambridge：IEEE ComputerSociety, 2017：205-210. https：//doi. org/10. 1109/SPW. 2017. 8.

[51] ANDERSON B，MCGREW D A. Identifying encrypted malware traffic with contextual flow data[C]//Proceedings of the 2016 ACM Workshop on Arti-ficial Intelligence and Security. New York：ACM，2016：35-46.

[52] GU G，PERDISCI R，ZHANG J，et al. Botminer：Clustering analysis of network traffic for proto-col-and structure-independent botnet detection[J]. 2008.

[53] 翟明芳，张兴明，赵博. 基于深度学习的加密恶意流量检测研究[J]. 网络与信息安全学报，2020，6(03)：66-77.

[54] 沈琦，涂哲，李坤，秦雅娟，周华春. 一种基于集成学习的僵尸网络在线检测方法[J]. 计算机应用研究，2022，39(6)：1845-1851.

[55] 程华，谢金鑫，陈立皇. 基于 CNN 的加密 C&C 通信流量识别方法[J]. 计算机工程，2019，45(08)：31-34，41.

[56] ZHU H Y，WU Z X，TIAN J W，et al. A network behavior analysis method to detect reverse re-mote access trojan[C]//2018 IEEE 9th International Conference on Software Engineering and Serv-ice Science (ICSESS). Cambridge：IEEE，2018：1007-1010.

[57] TORROLEDO I，CAMACHO L D，BAHNSEN A C. Hunting malicious TLS certificates with deep neural networks[C]//Proceedings of the 11th ACM Workshop on Artificial Intelligence and Security. New York：ACM，64-73.

[58] YU T，ZOU F，LI L，et al. An encrypted malicious traffic detection system based on neural net-work[C]//2019 International Conference on Cyber-Enabled Distributed Computing and Knowledge Discovery (CyberC). Cambridge：IEEE，2019：62-70.

[59] NIGMATULLIN R，IVCHENKO A，DOROKHIN S. Differentiation of sliding rescaled ranges：New approach to encrypted and VPN traffic detection[C]//2020 International Conference Engineering and Telecommunication (En&T). Cambridge：IEEE，2020：1-5.

[60] ASWAD S A，SONUÇ E. Classification of VPN network traffic flow using time related features on Apache Spark[C]//2020 4th International Symposium on Multidisciplinary Studies and Innovative Technologies (ISMSIT). Cambridge：IEEE，2020：1-8.

[61] KHAN M U S，BUKHARI S M A H，MAQSOOD T，et al. SCNN-attack：A side-channel attack to identify YouTube videos in a VPN and Non-VPN network traffic[J]. Electronics，2022，11(3)：350.

［62］ LUO J, BAO L, NI L. A Method of Shadowsocks（R）Traffic Identification Based on Protocol Analysis［C］//2021 IEEE 21st International Conference on Communication Technology（ICCT）. Cambridge：IEEE, 2021：6-10.

［63］ 工业和信息化部信息通信管理局. 工信管函［2017］311 号、工信管函［2017］312 号、工信管函［2017］313 号［S］, 2017.

［64］ LUO P, WANG F, CHEN S, et al. Behavior-based method for real-time identification of encrypted proxy traffic［C］//2021 13th International Conference on Communication Software and Networks（ICCSN）. Cambridge：IEEE, 2021：289-295.

［65］ ZHANG Y, CHEN J, CHEN K, et al. Network traffic identification of several open source secure proxy protocols［J］. International Journal of Network Management, 2021, 31（2）：e2090.

［66］ 唐舒烨. 高速流量下的 VPN 流量识别与工具分类［D］. 南京：东南大学, 2021.

［67］ 罗军舟, 杨明, 凌振, 等. 匿名通信与暗网研究综述［J］. 计算机研究与发展, 2019, 56（01）：103-130.

［68］ 何高峰, 杨明, 罗军舟, 等. Tor 匿名通信流量在线识别方法［J］. 软件学报, 2013, 24（03）：540-556.

［69］ 孙学良, 黄安欣, 罗夏朴, 等. 针对 Tor 的网页指纹识别研究综述［J］. 计算机研究与发展, 2021, 58（08）：1773-1788.

［70］ 屈云轩, 王轶骏, 薛质. I2P 匿名通信流量特征分析与识别［J］. 通信技术, 2020, 53（01）：161-167.

［71］ LEE S, SHIN S, ROH B. Classification of Freenet Traffic Flow Based on Machine［J］. Journal of Communications, 2018, 13（11）：654-660.

［72］ HU Y, ZOU F, LI L, et al. Traffic classification of user behaviors in tor, i2p, zeronet, freenet［C］//2020 IEEE 19th International Conference on Trust, Security and Privacy in Computing and Communications（TrustCom）. Cambridge：IEEE, 2020：418-424.

［73］ GAI R, DU X, MA S, et al. A summary of the research on the foundation and application of blockchain technology［C］//Journal of Physics：Conference Series. Bristol：IOP Publishing, 2020, 1693（1）：12-25.

［74］ ZHENG Z, XIE S, DAI H, et al. An overview of blockchain technology：Architecture, consensus, and future trends［C］//2017 IEEE international congress on big data（BigData congress）. Cambridge：IEEE，2017：557-564.

[75] 魏松杰，吕伟龙，李莎莎. 区块链公链应用的典型安全问题综述[J]. 软件学报，2022，33（01）：324-355.

[76] 胡晓艳，童钟奇，吴桦，等. 基于活跃节点库的以太坊加密流量识别方法[J]. 网络空间安全，2020，11(08)：34-39.

[77] REZAEI F，NASERI S，EYAL I，et al. The bitcoin hunter：Detecting bitcoin traffic over encrypted channels[C]//International Conference on Security and Privacy in Communication Systems. Berlin：Springer，2020：152-171.

[78] AIOLLI F，CONTI M，GANGWAL A，et al. Mind your wallet's privacy：identifying bitcoin wallet apps and user's actions through network traffic analysis[C]//Proceedings of the 34th ACM/SIGAPP Symposium on Applied Computing. New York：ACM，2019：1484-1491.

[79] SHEN M，ZHANG J，ZHU L，et al. Encrypted traffic classification of decentralized applications on ethereum using feature fusion[C]//2019 IEEE/ACM 27th International Symposium on Quality of Service（IWQoS）. Cambridge：IEEE，2019：1-10.

[80] KIM J，NAKASHIMA M，FAN W，et al. Anomaly detection based on traffic monitoring for secure blockchain networking[C]//2021 IEEE International Conference on Blockchain and Cryptocurrency（ICBC）. Cambridge：IEEE，2021：1-9.

第6讲
数据中心智能运维

6.1 研究背景

随着边缘计算、云计算、大数据等技术的发展，我国数据中心产业规模实现了高速增长。数据中心作为各行各业的关键基础设施，已广泛应用于电信、金融、政府、电力等多个行业，为我国经济转型升级提供了重要支撑。伴随5G、物联网、人工智能、VR/AR等新一代信息技术的快速演进，以及"东数西算""数据中心+""大数据战略""加快数字化发展、建设数字中国""新基建"等国家政策的相继提出，数据中心将迎来更快的发展周期，为我国数字经济建设做出更大贡献。数据中心的稳定运行对于保证国家行政、电信、金融、电力、民生等方面的安全与稳定至关重要。因此，提升数据中心智能化运维水平，研究数据中心的智能运维新技术势在必行。

目前，尚无统一的智能运维定义。一般而言，智能运维致力于借助人工智能和机器学习技术，让运维工程师更加高效地构建和运行数据中心服务，使数据中心易于管理和维护[1]。智能运维将有助于实现以下3个目标：

（1）**较高的服务智能性** 一个基于智能运维的服务能够及时意识到多方面的变化，比如质量下降、成本增加、工作量增加等。基于智能运维的数据中心服务还可以根据其历史行为、工作负载模式和底层基础设施活动等预测未来状态。这种自我意识和可预测性将进一步触发服务的自适应或自修复行为，而人工干预的程度很低。

（2）**较高的客户满意度** 具有内置智能的数据中心服务可以了解客户的使用行为，并采取积极主动的行动来提高客户满意度。例如，数据中心服务可以自动向客户推荐调优建议以获得最佳性能（例如调整配置、冗余级别、资源分配）；数据中心服务还可能知道客户正遭受服务质量问题的困扰，主动与客户接触，并提供解决方案或替代方法，而不是通过人工方式对客户投诉做出反应。

（3）**较高的工程生产力** 运维人员拥有强大的工具，可以在数据中心服务的整个生命周期内高效地构建和操作服务。运维人员既不需要基于各种采集信息手动调查问题，也不需要解决重复问题。此外，他们还可以通过人工智能和机器学习技术学习系统行为模式，预测未来的数据中心服务行为和客户活动，以做出必要的架构更改和服务策略更改等。

为了实现上述 3 个目标，数据中心智能运维需要借助人工智能和机器学习方法实现故障发现、故障定位和故障预测，从而为运维人员提供智能化支持。

如图 6-1 所示，数据中心往往基于交换机、路由器、防火墙、入侵侦测与预防系统（Intrusion Detection and Prevention System，IDPS）、VPN 等搭建。大规模数据中心网络中往往部署数万台路由器和交换机，用于连接数十万乃至百万台服务器[1]。数据中心时常发生网络故障事件，即不能正常路由或转发流量的事件[2]。当数据中心的一个或多个网络组件发生故障后，该故障会逐渐传播至部分乃至整个数据中心，引起服务性能下降甚至中断，给电信、数据中心、金融、电力、民生等服务的稳定性、安全性带来极大的风险。近年来，学者们提出了一系列数据中心网络故障容错方案，聚焦于改变网络协议或网络拓扑，期望数据中心网络可以自动从网络故障中恢复[3-5]。然而，这些方法并不能覆盖所有网络设备，更不能解决所有数据中心网络故障。

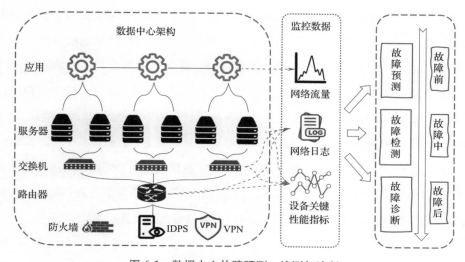

图 6-1　数据中心故障预测、检测与诊断

为了快速了解数据中心网络状态，及时发现并解决网络故障，运维人员往往持续采集网络日志、流量及设备关键性能指标（Key Performance Indicator，KPI）等监控数据。随着数据中心网络架构的不断演进，反映数据中心运行状态的运维监控数据变得更加庞大、复杂、异构，导致以往基于人力或脚本的运维方法不再适用。运维人员通常基于监

控指标与定制规则进行故障预测、检测与诊断。然而，数据中心网络架构复杂的交互、拓扑关系可以组合出海量、复杂、动态变化的状态，导致运维人员无法制定通用的检测规则，不能及时发现、诊断、修复、规避故障。因此，基于海量、复杂、异构、高速监控数据的运维必将朝着基于机器学习的智能运维演进，而包括故障预测、检测及诊断在内的故障机理研究是智能运维最重要的环节[6]。具体而言，在故障发生前，通过研究网络异常行为在数据中心网络的传播机理，可以实现对故障的有效预测，从而在其演变为严重网络故障前及时处理。在故障发生时，通过分析监控数据的异常行为，主动、及时检测故障，为故障诊断奠定坚实的基础。在故障发生后，通过诊断导致出现故障的边界范围，包括路由器、交换机、防火墙、服务器等硬件设备，以及数据库、Spark 等软件系统，实现快速止损，从而避免数据中心服务受到故障的持续影响。因此，研究大规模数据中心的故障预测、检测与诊断对于保证数据中心、金融、电信、电力等行业的稳定具有重要意义。

在数据中心网络中存在多种模态的监控数据：在数据类型方面，既有记录网络事件的日志数据，又有表示数据中心业务运行状态的流量数据，以及刻画网络设备性能的KPI 数据；由于大规模数据中心海量的网络设备、复杂的调用关系、频繁的软硬件变更，日志、流量和设备 KPI 呈现出复杂多变的特征。目前，研究人员在 3 个方面进行了大量研究：在故障发生前，准确、高效地推演海量告警的影响范围和持续时间，识别出即将引发严重网络故障的告警，从而采取措施避免故障发生；在故障发生时，实施面向多模态网络数据的故障检测，准确、高效地检测大规模数据中心的网络日志、流量、设备 KPI 数据的异常行为；在故障发生后，快速定位到关键的故障节点并判断采取何种止损措施（如切换线路、重启设备等），使数据中心能够快速恢复正常。

6.2 故障检测

6.2.1 网络日志故障检测

某顶级云服务提供商的聚合交换机，于 10 月 13 日 15:00 至 10 月 14 日 1:16 发生故障。在 9 月 25 日至 10 月 19 日期间，该提供商部署了自动化日志异常检测算法来检测基于该交换机日志的故障情况。如图 6-2 所示，该交换机转发的流量从 10 月 13 日 15：00 开始下降，该交换机提供的服务从 10 月 13 日 22：15 开始受到影响，直到 10 月 14 日 01：16 恢复。自动化日志异常检测算法产生的故障告警都是从 10 月 13 日 15：59 开始，在 10 月 14 日 01：16 之前结束。因此，该算法成功地检测到这个异常情况，并且没有产生错误警报[14]。

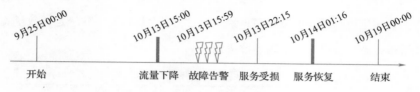

图 6-2　交换机异常案例研究时间轴

1. 网络日志和异常

网络设备持续地产生日志来记录网络设备上发生的事件，如接口状态变化、配置变更、电源关闭、板卡插入或拔出、运维工程师的运营维护等。日志数据是网络运行维护最重要的数据源之一[14]，是由开发人员设计并且由日志记录语句［例如 printf( )，logger. info( )］打印的非结构化文本。

网络设备日志通常具有固定的结构，这一结构包含了 4 个域：时间戳域、设备 ID 域、消息类型域和详细信息域，见表 6-1。其中，时间戳域表示网络设备生成日志的具体时间；设备 ID 域表示生成日志的网络设备的标识；消息类型域描述了日志的概要特征；详细信息域描述了日志的具体事件。通常，消息类型域和详细信息域的语法和语义随设备厂商和型号的变化而变化，没有统一的格式。每一种信息对理解日志表征事件的含义都有重要意义。

表 6-1　网络设备日志举例

厂商	时间戳域	设备 ID 域	消息类型域	详细信息域
厂商 1	Jan 23 14：24：41 2016	交换机 1	SIF	Interface te-1/1/8，changed state to up
厂商 1	Mar 19 15：04：11 2016	交换机 4	OSPF	A single neighbor should be configured
厂商 2	Apr 21 14：53：05 2016	路由器 11	10DEVM/2/ POWER_FAILED	Power PowerSupply1 failed

（续）

厂商	时间戳域	设备 ID 域	消息类型域	详细信息域
厂商 2	Sep 23 00：10：39 2015	路由器 13	10IFNET/3/ LINK_UPDOWN	GigabitEthernet1/0/18 link status is DOWN

一般来说，日志序列异常有两类：顺序异常和数量异常，见表 6-2。程序通常按照固定的流程执行，而日志序列是这些执行过程中产生的事件序列。如果一个日志序列偏离了正常的程序流程，就会出现顺序异常。同时，程序执行有一些恒定的数量关系，如果这些关系被打破，可以认为出现了数量异常[14]。

表 6-2　网络日志异常示例

异常事件	异常日志
光模块异常	MonitorCrcErrorRising active：CID = 0x80fc0101；The error is rising Line protocol on Interface ae3，changed state to down Interface ae3，changed state to down Interface ae3，changed state to up
OSPF 异常	OSPF ADJCHG，Nbr 1. 1. 1. 1 on FastEthernet from Attempt to Init OSPF ADJCHG，Nbr 1. 1. 1. 1 on FastEthernet from Init to Two-way OSPF ADJCHG，Nbr 1. 1. 1. 1 on FastEthernet from Two-way to Exstart OSPF ADJCHG，Nbr 1. 1. 1. 1 on FastEthernet from Two-way to Exstart

日志记录了系统实例发生的所有事件，描述了系统实例的健康状况，日志的异常行为往往表示系统实例故障，因此对日志进行异常检测可以有效发现系统故障。然而，日志数量庞大、种类繁杂，通过人工检查日志来检测故障变得越来越困难。例如，大型数据中心的日志以每小时 50GB（约 1. 2 亿 2 千万行）左右的速度增长[8]。更重要的是，异常日志序列难以使用规则捕获。而基于规则的方法只能检测捕获单条日志的异常特征，因此一部分异常日志无法被检测到。这些异常日志大多只能根据它们的日志序列（记录执行过程的一系列日志）来推断。

2. 日志异常检测

异常检测是一项多学科的任务，涉及在数据中寻找不符合预期行为的模式[8]。异常检测在各种各样的应用中具有广泛的用途，如信用卡、保险或医疗保健的欺诈检测，网络安全的入侵检测，安全关键系统的故障检测，以及军事监视。异常检测还用于检测网络攻击、拥塞，以及利用次优资源，这些都可能是未来发生故障的原因。异常检测推导出一个正常行为的模型，并根据这个模型测试新的观察结果。

异常检测旨在及时发现系统的异常行为，在大规模系统的事件管理中发挥着重要作用。及时的异常检测可以让开发、运维人员及时发现并解决问题，从而减少因故障带来的损失。基于日志的异常检测已经成为学术界和工业界的一个具有实际意义的研究课题。日志异常检测的过程通常包括以下 4 个主要步骤：

（1）日志收集　系统经常向控制台或指定的日志文件打印日志，以记录运行时状态。在分布式系统等大规模系统中，这些日志经常被收集起来以供下游任务使用。

（2）日志解析　日志的详细信息字段是非结构化字段，通常包含常量部分和变量部分。常量部分是由开发人员设定的用来描述系统事件实体和关系的固定文本，而变量部分携带动态运行时信息（如 IP 地址、文件名、状态码等）。为了将非格式化的日志解析为格式化的向量或矩阵，以便后续机器学习模型进行故障检测、定位或预测，学者们提出了一系列日志解析方法。日志解析方法通常用来分离常量部分和变量部分，生成日志模板（常量部分）和参数（变量部分），见表 6-3。一个日志模板可能描述一个或多个事件的实体和关系信息。这些事件的实体和关系信息揭示了事件的语义关联关系。这些方法主要包括基于最长公共子序列的 Spell 模型[9]，基于解析树的 Drain 模型[10]，基于频繁项挖掘的 FT-tree 模型[11]，以及基于多目标优化的 MoLFI 模型[12]。

表 6-3　网络设备日志解析示例

原始日志	模板	参数
Interface ae3，changed state to down	Interface *，changed state to down	ae3
Vlan-interface vl22，changed state to down	Vlan-interface *，changed state to down	vl22
Interface ae3，changed state to up	Interface *，changed state to up	ae3
Interface ae1，changed state to down	Interface *，changed state to down	ae1

（3）特征提取　由于日志是文本信息，它们需要被转换为数字特征，以便机器学习算法能够理解并处理。因此，每条日志信息用日志解析算法提取的日志模板和相应的参数列表表示。然后，日志按照时间戳或所执行的任务分成不同的组，每个组代表一个日志序列。

（4）异常检测　基于构建的日志特征，进行日志异常检测，也就是识别异常的日志实例，剖析系统的异常行为与错误。

根据涉及的数据类型和采用的机器学习技术，日志异常检测方法可以分为两大类：有监督的异常检测和无监督的异常检测。有监督的方法需要标记的训练数据，对正常实例和异常实例有明确的规定，并利用分类技术学习一个模型，以最大限度地区分正常和异常的实例。而无监督的方法不需要标签，它们的工作原理是发现远离正常实例的离群点[35]。

3. 国内外研究现状

为了有效利用日志进行异常检测，国内外学者已经开展了一些卓有成效的研究。PCA[36] 通过结合源代码分析和信息检索来解析日志并提取日志特征，使用机器学习分析这些特征以检测运行问题。Invariant Mining[37] 通过从日志信息组中自动挖掘程序不变量，利用这些不变量寻找程序工作流的固有线性特征，并自动检测日志中的异常情况。Log-Cluster[16] 利用聚类方法对日志进行异常检测。这些传统的机器学习算法通常依赖于日志提供的特征，如日志时间计数向量和参数值向量，捕捉数量异常和参数值异常。

面对规模庞大、类型多样的日志，依赖人工规则的日志异常检测方法不再适用。目前深度学习方法已广泛应用于日志异常检测，见表6-4。DeepLog[17] 利用长短期记忆网络（Long Short-Term Memory，LSTM）学习系统的正常模式，并通过日志模板序列预测下一个日志模板。LogAnomaly[14] 利用词嵌入模型挖掘日志模板的语义信息，并使用LSTM 模型学习日志的顺序模式和数量关系。LogRobust[7] 使用词向量表示日志的语义信息，并使用双向 LSTM 模型学习日志的正常模式。OneLog[71] 使用全新的全深度模型检测日志异常，将解析器、分类器等组件合并到一个深度神经网络中。LogTransfer[18] 使用迁移学习将一个系统中的日志异常模式迁移到另一个系统中。LogMerge[72] 通过学习多语法日志的语义相似性，实现日志异常模式的跨日志类型迁移，大大减少了异常标注开销。为了充分利用日志中的语义信息，HitAnomaly[73]、Sprelog[74] 使用 Transformer 模型对日志模板序列进行建模。同样，LogSy[75] 利用 Transformer 模型学习日志的语义表示，并根据这些语义表示的差异判断日志异常行为。LogFlash[76] 基于时间加权控制流图对日志序列进行建模，实现日志异常检测。

表 6-4　当前流行的日志异常检测算法总结

工作	核心算法	无监督	语义信息
DeepLog	长短期记忆网络	√	×
LogAnomaly	长短期记忆网络	√	√

（续）

工作	核心算法	无监督	语义信息
LogRobust	双向长短期记忆网络	×	√
OneLog	卷积神经网络	×	√
LogTransfer	迁移学习	×	√
LogMerge	基于语义向量的聚类算法	×	√
HitAnomaly	Transformer	×	√
Sprelog	Transformer	×	√
LogSy	Transformer	√	√
LogFlash	时间加权控制流图	√	×

4. 研究意义

当今社会高度依赖关键的信息技术（Information Technology，IT）基础设施。为了满足服务商开展业务的技术需求，IT 系统变得越来越大、越来越复杂，越来越重要[38]，今天的 IT 基础设施需要具有更高的可用性和可靠性标准，以应对物联网、5G、自动驾驶和智能城市等挑战。系统故障会在 IT 服务的正常运行过程中造成大量的网络中断，进而影响用户的体验。运营和维护团队尤其受到现代系统的规模和复杂性的限制，在现代系统中，即使对于专业的运维人员来说，实时监控大量数据也很容易让人不堪重负。

与传统方法相比，智能运维具有快速、高效的特点，能自动对实时问题做出反应，而不需要长时间的手动调试和分析。除了能及时发现性能瓶颈，减少浪费，还能减轻运维人员的工作负担，使其将更多的精力集中在其他任务上。

近年来，提供各种服务的软件系统越来越普遍（如搜索引擎、社交媒体、翻译应用）。与传统的企业内部软件不同，现代软件（例如在线服务）通常为全球数以亿计的客户提供服务，旨在实现全天候的可用性[39]。面对如此空前的规模和复杂性，如何避免出现服务故障和性能下降成为市场的核心竞争力。一旦发生服务故障，服务提供商需要立即采取行动，诊断问题并尽快使服务恢复正常，这一工作应该是高效和有效的。

现代系统规模越来越庞大，行为越来越复杂，基础设施的软硬件往往是由数百个开发、运维人员来共同实现和维护的。一个开发、运维人员对整体信息的了解并不完整，他们不熟悉所有模块产生的日志，往往从局部的角度来判断日志，因此容易出错。大型系统每天产生数 TB 的日志，这使人工很难从噪声数据中分辨出关键信息以进行异常检测，可行性极差。大规模的系统通常采用不同的容错机制。系统有时会以冗余方式运行同一个任务，甚至主动杀死一个任务以提高性能。在这样的环境下，使用关键词搜索的传统方法对于提取这些系统中的可疑日志信息变得无效，很可能导致许多异常误报，这将大大增加人工检查的工作量[16]。因此，自动化分析日志的异常行为对故障发现与定位具有重要意义。

6.2.2 网络流量故障检测

国内某大型数据中心的某三台设备的网络流量如图 6-3 所示，其中 A 设备在第一天的下午 4 点左右由于业务故障原因发生了流量激增，B、C 设备在第一天的下午 6 点左右由于网络问题导致短时间内流量下降，在 B 设备上由于数据收集的问题还导致流量指标数据的部分点缺失，C 设备的第三天中午由于网络不稳定流量发生了比较剧烈的抖动。三台设备的网络流量在不同时间段都出现了一些异常，表示可能有潜在的网络故障发生。

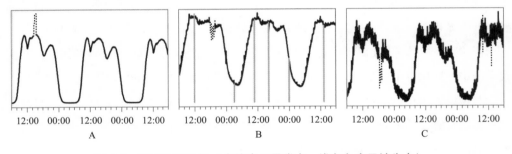

图 6-3　流量数据示例（虚线表示异常点，浅灰色表示缺失点）

1. 网络流量和网络流量异常

数据中心中包含广泛的网络设备，如路由器、交换机、控制器、防火墙等，这些设备上的网络流量数据刻画了系统的上层服务运行状态，对于检测和诊断数据中心的网络故障十分重要。

网络流量指标一般可以表示为单指标的时间序列，如图 6-3 所示，即由一系列时间戳和指标值组成的序列。由于网络流量数据刻画的业务运行状态往往具有周期性，所以指标数据往往也表现出周期性的特征。一般来说，网络流量异常是指网络流量指标偏离了正常的周期性规律，例如突然下降、上升，或者剧烈地抖动。

2. 网络流量的异常检测

为了确保数据中心网络服务的可靠性，运维人员需要实时监控流量数据。当网络流量出现异常时，相关网络服务往往会发生一些潜在的故障[19-20]。为了减弱故障影响，必须及时、准确地检测出流量中的异常。

具体地讲，一个单指标时间序列可以表示为 $x=[x_1,x_2,\cdots,x_N]$，其中 N 是序列的长度，x_t 代表 t 时刻的指标值，通常时间序列的每个点是等间隔收集的，可以用 $\{x_{t-T},x_{t-T+1},\cdots,x_t\}$ 表示 $t-T$ 到 t 时刻的子序列。对于异常检测任务来说，通常是先根据 $t-T$ 到 $t-1$ 的子序列得到 t 时刻对应指标值的异常分数，再通过为异常分数设置阈值来确定 t 时刻是否为异常点。

3. 国内外研究现状

当前一些单指标时间序列的故障检测算法见表 6-5。FUNNEL[19] 是一种基于奇异谱变换的算法，可以快速、准确地检测单指标的剧变。该算法的计算效率和鲁棒性很高，但只能检测剧变（这只是需要被检测的异常类型中的一小部分）。EGADS[21] 是一种基于时间序列分解的故障检测方法，在 Yahoo 指标 Anomaly Benchmark[21] 中表现出了高效率和高识别率。但在该数据集中，每个单指标包含的数据点很少，而且大多数异常是人造的，因此 EGADS 可识别的类型较少。上述两种方法对流量指标的建模都不够完善，能检测出的异常种类较少，难以鲁棒全面地对流量故障进行检测。

表 6-5　当前单指标时间序列故障检测算法

工作	算法	不足
FUNNEL	奇异谱变换	只检测剧变
EGADS	时间序列分解	可检测类型少
Opprentice	随机森林	依赖大量准确人工标注
ADS	对比悲观似然估计	依赖大量准确人工标注
ATAD	迁移学习，主动学习	依赖大量准确人工标注
PUAD	PU 学习，主动学习	依赖大量准确人工标注
SR-CNN	光谱残差，卷积神经网络	启动时间长，训练开销大
Donut	变分自编码器	启动时间长，训练开销大
Bagel	条件变分自编码器	启动时间长，训练开销大
Buzz	生成对抗网络	启动时间长，训练开销大

Opprentice[22] 是一种有监督的基于决策树和特征提取的故障检测方法，由于复杂的单指标并不具备特别优秀的异常特征提取器，所以 Opprentice 的检测效果不佳。ADS[40] 是一种基于对比悲观似然估计的半监督异常检测方法，减少了人工异常标注的工作量。ATAD[41] 是一种基于迁移学习和主动学习的跨数据集异常检测框架，可以有效地在不同数据集之间迁移流量的异常模式。但是，该方法需要提取较多流量特征，离线训练和在线检测的效率较低。PUAD[42] 利用正样本和无标签（Positive-Unlabelled，PU）学习、主动学习技术，使用部分标注的样本便可获得较为准确的异常检测模型。这 4 种方法都需要运维人员提供大量准确的异常标注，耗费大量人力资源，导致难以实际部署。因此，无监督的流量异常检测方法越来越流行。

SR-CNN[43] 是一种基于光谱残差模型和卷积神经网络的方法，在微软 Azure 服务中被广泛部署。但是，该方法的性能不稳定，在某些测试集上的性能甚至低于 ARIMA 等传统方法。Donut[23] 在周期性佳且平滑的数据上取得了很好的表现。但是，Donut 在错综复杂（缺失部分多、有周期性小波动等）的流量数据上表现效果不佳。Bagel[44] 使用条件变分自编码器（Conditional Variational Auto-Encoder，CVAE）在 VAE 中添加条件信息，能够更好地应对多变的流量数据。Buzz[45] 利用生成对抗训练解决了 Dount 训练不稳定的问题，能够更好地学习复杂经验分布。

6.2.3 网络设备指标故障检测

国内某大型数据中心的某台网络设备的关键性能指标如图 6-4 所示。大部分时间各个指标表现出相对稳定的状态，只在部分指标出现噪声或细微的抖动，由于没有对其他指标产生影响，因此认为这些指标正常。但该设备在 12 小时左右由于未知原因出现了 CPU 使用率等 KPI 的突增及内存占用率等 KPI 的突降；18 小时左右由于未知原因多个指标出现不正常抖动。两个时间点多个 KPI 均表现出异常状态，表示可能有潜在的网络设备故障发生。

1. 网络设备指标故障

网络设备宽泛地指网络中的云服务器、路由器、交换机、控制器等设备，每台设备的 KPI（如 CPU 使用率、网络使用率、内存使用率等）值反映了网络设备相应组件的状态，同时网络设备的组件之间往往存在物理关系或逻辑调用关系，因此这些组件对应

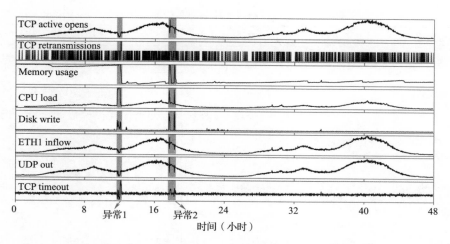

TCP active opens

TCP retransmissions

Memory usage

CPU load

Disk write

ETH1 inflow

UDP out

TCP timeout

0   8   异常1   16   异常2   24   32   40   48

时间（小时）

图 6-4 设备 KPI 示例，其中灰色区域表示设备发生了异常

的 KPI 间存在相关性。而网络设备的整体状态将由 KPI 值和指标间关系共同表示。当网络设备发生故障时，KPI 通常会变得异常，表现为大部分 KPI 的突增、突降、抖动或 KPI 间关系不正常等，图 6-4 展示了因为设备故障导致的指标突增、突降及抖动的情况。

2. 网络设备指标故障检测

为了保证网络服务的可靠性，运维人员需要持续监测网络设备的 KPI，形成多指标时间序列数据。网络设备发生故障时，往往会导致设备指标出现异常。为了减少设备故障对网络及相关服务器造成的影响，必须及时、准确地检测出网络设备指标中的异常。因为检测的对象为多指标时间序列数据，该问题也被称为多指标时间序列异常检测。

多指标时间序列由多条单指标时间序列数据构成，具体地讲，一条多指标时间序列可以表示为 $T = \{X_1, X_2, \cdots, X_t\}$，其中 $X_t = [x_t^1, x_t^2, \cdots, x_t^m]$，其中 t 是时间序列的长度，m 为指标数量，X_t 代表 t 时刻该设备的所有指标值，x_t^m 代表 t 时刻第 m 个指标的值。对于多指标时间序列异常检测任务来说，会通过预测[24] 或重构[25] 等方式获得 t 时刻 X_t 的异常分数，再通过为异常分数设置阈值来判断 X_t 是否为异常点。

3. 国内外研究现状

近年来，学术界在多指标时间序列故障检测领域做出了一系列尝试，见表 6-6。考虑到往往难以获取多指标时间序列的异常标注，因此已提出的多指标时间序列故障检测

表 6-6　当前多指标时间序列故障检测工作概述

模型名称	核心算法	检测对象	设计目标
LSTM-NDT	长短期记忆网络	卫星	使用长短期记忆网络学习多维指标数据
DAGMM	自编码器 高斯混合模型	心率疾病	一致优化目标，避免局部最优值
OmniAnomaly	变分自编码器 循环神经网络	设备实体	学习多维指标的鲁棒正常模式
SDFVAE	变分自编码器 长短期记忆网络 卷积神经网络	内容交付网络	过滤非加性高斯噪声建模数据的正常模式
InterFusion	变分自编码器 循环神经网络 卷积神经网络	设备实体	学习多维指标的时间信息及指标间信息
JumpStarter	压缩感知 基于形状聚类 抗离群点采样	在线服务系统	快速初始化多维指标异常检测模型
TimeAutoAD	自动管道配置 负样本生成 对比训练	网络系统	自动配置异常检测管道，解决异常样本缺少的问题
USAD	自编码器 生成对抗网络	信息系统	提高模型训练效率，保障模型训练效果

方法通常为无监督模型。随着网络环境的快速演进，底层设备的指标状态越来越复杂，导致设备的多指标时间序列具有较强的随机性和时间依赖性。LSTM-NDT[24] 采用长短期记忆网络学习多指标时间序列的时间信息，并基于输入数据预测多指标时间序列数据，根据预测值和实际值的差异检测异常，但是没有考虑指标间信息，无法捕捉复杂的指标关系。DAGMM[25] 挖掘数据的隐藏空间和重构数据之间的关系，联合优化混合高斯模型和自编码器，避免出现局部最优值并捕获多指标时间序列的随机性。OmniAnomaly[46] 利用随机变量连接、平面归一化流等技术学习多指标时间序列的正常模式，并利用 GRU 捕获时间序列的时间特征，使用重构概率检测异常并解释异常原因。SDF-VAE[47] 显式地将潜在变量分解为动态和静态两部分，减少噪声对模型优化的干扰，同时学习多指标时间序列的正常模式。InterFusion[48] 使用具有两个随机隐藏变量的分层

VAE 分别学习多维指标的指标间信息和时间信息。JumpStarter[49] 设计了基于形状的聚类算法和抗离群点采样算法，引入压缩感知技术快速初始化多维指标异常检测模型，缩短了模型初始化时间。TimeAutoAD[50] 实现了自动化的模型配置优化和模型超参数设置。USAD[51] 使用基于对抗训练的自编码器保障了模型训练的稳定性，提高了模型对微小异常的隔离能力和训练效率。

6.3 故障预测

硬件可靠性是大型数据中心提供的分布式服务可用性的关键指标之一。由于数据中心存储和处理的大量数据会带来放大效应，且在数据中心部署商用服务组件具有商业必要性，从故障的角度看，硬件是数据中心最脆弱的部分。根据 Vishawanath 等人的估计[70]，每 100 台服务器中就有 8 台服务器每年至少会出现一次硬件故障。此外，受故障影响的机器每年可能需要进行一次以上的检修（平均需要两次检修），而且硬件故障之间往往具有一定联系与因果关系。这样一来，一个具有 10 万台设备规模的数据中心的硬件检修成本可能高达数千万人民币。鉴于故障会给数据中心带来巨大损失，除了上文提到的主动检测数据中心并定位故障之外，还有一些研究致力于在故障发生前进行预测，最大限度地减少故障的发生次数和产生的影响。这些研究的共同目标是通过故障预测，建议运维人员采取针对即将发生的异常的预防措施，避免故障给数据中心带来经济损失。如图 6-5 所示，故障预测指的是在时刻 τ，基于 $\Delta\tau_m$ 时间段内的测量数据，预测在未来 $\Delta\tau_p$ 时间段内数据是否会发生故障。可以注意到，$\Delta\tau_p$ 的起始时间与当前时间 τ 之间存在时间间隔 $\Delta\tau_a$，这是因为在算法预测到某个故障即将发生后，运维人员至少需要花

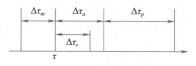

图 6-5　故障预测的定义

费 $\Delta\tau_r$ 的时间对故障预测做出判断和采取相关措施（如更换磁盘、重启网络设备、更换服务器等），以降低甚至避免故障带来的损失。

从工业的角度看，调查研究哪些因素会导致硬件出现故障对于设计、选择、改进和部署故障预测系统至关重要。以硬盘驱动器为例，硬盘驱动器是大型数据中心更换最多

的组件，也是服务器故障的主要原因之一（占所有更换、故障问题的 78%）[70]。磁盘数量越多的机器也越容易在固定时间段内出现更多的故障。自 1994 年以来，这一事实导致硬盘制造商在生产的存储产品中采用常见的自我监控技术（自我监测、分析及报告技术（SMART））。因此，硬盘故障预测是故障预测研究中最常见的课题之一，也取得了一定成果。

除了研究预测物理组件故障外，还可以通过数据中心软件级别的观测结果和依赖建模来估计未来系统能否正常运行，这被称作系统故障预测。现有的系统故障预测方法主要基于对系统日志的观测，这些日志构成了最常见的数据源。此外，KPI 等硬件指标也经常被用于较短的预测窗口，并且往往与故障检测问题关联。系统故障预测以不同的抽象级别被应用在不同的目标软件组件（作业、任务、容器、虚拟机或计算节点）中。一些早期的系统故障预测方案来自 IBM 超级计算机 BlueGene 项目。例如，Liang 等人[69] 在 BlueGene 项目中应用不同的分类算法，使用真实事件日志数据预测固定时间观察窗口内的严重故障。根据观察窗口内日志事件的严重性、总数和分布，从结构化日志中解析输入特征。从前一个窗口中获得的特征将被用于预测下一个窗口的故障。

目前学术界关于硬件故障预测与系统故障预测方面的工作见表 6-7。PreFix[13] 提出从交换机日志中提取多种特征（如日志模板频率、频繁模板序列等），用随机森林模型预测交换机的故障；MING[26] 提出用节点的空间信息和指标模式预测节点的故障；CDEF[27] 使用磁盘的 SMART 指标信息预测磁盘的故障；RuBen 等人[28] 提出从设备日志中提取特征，结合多示例学习对噪声数据进行过滤，从而预测工业界设备的故障。此外，AirAlert[29] 提出用每类告警的数量作为特征预测服务故障。

表 6-7 已有故障预测算法对比

算法名称	预测对象	数据源	模型	解释性	是否通用
PreFix	交换机	交换机日志	随机森林	弱	×
MING	节点	节点的空间信息与指标模式	XGBoost	弱	×
CDEF	磁盘	磁盘的 SMART 指标	FastTree	弱	×
RuBen	工业设备	设备日志	Multi-instance learning	弱	×
AirAlert	服务故障	告警	XGBoost	弱	√

工业界也有 2 种用告警数据做故障预测的实践。第一种是基于专家知识和运维经

验，总结告警影响分析和故障的规则，如果线上告警满足某一规则，就认为要发生对应的故障。表 6-8 展示了一些实际中基于规则的故障预测。比如，如果当前窗口内的告警至少出现"TCP 无应答"关键词 3 次，且持续 3 分钟，涉及 3 个服务器，告警的严重性是 2 级，就认为可能会发生服务器宕机故障。但是基于规则的方法在实际中的表现并不好，经常会出现误报和漏报。因为：维护和制定这些规则需要足够的运维经验，且耗费时间；不同运维人员制定规则的偏好是不一样的，很难有统一的标准；服务系统总是经历不停的变更迭代，固定的规则不能适应动态的环境，而不停地更新规则同样需要耗费巨大的人力。第二种是基于频繁项集挖掘（如 FP-growth）的方法，对于历史上的某个故障 I，把每次 I 发生之前一段时间内的告警数据取出来做频繁项集挖掘，如果告警 A 每次都出现在故障 I 之前，那么就可以用告警 A 来预测故障 I。

表 6-8   实际中基于规则的故障预测

关键词	匹配次数	持续时间	涉及的服务器	严重性	对应的事件
TCP 无应答	3	3min	3	2	服务器宕机
CPU 使用率达到 100%	2	5min	1	2	系统性能下降
进程数超过阈值	2	5min	2	2	交易响应延迟

6.4 | 故障诊断

6.4.1 故障诊断的定义

故障检测是收集监控数据异常的过程，即指示故障的观察结果。而故障诊断是指根据故障的观察结果推断造成故障行为根因的过程，又称为故障根因定位或者故障根因分析。在大型的数据中心内，首先需要将分析限制在负责的组件或功能子系统上，然后进一步识别导致出现故障行为的原因。故障根因可以有不同的粒度，粗粒度的根因可以是服务、组件等，细粒度的根因可以是指标集合、具体的日志条目等。

6.4.2 故障诊断相关工作

当运维人员确认大型数据中心发生故障后，他们必须迅速诊断引起故障的原因，并果断采取修复措施，从而减少甚至消除故障带来的影响。由于大型数据中心内部组件类型、数量众多，关系复杂，一个组件故障可能以多元故障传播方式波及多种类型组件，导致数据中心网络中的多模态监控数据出现多样异常模式。例如，一个脊柱交换机由于线路卡硬件存在问题造成丢包并打印异常日志，导致交换机连接的服务器出现包丢失和时延增加的情况，进而导致上层应用的流量出现异常。因此，故障诊断涉及大型数据中心内部多种异构组件和多元传播关系：

1）大型数据中心部署了网络设备（包括路由器、交换机、防火墙、VPN、IDPS等）、服务器、容器等多种类型组件，且故障发生时不同类型实例的行为模式、监控数据特征存在较大差异，给使用故障诊断方法准确提取组件特征带来了挑战。

2）不同组件之间的故障传播关系包括部署、资源共享、网络通信等多种类型。只有综合考虑不同类型的故障传播关系，才能准确推断故障根因。

已提出的故障诊断方法主要包括仅使用多维指标数据、仅使用日志数据、结合多种模态数据3种类型。近年来国内外学者提出很多具有代表性的故障诊断工作，见表6-9。使用多维指标数据的故障诊断方法主要分为基于特征的故障诊断和基于依赖关系图的故障诊断。基于特征的故障诊断首先提取故障在相关指标呈现的特征，然后根据这些特征定位故障根因。NetBouncer[31] 对数据中心交换机三层架构进行主动探测，通过分析关键节点之间的端到端指标数据，计算求解各个链路上多维指标的异常情况，从而定位故障链路及交换机。Netpoirot[32] 针对数据中心的网络异常，使用随机森林模型进行分类，对服务器端、客户端采集的多维指标数据进行学习，快速定位故障的类别，以区分故障是属于服务器端、客户端还是中间网络传输部分。Graph-RCA[33] 以数据库相关的服务器和容器作为节点，以网络连接关系作为边构造系统图，并建立各种故障的特征知识库，通过比较异常检测后图的相似性来确定故障的类别。Azure-SQL[34] 基于数据库多维指标异常来判断异常的基本特征，并基于专家领域知识对十一类数据库故障建立了相应的故障分类模型。iSQUAD[52] 提取多维指标异常后使用 TOPIC（Type-Oriented Pattern Integration Clustering）算法对异常模式聚类，并使用贝叶斯案例模型得到表征簇的特征空间，由数据库管理员标注每类案例的根因及表征。PatternMatcher[65] 首先通过粗粒度异常检测过滤正常多维指标，然后使用基于一维卷积神经网络的模式分类器区分不同异常模式，最后结合指标的基本异常得分和领域知识得到每个指标的根因分数，由此来进行根因指标的推荐。

表 6-9　当前故障诊断工作

工作	使用数据	核心算法	考虑拓扑	诊断结果
NetBouncer	多维指标	主动探测	√	故障链路和（或）交换机
Netpoirot	多维指标	决策树	×	故障类型
iSQUAD	多维指标	贝叶斯案例模型	×	故障类型
AutoMap	多维指标	随机游走	√	根因指标
MicroCause	多维指标	TCORW	√	根因指标
Onion	日志	聚集算法，对比分析	×	故障相关日志
Groot	多维指标、日志、事件	GrootRank	√	根因事件
CloudRCA	多维指标、日志	贝叶斯推理	×	故障类型
PDiagnose	多维指标、日志、调用链	基于投票的策略	×	根因指标+故障相关日志
NSDI17	多维指标、流量	假设检验	√	故障链路和（或）交换机

基于依赖关系图的构建工作，首先构建依赖关系图以刻画故障发生时云平台各组件之间的关联关系，然后在依赖关系图中设计推理算法定位根因节点。Microscope[59]、MS-Rank[60]、CloudRanger[62]、MicroCause[54]、AutoMap[53] 等首先利用 PC 算法（PC algorithm）或改进版构造完全部分有向无环图（Completed Partially Directed Acyclic，CPDAG）表示监控指标间的依赖关系。MS-Rank[60] 和 CloudRanger[62] 使用二阶随机游走算法定位根因，MicroCause[54] 使用新型 TCORW 算法定位根因，AutoMap[53] 使用启发式随机游走算法定位根因，Microscope[59] 使用皮尔森相关系数对根因进行排序。此外，MicroRCA[66] 通过构建属性图表示模块间的依赖关系，然后使用个性化 PageRank 算法定位根因。Weng 等人[61] 提出的方法，首先通过 OpenStack 开源云计算管理平台中的系统接口和 PreciseTracer 程序调用分析工具构建模块之间的依赖关系图，然后使用随机游走算法分析依赖关系图以定位根因。DyCause[63] 首先通过时间动态因果关系发现算法生成一批动态因果关系曲线，然后通过组合这些曲线检验服务间是否存在格兰杰因果关系，从而得到描述内核服务及应用程序间相互影响的局部依赖图，最后通过回溯搜索构建异常传播路径并生成根因服务排序分析故障根因。ModelCoder[64] 首先利用部署图以及故障发生时服务依赖关系构建依赖关系图，然后基于设定规则将故障模式编码为特定向量，最后通过粒子群优化算法优化编码分析以确定故障的根因节点。

在基于日志数据进行故障诊断的方法中，CloudRaid[67] 通过翻转有序的日志对找到实际可行但未经过充分检验的日志。LogFlash[68] 使用日志构建程序执行路径并以此定位故障根因。Onion[55] 首先基于故障相关关键词构建日志的向量化表示,然后使用聚集算法将日志聚集为日志簇,最后使用对比分析识别故障相关的日志序列。

近年来,结合多种模态数据进行故障诊断成为学术界和工业界的重要方向。其中,Roy 等人[30] 在 Facebook 数据中心,对网络链路指标和流量数据进行聚合,并使用假设检验判断数据的离群点,从而定位故障位置,该故障诊断多依赖统计数据,在传统的简单故障场景中诊断效果较佳。CloudRCA[57] 结合指标数据和日志数据,首先通过 PC 算法构建指标异常模式、日志异常模式与故障类型之间的关系,然后通过贝叶斯推理从根因类型中选择概率最高的类型作为故障根因。PDiagnose[58] 结合指标、日志和调用链数据,首先分别使用轻量级异常检测方法检测 3 种数据源中的异常,然后使用投票策略定位故障根因节点,最后使用更为严格的异常检测方法确定根因节点上的根因指标。Groot[56] 结合指标数据、状态日志和事件中心数据,首先根据运维人员预先定义的事件和事件依赖规则构建实时因果图,然后在实时因果图上运行 GrootRank(一种改进的PageRank 算法)计算每个节点的异常得分,异常得分最大的事件就是模型输出的根因事件。

6.4.3 故障诊断典型案例

国内某些互联网公司的数据中心也有根据指标监控数据进行故障诊断的实践。比如在网商银行的数据中心,由于线上系统中各组件通过调用关系、部署关系和依赖关系等关联在一起,某一组件(云服务器、路由器、交换机、数据库等)发生故障,极易导致故障扩散,此时数据中心的运维平台会根据已有的异常告警原则(如指标异常检测、人工定义指标阈值)产生大量告警,短时间内产生的数量庞大的告警(即"告警风暴")给运维工程师的异常处理工作带来了极大的挑战。网商银行的故障诊断系统被划分为指标异常检测和异常根因定位两个模块,如图 6-6 所示。首先,指标异常检测模块负责实时监测数据中心中各组件的指标健康状况,在故障发生时,该模块通过指标故障检测技术确定故障的影响范围,以缩小故障根因的排查范围。然后,异常根因定位模块会根据系统信息(在配置管理数据库中存储的数据中心各组件的关联关系,包括部署关系、资源共享、网络通信等)结合关系学习算法(PC 算法等)构建描述此次故障的故障传播图，如图 6-7 所示。最后，异常根因定位模块基于随机游走算法进行改进，对故障传播图中各个节点的根因可能性进行排名，得出最终的根因推荐排名。运维工程师可以通过根因推荐排名排查故障根因，并采取止损措施。相较于传统基于运维专家经验的故障诊断流程，网商银行的故障诊断系统将数据中心从故障发现到根因定位的时间缩短了 95% 以上，并且实现了高于人工故障诊断的准确率，大大提高了数据中心系统的稳定性，有效保障了线上业务的连续性。

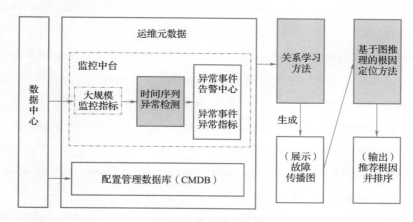

图 6-6　网商银行故障诊断系统

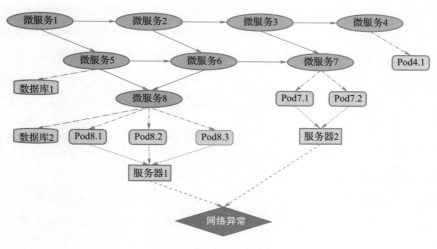

图 6-7　故障传播图案例

参考文献

［1］ DANG Y, LIN Q, HUANG P. AIOps: real-world challenges and research innovations［C］//2019 IEEE/ACM 41st International Conference on Software Engineering: Companion Proceedings （ICSE-Companion）. Cambridge: IEEE, 2019: 4-5.

［2］ SINGH A, ONG J, AGARWAL A, et al. Jupiter rising: A decade of clos topologies and centralized control in google's datacenter network［J］. ACM SIGCOMM computer communication review, 2015, 45（4）: 183-197.

［3］ HOLTERBACH T, MOLERO E C, APOSTOLAKI M, et al. Blink: Fast connectivity recovery entirely in the data plane［C］//16th {USENIX} Symposium on Networked Systems Design and Implementation （{NSDI} 19）. Berkeley: USENIX Association, 2019: 161-176.

［4］ CHIESA M, SEDAR R, ANTICHI G, et al. Fast reroute on programmable switches［J］. IEEE/ACM Transactions on Networking, 2021, 29（2）: 637-650.

［5］ YANG Y, XU M, LI Q. Fast rerouting against multi-link failures without topology constraint［J］. IEEE/ACM Transactions on Networking, 2017, 26（1）: 384-397.

［6］ 裴丹, 张圣林, 裴昶华. 基于机器学习的智能运维［J］. 中国计算机学会通讯, 2017, 12: 68-72.

［7］ ZHANG X, XU Y, LIN Q, et al. Robust log-based anomaly detection on unstable log data［C］// Proceedings of the 2019 27th ACM Joint Meeting on European Software Engineering Conference and Symposium on the Foundations of Software Engineering. New York: ACM, 2019: 807-817.

［8］ ZHU J, HE S, LIU J, et al. Tools and benchmarks for automated log parsing［C］//Proceedings of the 41st International Conference on Software Engineering （ICSE）. Cambridge: IEEE, 2019: 121-130.

［9］ DU M, LI F. Spell: Online streaming parsing of large unstructured system logs［J］. IEEE Transactions on Knowledge and Data Engineering, 2018, 31（11）: 2213-2227.

［10］ HE P, ZHU J, ZHENG Z, et al. Drain: An online log parsing approach with fixed depth tree ［C］//2017 IEEE International Conference on Web Services （ICWS）. Cambridge: IEEE, 2017: 33-40.

［11］ ZHANG S, MENG W, BU J, et al. Syslog processing for switch failure diagnosis and prediction in datacenter networks［C］//2017 IEEE/ACM 25th International Symposium on Quality of Service（IWQoS）. Cambridge：IEEE, 2017：1-10.

［12］ MESSAOUDI S, PANICHELLA A, BIANCULLI D, et al. A search-based approach for accurate identification of log message formats［C］//2018 IEEE/ACM 26th International Conference on Program Comprehension（ICPC）. Cambridge：IEEE, 2018：167-177.

［13］ ZHANG S, LIU Y, MENG W, et al. Prefix：Switch failure prediction in datacenter networks［J］. Proceedings of the ACM on Measurement and Analysis of Computing Systems（SIGMETRICS）, 2018, 2（1）：1-29.

［14］ MENG W, LIU Y, ZHU Y, et al. LogAnomaly：Unsupervised detection of sequential and quantitative anomalies in unstructured logs.［C］//IJCAI. Palo Alto：AAAI Press, 2019：4739-4745.

［15］ HE S, ZHU J, HE P J, et al. Experience report：System log analysis for anomaly detection［C］//2016 IEEE 27th International Symposium on Software Reliability Engineering（ISSRE）. Cambridge：IEEE, 2016：207-218.

［16］ LIN Q, ZHANG H, LOU J-G, et al. Log clustering based problem identification for online service systems［C］//Proceedings of the 38th International Conference on Software Engineering Companion（ICSE）. Cambridge：IEEE, 2016：102-111.

［17］ DU M, LI F, ZHENG G, et al. Deeplog：Anomaly detection and diagnosis from system logs through deep learning［C］//ACM SIGSAC Conference on Computer and Communications Security（CCS）. New York：ACM, 2017：1285-1298.

［18］ CHEN R, ZHANG S, LI D, et al. LogTransfer：Cross-system log anomaly detection for software systems with transfer learning［C］//2020 IEEE 31st International Symposium on Software Reliability Engineering（ISSRE）. Cambridge：IEEE, 2020：37-47.

［19］ ZHANG S, LIU Y, PEI D, et al. Rapid and robust impact assessment of software changes in large internet-based services［C］//Proceedings of the 11th ACM Conference on Emerging Networking Experiments and Technologies. New York：ACM, 2015：1-13.

［20］ ZHANG S, LIU Y, PEI D, et al. FUNNEL：Assessing software changes in web-based services［J］. IEEE Transactions on Service Computing, 2016：34-48.

［21］ LAPTEV N, AMIZADEH S, FLINT I. Generic and scalable framework for automated timeseries anomaly detection［C］//Proceedings of the 21th ACM SIGKDD International Conference on Knowledge Discovery and Data Mining. New York: ACM, 2015: 1939-1947.

[22] LIU D, ZHAO Y, XU H, et al. Opprentice: Towards practical and automatic anomaly detection through machine learning[C]//IMC'15: Proceedings of the 2015 ACM Conference on Internet Measurement Conference. New York: Association for Computing Machinery, 2015: 211-224.

[23] XU H W, CHEN W X, ZHAO N W, et al. Unsupervised anomaly detection via variational auto-encoder for seasonal KPIs in web applications[C]//Proceedings of 27th World Wide Web conference. Lyon: International World Wide Web Conference Stearing Committee, 2018: 187-196.

[24] HUNDMAN K, CONSTANTINOU V, LAPORTE C, et al. Detecting spacecraft anomalies using LSTMs and nonparametric dynamic thresholding[C]//KDD'18: Proceedings of the 24th ACM SIGKDD International Conference on Knowledge Discovery; Data Mining. New York: ACM, 2018: 387-395.

[25] ZONG B, SONG Q, MIN M R, et al. Deep autoencoding gaussian mixture model for unsupervised anomaly detection[C]//International Conference on Learning Representations. Ithaca: OpenReview. net, 2018.

[26] LIN Q, HSIEH K, DANG Y, et al. Predicting node failure in cloud service systems[C]//Proceedings of the 2018 26th ACM Joint Meeting on European Software Engineering Conference and Symposium on the Foundations of Software Engineering. New York: ACM, 2018: 480-490.

[27] XU Y, SUI K, YAO R, et al. Improving service availability of cloud systems by predicting disk error[C]//2018 USENIX Annual Technical Conference (USENIX ATC'18). Berkeley: USENIX Association, 2018: 481-494.

[28] SIPOS R, FRADKIN D, MOERCHEN F, et al. Log-based predictive maintenance[C]//Proceedings of the 20th ACM SIGKDD international conference on knowledge discovery and data mining. New York: ACM, 2014: 1867-1876.

[29] CHEN Y, YANG X, LIN Q, et al. Outage Prediction and Diagnosis for Cloud Service Systems [C]//The World Wide Web Conference. Lyon: International World Wide Web Conference Stearing Committee, 2019: 2659-2665.

[30] ROY A, ZENG H, BAGGA J, et al. Passive realtime datacenter fault detection and localization [C]//14th USENIX Symposium on Networked Systems Design and Implementation (NSDI'17). Berkeley: USENIX Association, 2017: 595-612.

[31] TAN C, JIN Z, GUO C, et al. Netbouncer: Active device and link failure localization in data center networks[C]//16th USENIX Symposium on Networked Systems Design and Implementation (NSDI'19). Berkeley: USENIX Association, 2019: 599-614.

[32] ARZANI B, CIRACI S, LOO B T, et al. Taking the blame game out of data centers operations with netpoirot[C]//Proceedings of the 2016 ACM SIGCOMM Conference. New York: ACM, 2016: 440-453.

[33] BRANDÓN Á, SOLÉ M, HUÉLAMO A, et al. Graph-based root cause analysis for serviceoriented and microservice architectures[J]. Journal of Systems and Software, 2020, 159: 110432.

[34] DUNDJERSKI D, TOMASEVIC M. Automatic database troubleshooting of Azure SQL Databases [J]. IEEE Transactions on Cloud Computing, 2022, 10(3): 1604-1619.

[35] CHANDOLA V, BANERJEE A, KUMAR V. Anomaly detection: A survey[J]. ACM computing surveys (CSUR), 2009, 41(3): 1-58.

[36] XU W, HUANG L, FOX A, et al. Largescale system problem detection by mining console logs [J]. Proceedings of SOSP'09, 2009: 117-132.

[37] LOU J G, FU Q, YANG S, et al. Mining invariants from console logs for system problem detection [C]//2010 USENIX Annual Technical Conference (USENIX ATC'10). Berlekey: USENIX Association, 2010.

[38] NOTARO P, CARDOSO J, MICHAEL G. A survey of AIOps methods for failure management[J]. ACM Transactions on Intelligent Systems and Technology (TIST), 2021, 12(6): 1-45.

[39] CHEN Z, KANG Y, LI L, et al. Towards intelligent incident management: why we need it and how we make it[C]//Proceedings of the 28th ACM Joint Meeting on European Software Engineering Conference and Symposium on the Foundations of Software Engineering. New York: ACM, 2020: 1487-1497.

[40] BU J, LIU Y, ZHANG S, et al. Rapid deployment of anomaly detection models for large number of emerging kpi streams[C]//2018 IEEE 37th International Performance Computing and Communications Conference (IPCCC). Cambridge: IEEE, 2018: 1-8.

[41] ZHANG X, KIN J, LIN Q, et al. Cross-dataset time series anomaly detection for cloud systems [C]//2019 USENIX Annual Technical Conference (USENIX ATC'19). Berlekey: USENIX Association, 2019: 1063-1076.

[42] ZHANG S, ZHAO C, SUI Y, et al. Robust KPI anomaly detection for large-scale software services with partial labels[C]//2021 IEEE 32nd International Symposium on Software Reliability Engineering (ISSRE). Cambridge：IEEE, 2021：103-114.

[43] REN H, XU B, WANG Y, et al. Time-series anomaly detection service at microsoft[C]//Proceedings of the 25th ACM SIGKDD international conference on knowledge discovery & data mining. New York：ACM, 2019：3009-3017.

[44] LI Z, CHEN W, PEI D. Robust and unsupervised kpi anomaly detection based on conditional variational autoencoder[C]//2018 IEEE 37th International Performance Computing and Communications Conference (IPCCC). Cambridge：IEEE, 2018：1-9.

[45] CHEN W, XU H, LI Z, et al. Unsupervised anomaly detection for intricate kpis via adversarial training of vae[C]//IEEE INFOCOM 2019-IEEE Conference on Computer Communications. Cambridge：IEEE, 2019：1891-1899.

[46] SU Y, ZHAO Y, NIU C, et al. Robust anomaly detection for multivariate time series through stochastic recurrent neural network[C]//Proceedings of the 25th ACM SIGKDD International Conference on Knowledge Discovery & Data Mining. New York：ACM, 2019：2828-2837.

[47] DAI L, LIN T, LIU C, et al. SDFVAE：Static and dynamic factorized VAE for anomaly detection of multivariate CDN KPIs[C]//WWW'21：The Web Conference 2021. New York：ACM, 2021：3076-3086.

[48] LI Z, ZHAO Y, HAN J, et al. Multivariate time series anomaly detection and interpretation using hierarchical inter-metric and temporal embedding[C]//KDD'21：The 27th ACM SIGKDD Conference on Knowledge Discovery and Data Mining. New York：ACM, 2021：3220-3230.

[49] MA M, ZHANG S, CHEN J, et al. Jump-starting multivariate time series anomaly detection for online service systems[C]//2021 USENIX Annual Technical Conference, USENIX ATC 2021. Berlekey：USENIX Association, 2021：413-426.

[50] JIAO Y, YANG K, SONG D, et al. TimeAutoAD：Autonomous anomaly detection withSelf-supervised contrastive loss for multivariate time series[J]. IEEE Transactions on Network Science and Engineering, 2022, 9(3)：1604-1619.

[51] AUDIBERT J, MICHIARDI P, GUYARD F, et al. USAD：UnSupervised anomaly detection on multivariate time series[C]//KDD'20：The 26th ACM SIGKDD Conference on Knowledge Discov-

ery and Data Mining. New York：ACM, 2020：3395-3404.

［52］ MA M, YIN Z, ZHANG S, et al. Diagnosing root causes of intermittent slow queries in cloud data-bases［J］. Proceedings of the VLDB Endowment, 2020, 13(8)：1176-1189.

［53］ MA M, XU J, WANG Y, et al. AutoMAP：Diagnose your microservice-based web applications automatically［C］//Proceedings of The Web Conference 2020. New York：Association for Computing Machinery, 2020：246-258.

［54］ MENG Y, ZHANG S, SUN Y, et al. Localizing failure root causes in a microservice through causality inference［C］//28th IEEE/ACM International Symposium on Quality of Service, IWQoS 2020. Cambridge：IEEE, 2020：1-10.

［55］ ZHANG X, XU Y, QIN S, et al. Onion：identifying incident-indicating logs for cloud systems［C］//ESEC/FSE'21：29th ACM Joint European Software Engineering Conference and Symposium on the Foundations of Software Engineering. New York：ACM, 2021：1253-1263.

［56］ WANG H, WU Z, JIANG H, et al. Groot：An event-graph-based approach for root cause analysis in industrial settings［C］//36th IEEE/ACM International Conference on Automated Software Engineering. Cambridge：IEEE, 2021：419-429.

［57］ ZHANG Y, GUAN Z, QIAN H, et al. CloudRCA：A root cause analysis framework for cloud computing platforms［C］//CIKM'21：The 30th ACM International Conference on Information and Knowledge Management. New York：ACM, 2021：4373-4382.

［58］ HOU C, JIA T, WU Y, et al. Diagnosing performance issues in microservices with heterogeneous data source［C］//2021 IEEE Intl Conf on Parallel & Distributed Processing with Applications, Big Data & Cloud Computing, Sustainable Computing & Communications, Social Computing & Networking (ISPA/BDCloud/SocialCom/SustainCom). Cambridge：IEEE, 2021：493-500.

［59］ LIN J, CHEN P, ZHENG Z. Microscope：Pinpoint performance issues with causal graphs in microservice environments［C］//Lecture Notes in Computer Science, Vol 11236：Service-Oriented Computing-16th International Conference, ICSOC 2018. Berlin：Springer, 2018：3-20.

［60］ MA M, LIN W, PAN D, et al. MS-Rank：Multi-metric and self-adaptive root cause diagnosis for microservice applications［C］//2019 IEEE International Conference on Web Services, ICWS 2019. Cambridge：IEEE, 2019：60-67.

［61］ WENG J, WANG J H, YANG J, et al. Root cause analysis of anomalies of multitier services in public clouds[J]. IEEE/ACM Transactions on Networking, 2018, 26(4): 1646-1659.

[62] WANG P, XU J, MA M, et al. CloudRanger: Root cause identification for cloud native systems [C]//18th IEEE/ACM International Symposium on Cluster, Cloud and Grid Computing, CCGRID 2018. Cambridge: IEEE, Computer Society, 2018: 492-502.

[63] PAN Y, MA M, JIANG X, et al. Faster, deeper, easier: crowdsourcing diagnosis of microservice kernel failure from user space[C]//ISSTA'21: 30th ACM SIGSOFT International Symposium on Software Testing and Analysis. New York: ACM, 2021: 646-657.

[64] CAI Y, HAN B, LI J, et al. ModelCoder: A fault model based automatic root cause localization framework for microservice systems[C]//29th IEEE/ACM International Symposium on Quality of Service, IWQOS 2021. Cambridge: IEEE, 2021: 1-6.

[65] WU C, ZHAO N, WANG L, et al. Identifying root-cause metrics for incident diagnosis in online service systems[C]//32nd IEEE International Symposium on Software Reliability Engineering, IS-SRE 2021. Cambridge: IEEE, 2021: 91-102.

[66] WU L, TORDSSON J, EIMROTH E, et al. MicroRCA: Root cause localization of performance issues in microservices[C]//NOMS 2020-IEEE/IFIP Network Operations and Management Symposium. Cambridge: IEEE, 2020: 1-9.

[67] LU J, LI F, LI L, et al. CloudRaid: hunting concurrency bugs in the cloud via logmining[C]// Proceedings of the 2018 ACM Joint Meeting on European Software Engineering Conference and Symposium on the Foundations of Software Engineering, ESEC/SIGSOFT FSE 2018. New York: ACM, 2018: 3-14.

[68] JIA T, WU Y, HOU C, et al. LogFlash: Real-time streaming anomaly detection and diagnosis from system logs for large-scale software systems[C]//32nd IEEE International Symposium on Software Reliability Engineering, ISSRE 2021. Cambridge: IEEE, 2021: 80-90.

[69] LIANG Y, ZHANG Y, XIONG H, et al. Failure prediction in IBM blueGene/L event logs[C]// Proceedings of the 7th IEEE International Conference on Data Mining (ICDM 2007). Cambridge: IEEE, Computer Society, 2007: 583-588.

[70] VISHWANATH K V, NAGAPPAN N. Characterizing cloud computing hardware reliability[C]// Proceedings of the 1st ACM Symposium on Cloud Computing, SoCC 2010. New York: ACM, 2010: 193-204.

［71］ Hashemi S, Mäntylä M. OneLog：Towards end-to-end training in software log anomaly detection ［J］. CoRR, 2021, abs/2104. 07324.

［72］ 张圣林, 李东闻, 孙永谦, 等. 面向云数据中心多语法日志通用异常检测机制［J］. 计算机研究与发展, 2020, 57(4)：778.

［73］ HUANG S, LIU Y, FUNG C, et al. HitAnomaly：Hierarchical transformers for anomaly detection in system log［J］. IEEE Transactions on Network and Service Management, 2020, 17（4）：2064-2076.

［74］ YANG H, ZHAO X, SUN D, et al. Sprelog：Log-based anomaly detection with selfmatching networks and pre-trained models［C］//Lecture Notes in Computer Science, Vol 13121：Service-Oriented Computing-19th International Conference, ICSOC 2021. Berlin：Springer, 2021：736-743.

［75］ NEDELKOSKI S, BOGATINOVSKI J, ACKER A, et al. Self-attentive classification-based anomaly detection in unstructured logs［C］//20th IEEE International Conference on Data Mining, ICDM 2020. Cambridge：IEEE, 2020：1196-1201.

［76］ HAN J, JIA T, WU Y, et al. Feedback aware anomaly detection through logs for large scale software systems［J］. ZTE COMMUNICATIONS, 2021, 19(3)：88-94.

第 7 讲
网络功能虚拟化

7.1 概述

目前，大多数传统网络充满了各种专有硬件设备，如防火墙和网络地址转换（NAT），这些设备也被称为中间件[1]。一个给定的服务通常与一些特定的中间件有很强的联系。例如，启动一个新服务需要部署各种各样的中间件，而适应这些中间件变得越来越困难。此外，设计和部署基于协议的专有硬件是极其困难、昂贵和耗时的。一个典型的例子是从 IPv4 到 IPv6 的转变过程已经持续了十多年，但 IPv4 仍然被广泛使用。因此，在专有硬件上更新运行的协议都是极其困难的，更不用说部署一个新的协议了。此外，随着服务需求的不断增加和多样化，服务提供商必须定期扩大有形基础设施，直接导致增加资本支出（CAPEX）和运营费用（OPEX）。

商用现货（COTS）网络设备（例如基于 X86 的硬件）能够满足一般使用的需求，而达到不是定制的目的，与专门的网络设备相比，可以以更低的成本提供更大的容量。因此，COTS 硬件已经成为与专用硬件竞争的强大力量。通过这种方式，大多数电信运营商（TO）期望将网络功能从专用设备中分离出来，并将它们作为软件来实现，这些软件可以部署在标准 COTS 硬件上。在这种情况下，世界上 20 多家大型电信运营商，如美国电话电报公司（AT&T），英国电信公司（BT）和德国电信公司（DT），于 2012 年 10 月，在欧洲电信标准协会（ETSI）内成立了一个行业规范组（ISG）来定义网络功能虚拟化（NFV）[2]。由于网络功能与硬件分离，NFV 可以有效降低资本支出和运营费用。此后，ETSI 已经发展成为包括 38 家世界主要服务公司，在全世界拥有 300 多名会员的大型社区。这些成员致力于开发 NFV 所需的标准，并分享他们在 NFV 实现和测试方面的经验。

NFV 通过利用标准的 IT 虚拟化技术，改变了电信运营商构建网络的方式，即将各种类型的专有网络设备整合到基于 COTS 的大容量设备上[3]。基于当前虚拟化技术的发展，NFV 的出现使大多数电信运营商能够实现强大的网络灵活性和快速的新业务部署周期。这样，电信运营商可以轻松满足不断增长的客户需求，同时降低网络运维成本。然而，机遇总是伴随着挑战。引入虚拟化平面虽然实现了网络的灵活性，但是可能会带来许多新的问题，如安全性和可扩展性。

原则上，所有的网络功能和其他网络元素都可以考虑进行虚拟化。这些虚拟实例在 NFV 的上下文中称为虚拟网络功能（VNF），提供与相应的物理实例相同的功能。此外，VNF 可以在 NFV 基础设施（NFVI）环境（该环境提供所需的资源（如计算和存储））中由服务提供者实例化、执行和部署。通常，以特定顺序连接多个 VNF 可以组成一个特定的服务。为了提供由 VNF 构成的服务，大多数企业更像是这些服务的消费者，因为它们可以按使用付费的方式使用资源，而不是购买、配置和部署基础设施。此外，NFV 使服务提供者具有一定的灵活性，可以调整分配给 VNF 的资源，以满足 VNF 动态变化的工作负载。该机制提高了网络资源的利用率和网络服务提供的灵活性。

考虑到 NFV 在未来可能扮演的重要角色，我们总结了关于动机、术语、标准化活动、历史、架构、NFV 用例和解决方案等方面的现有工作，以便为新接触 NFV 的研究人员提供一个全面而详细的介绍。特别地，NFV 体系结构是以自下而上的方式呈现的，包括物理基础设施、虚拟化层、虚拟基础设施、管理和管理层以及 VNF 层。将网络功能从专有硬件中解耦并将其实现为 VNF，会导致越来越多的工作被用于 VNF 相关算法的设计和实现。虽然在 NFV 的发展和部署过程中积累了很多经验，但我们应该意识到，在生产网络中使用 NFV 之前，仍需要克服许多障碍。因此，为了尽可能地帮助克服这些障碍和避免掉入陷阱，我们首先讨论了 NFV 可能面临的主要挑战，并介绍了可能用于面对这些挑战的相关经验。特别地，从硬件设计、VNF 部署、VNF 生命周期控制、服务链、性能评估、策略实施、能源效率、可靠性和安全性等方面对这些挑战进行了详细的阐述。

7.2 互联网现状与网络功能虚拟化动机

在传统的运营商网络中，有很多中间件（即专有的硬件设备）。一般来说，中间件表示对网络流量进行传输、转换、过滤、检查或控制的转发或处理设备，以实现网络控制和管理的目的[4]。因此，它们是支持传统网络服务的基本要素。中间件的典型测试包括修改数据包源地址和目的地址的 NAT，以及过滤不需要的或大量流量的防火墙，等等。然而，当前中间件的类别远远超过我们在这里提到的，中间件更详细的分类可以在文献［5］中找到。

由于网络业务需求的多样化，中间件的数量也不断增加。每个中间件都是作为特定问题的解决方案出现的。例如，如果裸机想要免受某些威胁，就需要 IP 防火墙的中间件[6]。然而，在应用它们之前，这些中间件必须通过复杂的部署过程集成到网络基础设施中，不仅需要大量具有相关技术人员的手工操作，而且部署周期很长。这样一来，这种专门建造的中间件从长远来看肯定会引起许多问题。首先，由于中间件是独立且封闭的，当它们崩溃时，它们自然会引入新的故障，而对这些故障和一些错误配置的诊断将是相当复杂的[7]。此外，新中间件可能与旧协议不兼容，而旧协议在设计时没有考虑到新中间件不可预知的出现。为了使新的中间件工作，重新配置或补丁程序是不可避免的[8]。因此，推出新的网络服务既昂贵又耗时。一方面，网络运营商需要支付购买新中间件和维护旧中间件的费用，增加了资本支出和运营支出。另一方面，即使有足够的可用功能，这些新、旧中间件也不能共享相同的底层硬件。因此，协调这些中间件是困难的，雇佣受过技术培训的人员需要花费较长时间和高成本。

众所周知，中间件被固定在网络的某个地方，不能轻易移动或共享，因此，网络越来越僵化。随着网络服务的增多，这种情况更加严重。为了解决或至少缓解这种情况，首先需要系统地探索资源整合方案来解决和优化相应的资源管理问题。INP[9] 在 HP 实验室中实施了一个资源整合原型，以无缝、高效的方式为部署和提供服务协调了各种资源和网络设备。类似地，Stratos[10] 也是一个服务编排器，负责编排和管理虚拟中间件。与在本地网络中部署中间件不同，APLOMB[11] 允许将流量引导到提供中间件的云服务提供商，从而降低了网络成本并减轻了管理负担。DOA[12] 作为因特网架构的扩展来加速中间件的部署过程。网络功能虚拟化视图如图 7-1 所示。

这些整合思想虽然在一定程度上解决了中间件造成的问题，但并没有改变中间件存在的性质，因此，研究人员提出了其他解决方案，例如，Click 旨在将中间件转换为虚拟化实体，而 SR-IOV 和 Netmap 旨在通过使用虚拟化技术加速 I/O，全球环境网络创新（GENI）和 OpenStack 甚至提供由基于 COTS 的硬件组成的基础设施。虽然这些努力没有形成一个标准，但它们从根本上促成了图 7-2 所示的 NFV 的出现。

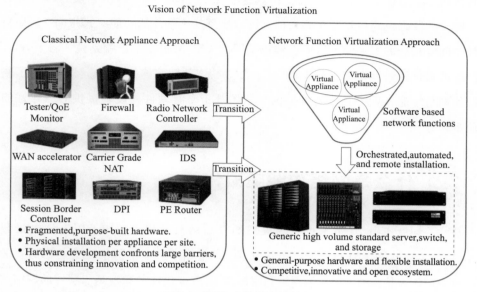

图 7-1　网络功能虚拟化视图

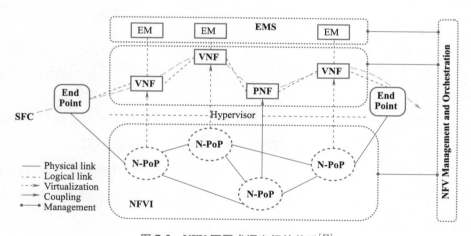

图 7-2　NFV 不同术语之间的关系[53]

NFV 的目标是缩短产品上市时间，降低设备成本，形成一个强大的、可扩展的、有弹性的生态系统。首先，自动化 NFVI 管理和编制，可以缩短用于新服务评估和测试的时间。这样，产品上市的时间也缩短了。然后，NFV 允许网络运营商和服务提供商在 COTS 硬件上实现基于软件的网络功能，而不是在特定的硬件上，从而降低资本支出和运营成本。最后，NFV 生态系统有望通过将专有的、昂贵的基础设施转变为通用的、廉价的基础设施构建，在此基础上可以执行基于软件的功能（即 VNF）。过去由各种中间件构造的服务，可以通过编排不同的 VNF 来提供，也就是说，将 VNF 放置在网络的最优网络存在点（N-PoP）上，并以特定的顺序连接它们。然而，为了获得更好的网络性能，VNF 必须至少提供与原始基于专有硬件的设备提供的一样好的服务质量体验。

7.3 什么是网络功能虚拟化

NFV 一词最初由 20 多家世界上大型的电信运营商提出，如美国电话电报公司（AT&T）、英国电信（BT）和德国电信（DT）。根据欧洲电信标准协会（ETSI）的概念，NFV 被认为是一种网络架构通过利用标准 IT 虚拟化技术和将基于硬件的网络功能整合到标准商业设备（如 X86 架构机器）来转换构建和运行网络的方式。本节将提供 NFV 的完整定义，以便让不熟悉 NFV 的读者对其有一个初步的印象。

1. 主要术语

NFV 引入了许多新术语。下面介绍文中所用的一些必要的术语，以便读者清楚地区分它们。

1）物理网络功能（PNF）：PNF 是具有定义良好的外部行为和接口的专用功能块的实现。现在 PNF 指的是网络节点或物理设备，因为它与设备紧密耦合。

2）网络功能虚拟化基础设施（NFVI）：NFVI 提供了由硬件和软件构件组成的网络环境，可以在其中部署、管理和执行 VNF。一个 NFVI 可以横跨多地，而这些不同地理位置之间的连接也被视为 NFVI 的一部分。

3）元素管理系统（EMS）：EMS 是一组独立的元素管理器（EMS），负责在 VNF 实例的生命周期中实例化、执行和部署实例。

4）管理和编排（MANO）：NFV 为通信网络引入了一些新功能，而 MANO 是用于管理和适应这些新功能的元素。具体而言，MANO 可进一步分为 3 个实体，即虚拟化基础设施管理器（VIM）、VNF 管理器（VNFM）和 NFV 编排器（NFVO），它们负责

NFVI 管理、资源分配、功能虚拟化等。

5）虚拟网络功能（VNF）：VNF 是 PNF 的软件实现，提供与 PNF 相同的功能行为和外部操作接口。一个 VNF 可以由一个或多个组件组成。

6）网络存在点（N-PoP）：N-PoP 表示部署 PNF 和 VNF 的位置。人们可以从 N-PoP 访问相应的资源，如内存和存储。

为了帮助读者理解这些元素之间的关系，我们在图 7-2 中以分层结构将它们的关系联系起来，并用黑体突出显示。显然，VNF 和 PNF 的共存是不可避免的。EMS 负责 VNF，NFVI 负责管理分配给 VNF、PNF 的资源和 N-POP。MANO 负责收集 PNF 和 VNF 的信息，提供一个全局视图，该视图可用于协调 PNF 和 VNF，以快速且经济高效地提供服务。

2. 标准化活动

为了加快 NFV 的部署，标准开发组织（SDO）开展了许多标准 NFV 活动，如欧洲电信标准协会（ETSI）和 OPNFV。标准开发组织取得的大多数成果都是开放源码的，这样同行工作者就可以学习他们的经验和教训。

（1）欧洲电信标准协会

欧洲电信标准协会（ETSI）于 2012 年 10 月首次成立了 NFV 研究小组，即 NFV ISG[2]。同年，NFV ISG 发布了第一版 NFV 白皮书。随着越来越多的会员加入这一组织，NFV 白皮书分别于 2013 年 10 月和 2014 年 10 月进行了更新。欧洲电信标准协会 NFV ISG 的一项重大成就是完成了 2015 年初发布的 11 项规范的第一阶段工作。此外，第二阶段工作已经完成，并就互操作性等目标达成一致，而第三阶段工作仍在准备中。与此同时，另一个名为开源管理和编排（OSM）的组织也于 2016 年 2 月在欧洲电信标准协会成立。与 NFV ISG 专注于 NFV 的整体架构不同，OSM 旨在提供基于开源工具和过程的开源 MANO 堆栈。

（2）开放网络基金会

虽然开放网络基金会（ONF）通过 SDN 加速网络创新，但不能忽视 NFV 对未来网络化的显著影响。因此，基于 NFV 给行业带来的重要价值，开放网络基金会开始关注 NFV，发布了关于使用 SDN 实现 NFV 的简要解决方案。然后，开放网络基金会发布了一份技术报告，从网络架构的角度详细说明了 SDN 和 NFV 之间的互补关系。

（3）互联网研究专门工作组

互联网研究专门工作组（IRTF）成立了 NFV 研究小组（NFVRG），以实现对 NFV 的研究。NFVRG 的目标之一是提供一个共同的平台，在该平台上，世界各地研究人员和社区可以分享、探索他们关于这个新研究领域的知识。此外，NFVRG 还在一些著名的会议（如 *GLOBECOM*）上举办研讨会。

（4）互联网工程任务组

互联网工程任务组（IETF）成立了一个服务功能链工作组（SFC WG），该工作组专注于设计 SFC 架构（包括 SFC 协议描述、服务功能路径（SFP）计算等），将 SFP 的信息嵌入包头中。通过使用这些信息，可以在 SFC 流量到达目的地之前，通过所需的网络功能轻松地控制这些流量。此外，在设计 SFC 架构时，SFC 工作组也要考虑管理和安全性。

（5）OPNFV

OPNFV[13] 是一个开源的运营商级项目。OPNFV 的一个目的是促进新 NFV 服务和产品的开发。此外，OPNFV 还致力于通过收集其他开源项目（如开放式 vSwitch 和基于 Linux 内核的虚拟机）、设备供应商（如华为和思科）和标准机构（如 ETSI 和 IETF）的工作，为行业构建一个开放的标准 NFV 平台。

3. 发展历程

NFV 的发展仍处于起步阶段。然而，在 NFV 中扮演重要角色的虚拟化技术已经发展了很多年。目前，虚拟化技术有很多种，如 VMware 虚拟机监控程序中的硬件虚拟化、云计算虚拟化。网络组件（尤其是网络功能）的虚拟化是 NFV 的主要特点。我们从虚拟化技术开始，过渡到特定的 NFV 历史，讨论网络功能虚拟化的发展历程。虚拟化术语最早是由 Christo-pher Strachey[14] 在 1959 年作为一种理论提出的。在 20 世纪 60 年代中期，IBM 提出了它的实验系统 M44/44X，首先介绍了虚拟机（VM）的概念[15]。随着时间的推移，计算机的性能（如中央处理器（CPU）和随机存取存储器（RAM））得到了极大的提升，能够满足虚拟化技术的需求。在此基础上，VMware 公司于 1999 年推出了第一款基于 X86 体系结构的商用虚拟化产品。该产品主要侧重于在一台服务器中隔离出资源以创建独立的工作环境。管理所有分离环境的基本需求，催生了各种虚拟机监控程序或虚拟机监视器（VMM）。

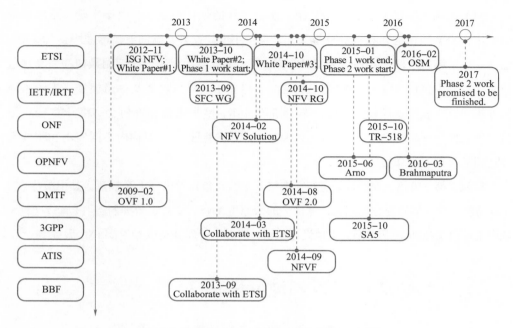

图 7-3　标准化 SDO 活动和 NFV 的主要事件

　　2012 年 10 月，20 多家世界上大型的电信运营商在它们共同著作的白皮书[2] 中提出了 NFV 的概念。这份白皮书引起了产业界和学术界的关注。同年 11 月，其中 7 个电信运营商决定选择欧洲电信标准协会作为 NFV 之家，并成立了 NFV 研究小组 ISG。欧洲电信标准协会 NFV ISG 已发展到 235 家公司（其中包括 34 家服务提供商组织），并于 2013 年 1 月召开了 7 次横跨亚洲、欧盟和北美的全体会议。2013 年 10 月，欧洲电信标准协会更新了白皮书[16]，并发布了 NFV 架构框架，该框架确定了 NFV 系统组件及接口。在接下来的两年内，许多专家和公司（即 2015 年欧洲电信标准协会报告中的 289 家公司）不断加入工作组（即欧洲电信标准协会 NFV ISG），以帮助推动 NFV 标准的发展，并分享他们对 NFV 的想法。目前，NFV 的工作进展已进入第三阶段。

　　NFV 的第一阶段工作在 2015 年初成功完成了 11 项规范的出版。这些出版物以 2013 年 10 月首次发布的 NFV 文件为基础，涵盖 NFV 的许多方面，包括管理、编排、架构框架、基础设施概述（包括计算域、系统管理程序域和网络域的描述）、服务质量度量、弹性、安全性和信任。所有这些成果都是经过 240 多个组织两年的紧张工作后取得的。

NFV 的第二阶段工作是对 NFV 第一阶段工作的强化和改进。由于本阶段未考虑架构工作，NFV 架构框架和 MANO 框架几乎保持不变。此外，欧洲电信标准协会 NFV ISG 已经完成了第二阶段（2015 年和 2016 年）的大部分初始承诺，即编制最初的一套规范性文件，其中包括 NFV 架构框架中确定的接口要求、接口规范及信息模型。为了验证服务描述符合软件映像管理方面的第二阶段工作，欧洲电信标准协会 NFV ISG 公布了另一项工作——NFV Plugtests（第一个版本），旨在验证 NFV 架构内不同实现和主要组件之间的早期互操作性。

目前，第三阶段正在按计划进行，在接下来的几年将提供一大套规范。其中应注意 3 个新特性：定义能够充分利用云计算优势的云原生 VNF；支持平台即服务（PaaS）模型，该模型可用于帮助 VNF 遵循云本地设计原则；跨多个管理域支持 NFV MANO 服务[86]。

7.4 网络功能虚拟化标准架构

NFV 架构[5] 如图 7-4 所示。NFVI 相当于数据平面，负责转发数据并且为网络运行的服务提供资源。MANO 相当于控制平面，负责建立各种 VNF 之间的连接，并编排

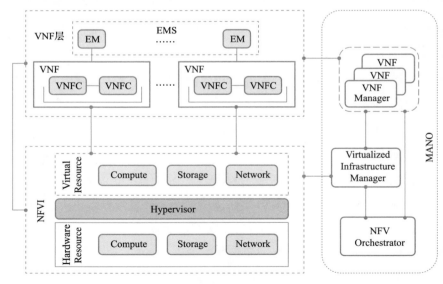

图 7-4　NFV 架构

NFVI 中的资源。VNF 层相当于应用平面，承载着不同种类的 VNF，VNF 可以被视为应用程序。下面依次介绍这 3 个部分，并分别讨论它们的核心职能。

1. 网络功能虚拟化基础设施层

NFVI 为实现 NFV 的目标提供了基础的服务。通过在分布式位置部署一组通用网络设备，NFVI 可以满足时延和地点等各种服务需求，降低 CAPEX 和 OPEX 上的网络成本。基于通用硬件，NFVI 还为 VNF 的部署和执行提供了一个虚拟化环境。虽然通常当前 NFVI 的架构相同，但它们的实际实现可能有很大差异。根据图 7-5 的底部部分，NFVI 的参考架构可以进一步分为 3 个不同的层，即物理基础设施层、虚拟化层和虚拟基础设施层。

（1）物理基础设施层　NFVI 的物理基础设施层由通用服务器组成，提供基础的计算和存储服务。特别地，提供计算服务的服务器称为计算节点，而提供存储服务的服务器称为存储节点。此外，任何计算节点都可以通过内部接口与其他网元通信。因此，底层设备可以被进一步分为 3 类，即计算硬件、存储硬件和网络硬件。

①计算硬件是指由内部指令集管理的通用计算节点。每个计算节点都可以在 NFV 的环境中以单核或多核处理器（即 CPU）的形式实现。目前，有丰富种类的服务器可以用作通用计算节点。

②存储硬件是指能够暂时或永久存储信息的设备。许多网络功能都基于存储硬件运行，例如，视频流的网络缓存。此外，考虑到网络中数据量极大，存储和处理数据需要大容量、高速的存储设备。通常，存储服务器是一个 2U 或 4U 的盒子，它具有大量的（如 60 多个）固态磁盘（SSDs）或硬盘驱动程序（HDDs），还有少量的辅助计算能力和内存。此外，这些存储服务器还可以通过连接外部磁盘或驱动程序来扩展。

③网络硬件通常以专有的 L2/L3 交换机或裸金属交换机的形式出现。在 NFV 的环境下，这些专有的设备逐渐被行业标准的设备（只支持传统的路由协议；只支持 Open-Flow 协议；同时支持常规协议和 OpenFlow 协议）取代。目前，市场上有许多行业标准交换机，例如，IBM RackSwitch 和 Juniper QFX 系列交换机。网络接口卡（NIC）是网络硬件的另一个重要组成部分，是安装在交换机或计算节点中的电路板或卡，以提供与其他网元的物理连接，这样在不同位置的 VNF 就可以相互通信。NFVI 可以看作 NFV 的数据平面。可以通过使用 CPU 增强或硬件卸载机制来提高 NFVI 的性能。特别是，使用

CPU 增强，可以通过将硬件加速器插入标准 COTS 服务器以提升数据包处理速度，或支持大页面以减少查找时间来实现。使用硬件卸载机制，可以通过使用智能网卡来平衡负载，或添加其他协同处理器（例如 FPGA）来加速数据处理。

（2）虚拟化层　NFVI 的虚拟化层位于物理基础设施和虚拟基础设施之间。因此，它被认为是一个软件平台，利用虚拟机监视器（hypervisor）分割物理资源，并建立隔离的环境（例如 VM）。尽管所有这些隔离的环境都共享相同的底层基础设施，但每个环境都独立地配备了所有必要的外围设备。此外，在虚拟网络环境中还可能发生许多网络行为，如虚拟机实例化、删除、在线迁移和动态缩放等。为了支持这些行为，虚拟机监视器可以动态地调整分配给虚拟机的物理资源和虚拟资源之间的映射关系，从而实现虚拟机之间的高级可移植性。本质上，虚拟机监视器几乎可以模拟硬件平台的每一部分。例如，CPU 指令集的仿真会使虚拟机相信它们运行在不同的 CPU 架构上，而实际上它们共享相同的硬件平台。然而，在模拟虚拟 CPU 周期时，实际的 CPU 周期会不可避免地增大，这自然会导致虚拟机性能的损失。

通常，SDN 中使用的虚拟机监视器也可以应用于 NFV。例如，FlowVisor[17] 是 SDN 网络虚拟化的早期技术之一。FlowVisor 的基本思想是在多个逻辑网络之间共享相同的基础设施。NFVI 由 COTS 硬件组成，这使硬件资源的虚拟化实现更加彻底。还有许多其他 SDN 虚拟机监视器，如 OpenVirteX、AutoSlice 和 AutoVFlow。这些虚拟机监视器可视为数据平面和控制平面的代理，为控制器管理和控制底层的防护设备提供了一种简便的方法。然而，我们应该意识到，SDN 中的虚拟机监视器驻留在数据平面和控制平面之间，而在 NFV 中，它驻留在物理基础设施和虚拟基础设施之间。根据这种差异，可以得出，对 NFV 虚拟机监视器的关注应该集中在物理资源和网络功能虚拟化上。目前，在 NFV 中使用的主流虚拟机监视器包括 Linux KVM、Citrix Xen、Microsoft Hyper-V 和 VMware ESXi。

除了虚拟机监视器外，容器（container）技术是 NFV 虚拟化的另一个可行的解决方案。虚拟机监视器和容器的差异如图 7-5 所示，其中我们可以观察到容器不需要分离的系统来托管应用程序或者 VNF。因此，容器可以比虚拟机监视器节省更多的开销，因为前者直接运行在主机操作系统上，而后者运行在服务器操作系统上。通过这种方式，NFVI 虚拟化层很可能会扩展到包括基于容器引擎的操作系统。尽管容器提供了很好的机会来减少开销，但由于与主机缺乏隔离，也导致存在许多潜在的安全问题。容器的一个典型例子是 Docker，它是一个用于开发、运输和运行应用程序的开放平台，将应用程序与基础设施分离，使基于软件的应用程序能够快速交付。此外，FlowN[18] 是一种基于轻量级容器的虚拟化方法，用于解决云中的多租赁问题。FlowN 不是为每个租户运行一个独立的控制器，而是使用一个共享的控制器平台运行租户的应用程序，并为每个租户提供独立的地址空间、拓扑结构和控制器的视图。

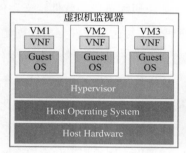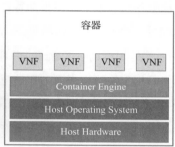

图 7-5　虚拟机监视器和容器的差异

由虚拟机监视器或容器提供的虚拟环境必须在功能上与原始硬件环境相同。因此，对于相同的操作系统，只要这些工具和应用程序是软件化的，它们就可以在虚拟环境中使用。然而，为了满足 NFV 的实现，仍然需要解决虚拟机监视器（或容器）的许多需求。例如，虚拟机监视器需要在虚拟网络功能（部分或完全虚拟化）方面提供不同的粒度，从而创建差异化的服务；为了支持软件的可移植性，必须指定一些定义良好的接口，包括 VNF 管理和监控的接口，以及由于 PNF 和 VNF 共存而容纳 VNF 的接口等。虚拟机监视器的存在也暴露了许多潜在的安全威胁，需要研究人员在不久的将来仔细考虑。

（3）虚拟基础设施层　根据图 7-5 中底部所示的 NFVI 的参考架构，虚拟基础设施层位于虚拟化层上，包括虚拟资源、虚拟计算、存储及联网 3 种资源。这些虚拟资源对于在 NFV 中提供虚拟化环境起着非常重要的作用。然而，我们应该意识到，它们仍然来自物理资源的虚拟化。

虚拟计算资源是通过对 CPU 等硬件处理元素的虚拟化来实现的。这种虚拟化操作通常由虚拟机监视器通过特定的应用程序可编程接口（API）来完成，例如，KVM 的[19]

和 ESXi 的 vCenter[20] 都为虚拟计算资源管理提供了一种方法。libvirt 和 vCenter 的共同部分是，它们以 VM 的形式提供这种服务，可以被视为 VNF 的执行环境。此外，软件定义计算（SDC）[21] 是另一种计算虚拟化技术，将计算功能移动到云中，并观察一个资源池中的所有计算资源。在此基础上，通过中央接口获得了一个按需计算的资源分配。

同样，虚拟存储可以通过 DAS、SAN 或 NAS 形式的存储硬件虚拟化来实现。特别地，存储管理软件与底层硬件分离，不仅能够以灵活和可扩展的方式创建虚拟存储资源池，而且还给虚拟存储带来了许多附加特性，如快照和备份。软件定义存储（SDS）[22] 是存储虚拟化的另一种形式，通过将控制/管理软件与通用硬件分离，创建存储资源的虚拟化网络。Ceph 是 SDS 的一个例子，从单个集群平台提供对象、块和文件系统存储。此外，存储网络可用于连接许多大型存储池，这样这些池就可以显示为一个虚拟实体。

虚拟网络与传统的计算机网络相似。不同之处在于，虚拟网络在虚拟化网络环境中提供了虚拟机、虚拟服务器和其他相关组件之间的互联。虽然虚拟网络遵循物理网络的原则，但其功能主要是由软件驱动的，例如，虚拟以太网适配器和虚拟交换机。通过连接不同的虚拟机，我们可以构建一个以生产、开发、测试等为目的的虚拟网络。但是，我们应该注意，这些虚拟机可能位于同一个虚拟机监视器上或跨多个虚拟机监视器上。虚拟网络中的另一个重要元素是虚拟交换机，它允许虚拟机使用物理交换机中的相同协议通信，而不需要额外的网络硬件。在 NFV 和 SDN 的环境中，虚拟交换机具有可编程性和灵活性。与物理基础设施层中解释的硬件加速类似，NFV 的数据平面也有许多基于软件的 I/O 加速器。提升 NVFI 性能的具有代表性的加速器包括：Data Plane Development Kit（DPDK）、Netmap、Single Root I/O Virtualization（SR-IOV）、PF_RING ZC 等。通常而言，虚拟网络可以通过两种方式来实现，即基于基础设施的解决方案和基于层次结构的解决方案。

2. 网络功能虚拟化管理与编排层

NFV MANO 的主要职责是在 NFV 的框架内管理整个虚拟化环境，该环境包括虚拟化机制、硬件资源编排、VNF 实例的生命周期管理、模块之间的接口管理等。欧洲电信标准协会将所有职责分为三部分，即虚拟化基础设施管理器（VIM）、NFV 编排器（NFVO）和 VNF 管理器（VNFM）。具体来说，NFVO 主要负责协调 NFVI 资源和管理 VNF 的生命周期。为了提供一个网络服务，我们根据 NFVO 的决定来编排和连接多个

VNF。然而，这一结果非常复杂，因为我们不仅应该部署每个 VNF（包括 VNF 实例化和配置），还应该计算一个最佳路径来连接它们，从而提供所需的服务。此外，VNFM 还负责管理多个 VNF 实例。

ETSI NFV MANO 的另一个实现是由 ETSI 托管的开源 MANO（OSM）[23]。OSM 的目标是开发开源 NFV 管理和编排软件栈。尽管 OSM 的体系结构与参考体系结构高度一致，但它将 NFVO 分为两个细粒度组件，即服务编排器和资源编排器。具体而言，前者负责端到端编排和提供服务（此类服务由 YAML 建模语言描述，可能由 VNF 和 PNF 组成）。后者负责通过至少一个 IaaS 提供商将网络资源分配给终端服务。实际上，OSM 的两个编排器可以联合映射到参考 MANO 的 NFVO 实体。此外，在 OSM 内部，有一个 VNF 配置和抽象的模块，考虑到它的职责，可以将它看作一个功能有限的通用 VNFM。关于 VIM，OSM 利用了 OpenVIM、OpenStack 和 VMware 的成果。特别是，OpenVIM 是轻量级 VIM 实现，而 OpenStack 和 VMware 是重量级 VIM 实现的替代方案。

3. 虚拟网络功能层

虚拟网络功能（VNF）层在整个 NFV 结构中发挥着重要作用。NFV 旨在抽象出底层的 PNF，并最终以软件（即 VNF）的形式实现它们。VNF 可以提供最初由专有网络设备提供的网络功能，并有望在 COTS 硬件上执行。

图 7-4 的顶部给出了 VNF 层的结构，其可以包括许多孤立的 VNF 实例。此外，每个 VNF 都由多个 VNF 组件（VNFCs）组成，并由相应的 EMs 管理。同一个域内的所有 EMs 共同组成了 EMS。实际上，EMS 是 VNF 的一种，而不是 MANO 的一部分，负责管理各种 VNF。同样地，VNFM 也负责管理 VNF 的实例化、更新、查询、扩展和终止。为了更好地执行这些管理功能，EMS 必须与 VNF 合作并交换 VNF 相关的信息。

基本上，网络基础设施内部的 PNF，如边界网关、防火墙和动态主机配置协议等，都必须有完美定义的外部接口和相应的行为模型。PNF 在物理网络中提供网络功能，而 VNF 在虚拟网络环境中也扮演同样的角色。在这方面，过去由 PNF 完成的工作现在可以由初始化相应的 VNF 代替。此外，将位于网络不同位置的多个 VNF 连接在一起可以组成一个服务链。根据企业的实际需求，可以动态地选择 VNF 的位置。

目前，VNF 可以在两种环境中实现。第一种是虚拟机环境，可由虚拟化技术提供，如 VMware、KVM、XEN、HyperV 等。第二种是由 Docker 提供的容器环境。VM 为运行

VNF 提供了一个与真实计算机隔离的重复环境，而容器只包括运行 VNF 的必要元素。在虚拟机和容器的基础上，还有许多其他用于实现 VNF 的技术，如图 7-6 所示。

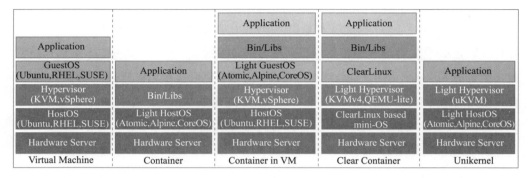

图 7-6　VNF 虚拟化环境

7.5　网络功能虚拟化关键技术

一般来说，网络功能虚拟化的关键技术在于网络软件化，而网络软件化通常是指通过软件编程来设计、实施、部署、管理和维护网络设备，以及实现网络组件的整体转型。因此，本节分别从软件定义数据面、软件定义控制面和软件定义应用面来阐述网络功能虚拟化的关键技术。

1. 软件定义数据面

包括谷歌、亚马逊、IBM 和甲骨文在内的大多数科技公司都投资于云计算，并为个人和企业提供了各种基于云的解决方案，例如，社交网络（Facebook、Twitter、LinkedIn）、电子邮件（Hotmail、Gmail、Yahoo）和其他文件服务（Google Docs、Zoho office）。由于很多科技公司为云计算做出了巨大的努力，并开发了许多成熟的技术，当今世界正在向云计算过渡。客户可以将计算资源作为公共设施来使用，而不必自己建立和维护计算基础设施。尽管如此，我们应该意识到，传统的云计算架构可能无力支持这种世界范围的转型。因此，当前的数据中心架构应该基于统一的标准重新进行彻底的设计，以顺应这种发展趋势。在这种情况下，软件定义基础设施（SDI）[24] 的新范式为数据中心架构的重新设计提供了机会。物理基础设施主要包括两类实体：设备和资源，对于 SDI 来说，它们是虚拟化的。特别是基于硬件的设备被虚拟化为软件（例如，虚拟交换机和虚拟路由器），而物理资源被虚拟化为 SDI 中的资源。这两种虚拟实体一般可以构成一个简单的虚拟网络。因此，物理网络只需要处理流量转发，而虚拟网络则需要负责编程服务部署，并以一种智能和自动化的方式管理资源。此外，我们可以在同一个 SDI 上建立多个独立的虚拟网络环境，从而提供一个多租户环境。尽管如此，属于不同租户的流量应该被隔离，以防它们相互混合并影响正常的数据转发过程。与通过专门的硬件提供的传统服务不同，SDI 抽象了一个虚拟化的环境，在逻辑上位于物理网络之上，这样就可以自动和远程完成服务部署，而不需要手动接触底层物理基础设施。

　　尽管 SDI 带来了很多好处，如自动化和灵活性，但它也在实施和运行过程中引入了许多潜在的陷阱和挑战。我们知道，在向基于 SDI 系统过渡的过程中，虚拟化对于传统系统来说是不可避免的。一方面，物理资源（如 CPU、内存和存储）通常是由单独维护的孤立的专用服务器提供的。通过网络资源的虚拟化，我们可以消除这种孤立的情况，并显著降低成本和提高敏捷性。另一方面，网络的虚拟化将不可避免地产生大量的虚拟化工作负载。在这种情况下，相应的管理、监控和维护的方式应该被改变，以便更好地满足这些虚拟工作负载的需求。尽管如此，目前的情况是，由于成本和地理位置等原因，大多数企业只能部分实现基础设施的虚拟化。这样一来，整合后的虚拟资源和孤立的物理资源的共存会在合作和兼容性方面造成许多不可避免的问题，在大规模的网络中该问题可能会更加严重，最终导致显著增加复杂度和成本。此外，为了满足这些虚拟化工作负载的需求和用户的期望，企业必须在每个服务的基础上设计它们的基础设施环境，因此应该开发不同的资源分配模型来适应不同的服务。所有这些因素都造成了软件定义基础设施的复杂性。

　　传统基础设施和软件定义的基础设施之间的共存是不可避免的，并且已经存在了很长时间，这不能简单地通过 SDN 和 NFV 的新功能来解决。然而，由于复杂性和成本的增加，同时维护两种环境是不可持续的。因此，组合基础设施的概念作为一种过渡性产品被提出，它允许运营商在传统基础设施和软件定义的基础设施中提供新的服务。有了这样的混合基础设施，许多限制问题就可以得到解决。

　　2. 软件定义控制面

　　SDN 和 NFV 作为两种新兴范式，旨在为客户和企业提供一个更灵活、更经济的网络架构。它们和传统网络的基本架构如图 7-7 所示。尽管 SDN、NFV 在功能和概念上是不同的，但它们是高度互补。通过图 7-7，我们可以注意到，它们将控制逻辑从底层基础设施中抽象出来，从而使控制平面和数据平面都具有可编程性。SDN 和 NFV 主要致力于实现控制面的可编程性，这样一来，企业和运营商可以更关注它们的操作和控制逻辑，以适应动态变化的需求。比如，通过基础设施平台的软件化，NFV 提供了一个用于执行和部署各种 SDN 实体的虚拟化的环境。此外，SDN 提供了一个集中的网络视图和一定程度的控制平面可编程性，使用户能够维护和操作网络以达到更好的状态。

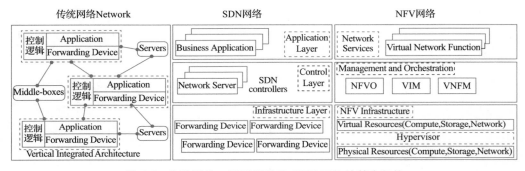

图 7-7　传统网络、SDN 网络和 NFV 网络的基本架构

SDN 和 NFV 的集成引入了具有高可编程性的开源控制平面。一方面，用商品服务器替换专有硬件不仅缩短了服务上市的时间，而且构建了一个可扩展的弹性平台，以支持控制平面的可编程性。另一方面，将网络功能与硬件分离并运行在商品服务器上，可以加快网络创新，并提供灵活的网络控制和配置。考虑到这些因素，SDN 和 NFV 联合提出了一个完全由软件定义的控制平面，可以灵活地确定各种网络策略，以优化网络性能（如降低成本和功耗）。例如，基于 SDN 和 NFV 提供的控制平面可编程性，Luo 等人[25] 实施了动态控制器整合和休眠机制，以实现高能效，而 Kellerer 等人[26] 则打算在灵活性、可扩展性等方面实施网络测量解决方案。

如上所述，服务功能链是 NFV 中最重要的用例之一。一方面，从 SDN 的角度来看，NFV 为服务功能链提供了一个全局网络视图。另一方面，VNF 的概念为服务组合提供了一种灵活的方式，这些特征反映了软件化的趋势。

3. 软件定义应用面

SDN 和 NFV 使各种网络应用的出现成为可能，它们在时延、带宽等方面有不同的要求。例如，一些应用（如与视频有关的）可能需要大带宽，而其他应用（如在线会议）可能对网络时延敏感。因此，需要一个统一的应用管理系统来适应具有不同要求的应用。在 NFV 的背景下，软件定义应用的概念也包括各种 VNF。软件定义应用的新特点是，它们可以根据用户的需求在基于 COTS 的网络上被动态地实例化和执行。一个或多个 VNF 可以构成新的服务。然而，为了创建高质量的新服务，应该彻底解决 VNF 的放置和相应的资源分配问题。

由于网络虚拟化的广泛采用，当前的应用服务可以被灵活地创建和提供。然而，我们意识到这些服务的需求在其生命周期内可能会发生变化，因此，在依赖专用硬件的传统网络中很难处理。相比之下，虚拟化网络使资源重新配置和重新分配成为可能，这样分配给每个应用程序的资源就可以定制了。一方面，这种定制的办法提高了资源利用率；另一方面，资源定制也导致增加了管理的复杂性，因为它是基于任意的用户需求进行的。与传统网络向多个客户提供一种质量相同的应用服务不同，软件定义应用打算根据用户的偏好和网络环境提供差异化的服务。这个目标可以通过用不同的虚拟资源隔离网络环境来实现，每个被隔离的环境应该为每个应用提供定制的资源，这些隔离和虚拟化环境的管理是复杂的，而且是必需的。

服务定制框架对于解决上述挑战非常重要。一个典型的例子是华为提出的应用驱动网络（ADN）[27]，提出网络设计和演进应该由网络应用和使用驱动。从根本上这种 ADN 体系结构与传统的网络体系结构存在差异，传统的网络体系结构旨在优化网络运行和资源使用，ADN 则提供了各种应用程序的总体框架应用，其他研究集中于一个特定的应用。例如，Monshizadeh 等人[28] 打算为 SDN 创建一个威胁检测应用，而 Luo 等人[29] 专注于提供上下文感知的流量转发应用。因此，在设计和实现这些应用时，应该考虑到用户的需求和动态变化的网络条件。

现在，随着 5G 和物联网时代的到来，最终用户设备的数量将达到数十亿，这意味着应用的数量和种类也将急剧增加。这样一来，相应的挑战就是要建立一个智能的应用管理系统，使之有能力按照使用和位置的服务概况来维护、运营如此巨大的应用。此外，由于这么多的应用程序都是基于软件的，并且是开放源码的，它们正在面临一系列问题，包括安全性、身份验证、授权等。

7.6 网络功能虚拟化应用案例

本节将介绍三种网络功能虚拟化的应用案例来帮助读者了解网络功能虚拟化的应用情况，包括 NFV 基础设施即服务、虚拟网络功能转发图和移动核心网虚拟化。

1. NFV 基础设施即服务（NFVIaaS）

一般来说，任何服务提供商几乎不可能在世界各地建设和维护自己的物理基础设施，而相反，用户的需求是全球性的。基于这种矛盾，NFVI 作为一种服务的概念出现。特别地，NFVIaaS 表明，可以从一个服务提供商向其他服务提供商提供和销售 NFVI。在这方面，一个服务提供商通过在其他服务提供商的 NFVI 平台上远程运行 VNF，为远离其 NFVI 地点的客户提供服务是非常方便和划算的。

尽管 NFVIaaS 可以促进 NFVI 平台的部署，但欧洲电信标准协会 NFV ISG 只描述了 NFVIaaS 的一个简单用例，而没有提供详细的规格说明。考虑到这一点，IRTF 和 VMware 都发布了一份阐述 NFVIaaS 的白皮书文件。前者描述了 NFVIaaS 的架构框架，其目的是基于政策的资源放置和调度；后者侧重于描述向 NFVIaaS 的成功转型，其间提出了一个操作模型和一个组织模型。从 NFVI 所有者的角度来看，他们必须确保只有被授权的客户才能在其 NFVI 平台上执行和部署 VNF 实例。同时，为了防止客户之间相互影响，还需要有完善的客户隔离和资源限制的机制。

图 7-8 给出了一个简单的例子，其中服务提供者 SP1 在服务提供者 SP2 拥有的 NFVI 平台上运行其 VNF 实例。我们将图 7-8 所示的过程简化为 3 个步骤。首先，用户 U1 要求 SP1 在到达目的地 U2 之前准备一个特定的 VNF 实例。然后，SP1 发现用户的目的地离 SP2 很近，强制在 SP1 的 NFVI 上部署所需的 VNF 实例将花费大量资金。因此，更好的方法是租用 SP2 的 NFVI 并在上面部署所需的 VNF 实例。最后，在完成部署后，U1 和 U2 之间的路径会穿过 SP2 上的 VNF 实例。重要的是，NFVIaaS 是通过步骤 2 来体现的。此外，除了发生在不同服务提供商之间的情况外，NFVIaaS 也可以发生在一个服务提供商内部的不同部分之间。

2. 虚拟网络功能转发图

一般来说，有许多数据中心分布在大范围的地理区域，它们可能不属于同一个运营

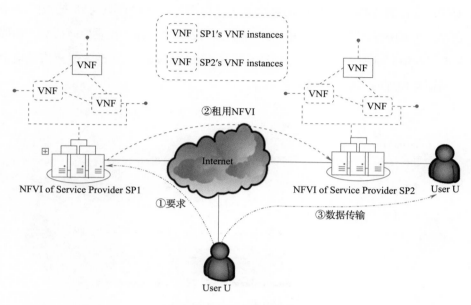

图 7-8　NFVI 即服务的用例

商。对于任何一个数据中心来说，它在网络拓扑结构的不同点上部署了很多服务节点，在这些节点上以物理和虚拟的形式部署了各种第 4 层到第 7 层的服务功能（即 VNF）。这样一来，托管在某个服务节点的 VNF 可能会与托管在其他服务节点的 VNF 重叠，这种情况也发生在任意两个数据中心之间。例如，图 7-9 中显示了由不同服务提供商拥有的 4 个不同的数据中心，其中第二个数据中心和第三个数据中心提供相同的 VNF（即VNF-A）。

　　传统上，网络路径必须遵循既定的路径来提供特定的服务，而专有的网络功能已经被部署在这些路径上。一个非常简单的网络工作服务的例子可能发生在一个双向的点对点链接上。然而，我们必须意识到，虚拟化网络环境中的服务交付要复杂得多。同样，在图 7-9 中，4 个数据中心支持的网络功能以 VNF 的形式被抽象出来，它们之间的互联仍然存在。所有这些抽象的 VNF 构成的图，被称为 VNF 转发图（VNF FG）。因此，VNF FG 可以被视为物理网络转发图的类似物，它通过双向电缆连接物理设备，实际上是通过虚拟链接连接 VNF，目的是描述这些 VNF 之间的联系。依次连接多个 VNF 可以构成一项服务，在 NFV 的背景下被称为 SFC。然而，为了部署和实施这种 SFC，我们首先需要确定连接的这些 VNF 之间的路由逻辑。这个过程可以通过 VNF 链式算法来完成，这在 7.5 节中有详细的讨论。然后，基于控制逻辑，具体的流量导向技术（如网络服务标头（NSH）和服务链标头（SCH））被用来在数据包中插入携带服务路径信息的标头，从而在物理网络中完成流量的引导过程。

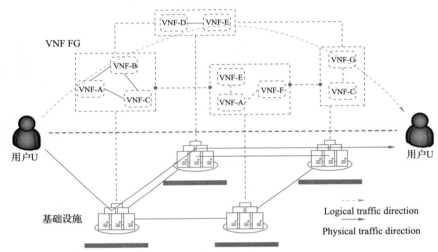

Service Request：U→VNF-A→VNF-B→VNF-E→VNF-G→U

图 7-9   VNF 转发图用例

图 7-9 是一个单播 SFC 的例子，其中 4 个数据中心为 VNF 实例提供执行环境，VNF FG 用于指导服务链的过程。显然，这些数据中心由 4 个不同的服务提供商拥有。每个服务提供商都提供几种 VNF 实例。根据用户 U1 的请求，它必须遍历 4 个不同的 VNF 实例，分别是 VNF-A、VNF-B、VNF-E 和 VNF-G。从图 7-9 上部分的 VNF FG 来看，弧形虚线表示业务量从 U1 到 U2 的逻辑路径。因此，逻辑路径被映射到底层基础设施，即 SP2（支持 VNF-A 和 VNF-B）、SP1（支持 VNF-E）和 SP4（支持 VNF-G）。使用 VNF FG 的好处是，服务提供者在构建服务时不需要关心底层基础设施。这是因为 VNF FG 中的 VNF 实例与底层物理设备有一定的映射关系。特别是，这些服务提供商实际上是按使用付费的方式提供 VNF 实例，它们可能提供相同的 VNF。通过这种方式，用户可以根据成本和位置等多种因素选择 VNF 供应商，这不仅有利于用户操作，也有利于服务提供商提高竞争力。

3. 移动核心网虚拟化

目前的移动网络中存在大量的专有硬件设备，给移动网络的发展带来了巨大的不便。幸运的是，NFV 可以降低网络的复杂性，并通过使用标准的虚拟化技术将不同的专有网络设备整合到基于 COTS 的硬件中，解决了许多相关问题。通过这种方式，各种移动网络功能可以从硬件中抽象出来，并通过 NFV 技术以软件形式实现。由于这种解耦方式，NFV 为移动网络提供了一个完整的虚拟环境，并实现了一定程度的可编程性。在此基础上，越来越多的第三方创新应用被开发出来，以满足用户不断增长的需求，这给网络管理和运营带来了许多好处。

图 7-10 展示了一个移动核心网虚拟化的例子，比较了传统的 LTE 架构和虚拟化的 LTE 架构。特别地，前者显示在图 7-10 的上方，由于存在大量的专有硬件，它是静态的、僵化的；后者显示在图 7-10 的下方，它将网络功能与硬件分离，并以集中的方式将其整合到 COTS 硬件平台。从传统的 LTE 架构到虚拟化的 LTE 架构的转变给我们带来很多好处。首先，服务协调和调度的灵活性得到了明显改善。Akyildiz 等人[30] 和 Yang 等人[31] 研究了基于 NFV 和 SDN 联合架构的 5G 蜂窝系统，并预先对其灵活性进行了定性评估。Hawilo 等人[32] 主要调查了 NFV 与下一代移动网络集成的挑战，并强调使用 NFV 促进虚拟移动网络的敏捷性。其次，由于功能被部署在虚拟平台上，我们可

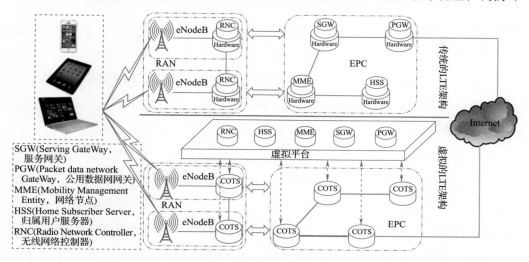

图 7-10 移动核心网虚拟化用例

以很容易地关闭未使用的虚拟机或重新打开所需的虚拟机，从而提高了能源效率。随着硬件和网络功能之间的解耦，底层的专有基础设施可以被廉价和通用的设备取代，这样一来，总的资本支出就减少了。

7.7 网络功能虚拟化机遇与挑战

NFV 已经从概念验证发展到了实践阶段，在发展过程中积累了许多经验和教训，可以用来尽可能地避免缺陷。尽管如此，NFV 在完全成长起来之前，仍有许多困难需要克服。因此，在本节中，我们将共同讨论在 NFV 道路上面临的挑战和学到的经验。

1. 基础设施硬件设计

目前，出现了很多基于软件的技术，它们打算从应用层而不是基础设施层来加速网络创新。NFV 和 SDN 是这些技术中两个常见的代表，它们通过将软件与专用硬件解耦来实现这一目标，而专用硬件被基于 COTS 的硬件取代。然而，大多数已经存在的数据平面功能是基于非 X86 架构的，其形式是商业硅包处理或昂贵的定制集成电路。专用硬件与网络功能紧密相连，导致网络僵化，并对转向 NFV 产生了重大挑战。应对这一挑战的一个简单而直接的方法是用基于 COTS 的硬件一次性替换专用硬件。然而，这种操作不仅造成专用硬件的巨大浪费，而且导致巨大的成本，如 OPEX 和 CAPEX。因此，不建议这样做，这样做也不现实。目前的经验更多的是集中在这两种硬件的协作上，而不是仅仅使用其中的一种。换句话说，专有网络功能和 VNF 可以相互合作来构建新服务。此外，我们也可以将专有硬件视为备份服务器，并使用 COTS 硬件来提供特殊的服务。然而，在 NFV 的发展过程中，专有硬件将逐渐被 COTS 硬件取代。

解决基于 COTS 的硬件产生的问题的方法主要有两种。第一种是使用数据平面加速技术，第二种是使用高性能硬件。关于加速技术，在 7.6 节已经阐述过了，它们通常被应用于通用硬件，以提供高性能和可预测的操作。特别是，这些技术和其他 VNF 作为软件模块被安装在 X86 服务器上。然而，我们应该意识到，NFV 和云实际上是两个不同的实体，即 NFV 侧重于功能虚拟化，而云侧重于资源虚拟化。这样一来，COTS 硬件的设计应该与云模式的设计不同。尽管特制的硬件可能无法提供像 COTS 硬件那样高的灵活性,但它可以满足应用和服务的严格要求。例如,为了达到明显的高性能,通常是专门建造的硬件设计特定应用集成电路(ASIC)。尽管如此,专用硬件与 COTS 硬件相比成本高,它提供的高性能实际上是通过牺牲一些开销和灵活性获得的。因此,基于客户的实际需求,为 NFV 设计合适的硬件的关键点是权衡性能、成本和灵活性。

许多第 4~7 层的网络功能,如负载平衡和 DNS 可以在基于 COTS 的硬件上很好地工作,因为它们对数据包处理和接口速度的要求并不高。然而,对于那些具有高 I/O 速度和性能要求的功能(如数据中心交换机和网关)来说,COTS 硬件并不是一个好的选择。相反,它们仍然依赖专门的硬件,这些硬件可以提供比基于 COTS 的硬件更高的 I/O 性能。此外,给定的一种服务器可能由许多公司或供应商提供,因此,如何确定最合适的服务器是另一个问题。目前,用于硬件选择的因素通常包括成本、服务质量、时延、偏好、可靠性、可扩展性、安全性等。考虑到这些因素,大多数企业和运营商希望一开始就使用基于 COTS 的硬件来构建适合它们的 NFVI 环境,然后逐渐将它们的工作负载调整到高性能的专有硬件上,以满足一些高性能要求。

2. 服务功能链

服务功能链部署和供给问题是由 NP-hard 引起的,这个问题是从已经被证明是 NP-hard 的 VNF 放置和 VNE 问题演变而来的。这个问题不仅包括将所需的功能(即 VNF)动态地放置在合适的位置,还包括通过这些放置的功能引导流量。因此,它面临许多挑战。目前大多数服务模型都依赖于使用与网络拓扑结构、物理资源耦合的网络功能来提供服务,这是静态和僵化的。一方面,这种静态性质限制了引入新的或修改现有服务和网络功能的能力;另一方面,这种僵化的情况会导致产生级联效应,即一个服务链中的一个或多个功能的改变会影响到这个服务链中的其他功能。

有很多确定性和启发式的方法被提出来,以解决服务链问题。然而,考虑到网络的规模越来越大,研究人员逐渐将注意力转向启发式方法,因为在可重复的时间内使用确定性方法解决大型甚至超大型网络服务链问题几乎是不可能的。相比之下,启发式方法的时间效率要高得多。例如,Pham 等人[33] 提出了一种启发式服务链方法,可以在多项式时间内解决服务链问题。尽管启发式方法和精确解法的执行时间相差很大,但我们应该意识到不同启发式方法的执行时间并没有太大差别。在这方面,启发式方法更注重其他性能指标,如能耗和可靠性等。

一些服务链工作，大多遵循特定的贪婪机制，这可能会导致出现局部最优的情况。此外，采用贪婪的策略可能会导致产生更多的资源碎片，这样就很难满足后面到达的具有更高资源需求的服务请求。因此，除了利用贪婪策略外，还应该开发其他策略。Moens 和 Turck[34] 提出了一个定制模型，用于管理 VNF 和专用功能共存的混合环境中的 SFC 的可变性。此外，它还证明了服务部署成本的降低和资源利用率的提高。然而，他们提出的方法只在一个小型网络中进行了研究和评估。Eramo 等人[35] 提出了一种基于 VNF 迁移和背对背机制的 SFC 部署的整合方法，Scheid 等人[36] 提出了一种基于策略的方法，以最小的中断自动构建 SFC，这两个方法可以应用于同质（只有 VNF）和异质（VNF 和物理中间件共同存在）环境。Mechtri 等人[37] 甚至提出了一种基于特征分解的方法，用于部署云环境中的虚拟和物理网络功能。

可扩展性是服务链应该解决的另一个关键问题。具体来说，VNF 应该能够被动态地加入 SFCs 或从现有的 SFCs 中删除。尽管上述几项工作证明了研究者们的模型和方案具有可扩展性，但实际上只是意味着他们的模型和方案可以应用于不同规模和异质性的网络。此外，服务链是由多个 VNF 实例组成的，这些实例可能来自不同的供应商。通常情况下，不同的供应商有不同的标准和准则。因此，如何将它们联合起来形成并提供高质量的服务是当前面临的一个挑战，迫切需要解决。

3. 网络耗能

能源消耗一直是数据中心网络、云 RAN（C-RAN）和 EPC 等通信网络中面临的一个麻烦问题。通信网络中主要消耗的能源是电力和燃料。其中，电力的消耗一般可以达到 85% 左右。例如，中国电信在 2011 年的总耗电量达到 650 亿千瓦时，其中包括通信（50%）、冷却（40%）和照明（10%）。此外，网络中的中间件的数量与 L2/L3 转发设备的数量相当，所有这些设备的能耗占总能耗的 15% 左右。NFV 通过整合设备和利用标准计算和存储服务器的电源管理功能，展示了其在减少能源消耗方面的潜力。例如，我们可以通过使用虚拟化技术，在非高峰时段（如午夜）关闭或将一些服务器置于节能模式，并将工作负载整合到少数服务器上。根据欧洲电信标准协会的研究，与传统的基于设备的网络基础设施相比，NFV 有可能节约高达 50% 的能源。然而，这一说法还没有得到明确的验证。此外，基于云的 NFV 已经吸引了人们的注意，至 2020 年能耗需求量已然增加了 63%。在部署 NFV 的过程中，对网络设备（如服务器和交换机）、电源系统和基站的需求肯定会急剧增加。为了满足客户在任意时刻的需求，通常需要 24 小时提供服务。上述所有情况都会导致产生巨大的能源消耗。因此，人们担心使用云技术来实现 NFV 会加剧能源消耗。

贝尔实验室提出的 GWATT 工具通过虚拟化网络功能减少了能源消耗。Mijumbi 等人[38] 使用该工具估算了 NFV 在 3 个主要用例中的预期节能效果：虚拟 EPC、虚拟 RAN 和虚拟用户驻地设备（CPE）。在默认的 GWATT 设置的基础上，虚拟 EPC、虚拟 CPE、虚拟 RAN 分别可以节省 24044.1 2703.63、26604.4 MWATTS 的功率。Xu 等人[39] 没有估计用例中的能源节约效果，而是对 3 种不同的 NFV 实施方案的能源效率进行了测量，这些方案是 DPDK-OVS、Click Modular Router 和 Netmap。此外，根据测量结果，在软件数据平面、虚拟 I/O 和中间件方面建立了更多的 NFV 实现方式，以提高功率效率。同样，Tang 等人[40] 也使用估计结果来指导省电策略的设计。不同的是，Tang 等人以 dis-aggregation 的方式而不是 aggregation 的方式控制能量消耗。此外，Krishnan 等人[41] 为基于 NFV 的数据中心的能源管理提出了一个基于开放堆栈的解决方案，并声称通过使用定期监测和动态资源管理机制来控制能源消耗。

NFV 与其他范式（如 SDN）之间的整合是降低能耗和提高能效的有效途径。以 SDN 为例，SDN 提供的集中式网络视图和控制可以用来有效地管理、监测 NFV 网络，反过来又可以减少能源消耗。Bolla 等人[42] 扩展了开源框架分布式路由器开放平台（DROP），并提出了更高版本的 DROPv2，通过与 SDN 整合，为 NFV 提供了一个新颖的分布式范式。为了满足网络对能源效率日益增长的需求，DROPv2 通过绿色抽象层引入了一些复杂的电源管理机制。从架构的角度来看，DROPv2 通过整合大量知名的软件项目来提供网络数据面和控制面的能力，而不是将其作为一个独立的实体来运行。

4. NFV 可靠性

可靠性代表了一个系统应对危险或意外情况的能力，当从传统网络转换到基于 NFV 的网络时，它不应该受到影响。在 NFV 的范围内，网络功能被虚拟化为 VNF。虚拟化实际上给 NFV 引入了许多独特的挑战，因此更难实现可靠性。

虽然专有功能可能会由于许多原因（如错误配置和过载）失效，但许多传统的网络运营商和设备供应商仍然可以通过使用这些专有功能来提供服务，并确保故障检测时间小于 1 秒，从而保证高可靠性（超过 99.999%）。一方面，NFV 组件应该在许多方面提供更好的性能。例如，应提高故障的成功检测率，减少故障恢复时间。另一方面，NFV 组件（如 VNF）的设计应考虑到 COTS 硬件和虚拟化，因为它们与容纳这些组件有很大关系。NFV 保持可靠性的方法通常是提高 VNF 的弹性和灵活性。然而，这种行为可能会导致出现其他新的故障点，需要自动进行控制。

随着 VNF 在 NFV 中被用来构建服务，研究领域逐渐从单一的 VNF 可靠性转向端到端的服务可靠性。根据电信级 VNF 的标准，设备供应商和服务提供商希望通过 3 种服务可用性级别（SALs）来实现服务的可靠性。具体来说，最高 SAL 的默认设置应该是小于 1s 的故障检测时间（相当于专有功能的检测时间）和 5~6s 的恢复时间，中间 SAL 是小于 5s 的故障检测时间和 10~15s 的恢复时间，而最低 SAL 是小于 10s 的故障检测时间和 20~25s 的恢复时间。然而，为了在保证可靠性的前提下提供 VNF 构成的服务，许多其他方面的问题应该被彻底解决，其中包括如何避免单点故障（包括故障检测和预防）以及如何实现故障的快速恢复，特别是在多厂商环境中，因为 VNF 可能由不 s 同的厂商提供。

端到端服务的连续性是服务可靠性的另一个重要方面。为了保证服务的连续性，VNF 必须能够保存相关的状态信息，这些信息可以用来提供保护客户免受破坏性事件的影响，并从灾难中快速恢复服务。此外，为了确保采用 NFV 作为架构时服务仍然可用，网络运营商需要根据实际情况、标准来调整和配置其服务器上的各种参数。虽然网络运营商不能保证在大规模网络灾难发生时所有的服务都能正常运行，但至少可以保证一些基本服务正常运行。例如，语音呼叫服务能够及时接收紧急事件，而不是提供在线游戏服务，因此可以通过将原来分配给在线游戏服务的资源转移到语音呼叫服务来保证。

参考文献

[1] QAZI Z A, TU C C, CHIAN L, et al. SIMP LE-fying middlebox policy enforcement using SDN [C]//Proceedings of ACM SIGCOMM. New York：ACM, 2013：27-38.

[2] ETSI. Network function virtualisation white paper[Z]. SDN and openflow world congress, 2012.

[3] CERRATO I PALESANDRO A, RISSO F, et al. Toward dynamic virtualized network services in telecom operator networks[J]. Computer Networks. 2015, 92(2)：380-395.

[4] EDELINE K, DONNET B. Towards a middlebox policy taxonomy：path impairments [C]//17th

IEEE International Workshop on Network Science for Communication Networks. Cambridge：IEEE，2015：402-407.

［5］ CARPENTER B, BRIM S. Middleboxes：Taxonomy and issues［S］. RFC 3234, 2002：1-27.

［6］ SHARMA RK, KALITA HK, ISSAC B. Different firewall techniques：A survey［C］//5th International Conference on Computing, Communication and Networking Technologies. Cambridge：IEEE, 2014：1-6.

［7］ JABIR A J, SHAMALA S, ZURIATI Z, et al. A comprehensive survey of the current trends and extensions for the proxy mobile IPv6 protocol［J］. IEEE Systems Journal. 2015：1-17.

［8］ VDOVINL, LIKIN P, VILCHINSKII A. Network utilization optimizer for SD-WAN［C］//2014 IEEE International Science and Technology Conference. Cambridge：IEEE, 2014：1-4.

［9］ LEE J, TOURRILHES J, SHARMA P, et al. No more middlebox：Integrate processing into network ［J］. ACM SIGCOMM Computer Communication Review, 2010, 40(4)：459-460.

［10］ GEMBER A, et al. Stratos：A Network-Aware Orchestration Layer for Virtual Middleboxes in Clouds［J］. arXiv preprint, 2013, arXiv：1305. 0209.

［11］ SHERRY J. Future architectures for middlebox processing services on the internet and in the cloud ［R］. Berkeley：University of California, 2012.

［12］ WALFISH M, STRIBLING J, KROHN M, et al. Middleboxes no longer considered harmful［C］// 6th Symposium on Operating Systems Design and Implementation. Berkeley：USENIX Association, 2004：215-230.

［13］ Foundation L. Open platform for NFV［Z/OL］. https：//www. opnfv. org.

［14］ STRACHEY C. Time sharing in large fast computers［C］//Proceedings of the IFIP Congress［S. l. ］：［s. n. ］, 1959：336-341.

［15］ NANDA S. A Survey on Virtualization Technologies［J］. rpe report, 2015：1-42.

［16］ ETSI. Network function virtualisation white paper2［Z/OL］. http：//portal. etsi. org/NFV/NFV_ White_Paper2. pdf.

［17］ SHERWOOD R, GIBB G, YAP K-K, et al. FlowVisor：a Network Virtualization Layer［Z/OL］. OpenFlow, 2009. http：//OpenFlowSwitch. org/downloads/technicalreports/openflow-tr-2009-1-flowvisor. pdf.

［18］ DRUTSKOY D, KELLER E, REXFORD J. Scalable network virtualization in softwaredefined networks［J］. IEEE Internet Computing, 2013, 17(2)：20-27.

[19] Libvirt. The virtualization API[Z/OL]. https://libvirt.org.

[20] VMware. Vcenter server[Z/OL]. https://www.vmware.com/cn/products/vcenter-server.html.

[21] GUPTA H, NATH S B, CHAKRABORTY S, et al. SDFog: A software defined computing archi-tecture for QoS aware service orchestration over edge devices[J]. arXiv preprint, 2016, arXiv: 1609.01190.

[22] AL-BADARNE J H, JARARWEH Y, AL-AYYOUB M, et al. Software defined storage for coopera-tive mobile edge computing systems[C]//Proceedings of the 2017 Fourth International Conference on Software Deefined Systems (SDS). Cambridge: IEEE, 2017: 174-179.

[23] SALGUERO F J R. Open source MANO[Z/OL]. https://osm.etsi.org/wikipub/images/5/5a/OSM_Introduction_Francisco.pdf.

[24] MAMATAS L, CLAYMAN S, GALIS A. A service-aware virtualized softwaredefined infrastructure [J]. IEEE Communication Magazine. 2015, 53(4): 166-174.

[25] LUO S, WANG H K, WU J, et al. Improving energy efficiency in industrial wireless sensor net-works using SDN and NFV[C]//Proceedings of the IEEE 83rd Vehicular Technology Conference. Cambridge: IEEE, 2016: 1-5.

[26] KELLERER W, BASTA A, BLENK A. Using a flexibility measure for network design space analy-sis of SDN and NFV [C]//Proceedings of the IEEE Conference on Computer Communications Workshops. Cambridge: IEEE, 2016: 423-428.

[27] WANG Y, LIN D, LI C T, et al. Application driven network: providing on-demand services for applications[C]//ACM SIGCOMM Conference. New York: ACM, 2016: 617-618.

[28] MONSHIZADEH M, KHATRI V, KANTOLA R. Detection as a service: An SDN application [C]//Proceedings of the 2017 19th International Conference on Advanced Communication Technol-ogy. Cambridge: IEEE, 2017: 285-290.

[29] LUO S, WU J, LI J H, et al. Context-aware traffic forwarding service for applications in SDN [C]//Proceedings of the 2015 IEEE International Conference on Smart City/SocialCom/Sustain-Com. Cambridge: IEEE, 2015: 557-561.

[30] AKYILDIZ I F, LIN S C, WANG P. Wireless software-defined networks and network function vir-tualization for 5G cellular systems: An overview and qualitative evaluation[J]. Computer Net-works. 2015, 93(1): 66-79.

［31］ YANG F. A flexible three clouds 5G nobile network architecture based on NFV & SDN［J］. China Communications, 2015: 121-131.

［32］ HAWILO H, SHAMI A, MIRAHMADI M, et al. NFV: State of the art, challenges and implementation in next generation mobile networks［J］. IEEE Networks, 2014, 28(6): 18-26.

［33］ PHAM C, TRAN N H, REN S, et al. Traffic-aware and energy efficient vNF placement for service chaining: joint sampling and matching approach［J］. IEEE Transactions on Services Computing, 2017, 99: 1-14.

［34］ MOENS H, TURCK F D. VNF-p: a model for efficient placement of virtualized network functions ［C］//Proceedings of the 10th International Conference on Network and Service Management and Workshop. Cambridge: IEEE, 2014: 418-423.

［35］ ERAMO V, MIUCCI E, AMMAR M, et al. An approach for service function chain routing and virtual function network instance migration in network function virtualization architectures［C］//IEEE/ACM Transsctions on Networking. Cambridge: IEEE, 2017, 99: 1-18.

［36］ SCHEID E J, MACHADO C C, SANTOS R L D, et al. Policy-based dynamic service chaining in network functions virtualization［C］//Proceedings of the IEEE Symposium on Computers and Communication. Cambridge: IEEE, 2016: 340-345.

［37］ MECHTRI M, GHRIBI C, ZEGHLACHE D. A scalable algorithm for the placement of service function chains［J］. IEEE Transactions on Network and Service Management, 2016, 13(3): 533-546.

［38］ MIJUMBI R, SERRAT J, GORRICHO J L, et al. On the Energy Efficiency Prospects of Network Function Virtualization［J］. arXiv preprint, 2015, arXiv: 1512.00215.

［39］ XU Z, LIU F, WANG T, et al. Demystifying the energy efficiency of NFV［C］//2016 IEEE/ACM 24th International Symposium on Quality of Service. Cambridge: IEEE, 2016: 1-10.

［40］ TANG G, JIANG W, XU Z, et al. Zero-cost, fine-grained power monitoring of datacenters using nonintrusive power disaggregation［C］//2015 Middleware Conference. New York: ACM, 2015: 271-282.

［41］ KRISHNAN R, HINRICHS T, KRISHNAWAMY D, et al. Policy-based monitoring and energy management for NFV data centers［C］//Proceedings of the International Conference on Computing and Network Communications. Cambridge: IEEE, 2015: 10-17.

［42］ BOLLA R, LOMBARDO C, BRUSCHI R, et al. DROPv2: energy efficiency through network function virtualization［J］. IEEE Networks, 2014, 28(2): 26-33.

第 8 讲
网络服务云化

8.1 概述

云计算（cloud computing）是分布式计算的一种，云计算基于网络首先将巨大的数据计算处理程序分解成无数个小程序，然后通过多部服务器组成的系统处理和分析这些小程序得到结果并返回给用户，使用者可以随时获取"云"上的资源。云计算以按需服务的方式依层次自底向上，提供基础设施即服务（Infrastructure as a Service，IaaS）、平台即服务（Platform as a Service，PaaS）、软件即服务（Software as a Service，SaaS）等多个层次，发展到今天几乎可以算是近十年最成功的技术之一。

云计算的历史最远可追溯到 1956 年，Christopher Strachey 发表了一篇论文，正式提出了"虚拟化"的概念。而虚拟化正是云计算基础架构的核心，是云计算发展的基础。在 2006 年 8 月 9 日，Google 首席执行官 Eric Schmidt 在搜索引擎大会（SESSanJose2006）首次提出"云计算"的概念。而亚马逊正是当年推出了 IaaS 服务平台 AWS。直到 2008 年，整个行业才迎来了正式的百家齐放，而国内云计算标杆阿里云也是从 2008 年开始筹办和起步的。

在云计算兴起之前，对于大多数企业而言，硬件的自行采购和 IDC 机房租用是主流的 IT 基础设施构建方式。除了服务器本身，机柜、带宽、交换机、网络配置、软件安装、虚拟化等底层诸多事项总体上需要相当专业的人士来负责，作调整时的反应周期也比较长。网络服务云化是云计算顺应产业发展与用户需求而产生的全新网络服务模式，作为云计算和网络的交叉领域，随着企业和设备上云进程不断推进，日益成熟并发挥重要作用。

8.2 网络计算与云服务

8.2.1 网络计算发展历程

网络计算（network computing）最初是在 1995 年 I-way 项目中提出的，其前身是元计算（meta computing）[1]。迅速发展的网络技术得以有效地将分布在不同地域的高速互联网、计算机、数据库、传感器、远程设备等紧密联系在一起，并通过各项网络协议将它们融为一体，同时将整合起来的计算资源共享给普通用户，网络扮演着计算资源环境和计算资源库的双重角色，通过充分吸收各项资源，把整个互联网整合成一台巨大的超级计算机，并将它们转化成可靠标准的计算能力，以实现计算资源、存储资源、数据资源、信息资源、知识资源、专家资源的全面共享[2]。网络计算的实质在于整合分散的资源并合理运用各项资源来共同完成具体的任务。

网络计算在近年来迅速发展，通过以太网将各种自治资源和系统组合起来，实现资源共享、协同工作和联合计算，为各种用户提供各类综合性服务。网络计算是相对单机而言的，是一种计算模式，实际上是指以网络为中心的计算，把计算功能和负荷合理地分配到各个终端上。网络计算的模式就是完成网络上的一个计算任务或应用服务，占用共享资源的形式和使用共享资源的方式[3]。从计算机诞生到今天，网络计算模式经历了"大型机时代""个人计算机时代""云计算时代"三个主要阶段，伴随这三个阶段的网络是三个代表公司（IBM、微软、谷歌）和三个代表人物（沃森、盖茨、施密特）。

（1）**大型机时代**　计算能力"集中"在服务端，服务端采用大型机，一般的大型机采用封闭和专有的并行计算架构；终端作为用户与大型机交互的桥梁，没有计算能力，如早期的字符终端，主要功能就是输入和输出；终端和大型机之间采用专用的网络，往往局限在很小的范围内，例如一栋楼的范围；20 世纪 80 年代的大学生都会记得"计算中心""机房""上机"等概念，即：要向计算中心申请时间，才能去机房中上机，去调试程序。

（2）**个人计算机时代**　计算能力是"服务端和终端并重"的模式，服务端主要采用 UNIX 小型机和 X86 服务器，每个小型机和服务器以单机计算为主，辅以容灾备份和负载均衡；终端是以 X86 服务器的 PC 为主导，采用开放的架构；服务端和终端之间的网络从"机房"扩展到"局域网和园区网"，以太网成为主导技术。

（3）**云计算时代**　计算能力是"服务端为主，终端为辅"的模式，服务端主要采用 X86 服务器，利用分布式计算架构，构建海量信息的计算和存储能力；终端形态多样，包括 PC、手机、机顶盒等多种形态；服务端和终端之间的网络从"园区/局域网"扩展到"广域网和互联网"，IP/Internet 成为主导技术。

在网络计算的发展过程中，其服务方式主要有以下 5 种：

（1）客户端-服务器模式　企业计算是以实现大型组织内部和组织之间的信息共享和协同工作为主要需求形成的网络计算技术，其核心技术是客户机/服务器（Client/Server）计算模型和相关的中间件技术。

（2）网格计算　网格计算是网络计算的另一个具有重要创新思想和巨大发展潜力的分支。最初网格计算研究的目标是希望将超级计算机连接成为一个可远程控制的计算机系统，现在这一目标已经深化为建立大规模计算和数据处理的通用基础支撑结构，将网络上的各种高性能计算机、服务器、PC、信息系统、海量数据存储和处理系统、应用模拟系统、虚拟现实系统、仪器设备和信息获取设备（如传感器）集成在一起，为各种应用开发提供底层技术支撑，将 Internet 变为一个功能强大、无处不在的计算设施。

（3）对等计算　对等计算（Peer To Peer，P2P）是在 Internet 上实施网络计算的新模式。在这种模式下服务器与客户端的界限消失，网络上所有节点都可以"平等"共享其他节点的计算资源。对等计算实现了服务器与服务器、客户机与服务器、客户机与客户机之间的直接对话，使信息共享、信息搜索更为灵活、方便。

（4）云计算　面向互联网计算的虚拟计算环境，云端通过各种高性能计算平台以及专用的数据中心网络架构，将整个服务器集群连接成一个超大的计算资源池。在此基础上，美国国家标准和技术研究院给"云端运算"下的定义中明确了三种服务模式[4]：软件即服务、基础设施即服务和平台即服务。

（5）边缘计算　当前互联网终端设备的规模和产生的数据量正经历指数级的爆炸式增长，相比之下云端算力的增长却很缓慢。边缘计算通过将计算任务合理地分解，卸载到边缘节点，利用边缘节点庞大的规模减少云端的计算压力。同时，边缘端的运行产生的数据也可以被分为两个阶段处理，大部分数据抵达边缘层就会被截获和响应处理，少量高附加值数据会被进一步传输到云端处理[5]。

网络计算是当前高性能计算和人工智能领域的研究热点，是在无限带宽（Infini-Band）[6] 网络面向新一代分布式并行计算体系结构，应用协同设计理念，开发的一种通信加速技术。网络计算有效地解决了 AI 和 HPC 应用中的集合通信和点对点瓶颈问题，为数据中心的可扩展性提供了新的思路和方案。它利用网卡、交换机等网络设备，在数据传输过程中，同时进行数据的在线计算，以达到降低通信时延、提升整体计算效率等效果。

8.2.2　云计算体系架构

信息技术的发展，体现了天下大势合久必分、分久必合的趋势。早期的信息技术，是以大型机为代表的集中封闭式计算。中期的信息技术，是以个人计算机为代表的分布开放式计算。后期的信息技术（也就是现代信息技术），是以虚拟机/容器为代表的集中开放式计算。这一系列经历了从集中到分布再到集中的过程。信息技术的发展，尤其是以虚拟机为代表的集中分布式计算，让云计算资源池化成为可能。

云计算是一种模型，用于支持通用、按需和方便的网络访问可配置计算资源（如网络、服务器、存储、应用程序和服务）的共享池，这些资源使用由云服务提供商（CSP）提供的基础设施进行共享。云消费者访问的资源是可扩展的，按需使用和付费。云计算还允许在所需的计算资源和存储、网络和服务等底层架构之间实现一定程度的抽象。

1. 经典云计算体系架构

当前主流的经典云计算体系架构由 5 个部分组成，分别为应用层、平台层、资源层、用户访问层和服务管理层，如图 8-1 所示。云计算的本质是通过网络提供服务，其体系架构以服务为核心[7]。资源层、平台层与应用层是云计算体系结构的主要组成部分，基于这三个层次，不但整体实现了信息应用服务的定制化，而且实现了底层逻辑基础资源、基础软件和应用的一体化，即信息服务以一个整体的形式出现，颠覆性地改变了传统 IT 服务的商业模式，"按需即用，随需应变"，让人们使用信息服务像使用水电一样方便、快捷、廉价[8]。

（1）资源层　资源层汇聚支撑云计算上层服务的各种物理设备，如服务器、网络设备、存储设备等。这些物理设备，通过虚拟化层采用相应技术形成动态资源池，并对资源池的各种资源进行管理，利用一个网络服务界面将计算能力、存储能力、网络处理能力作为一种服务向用户提供，IT 界将其称为 IaaS。

（2）平台层　平台层在资源层上，把软件开发环境当作服务提供给用户。平台层主要为应用程序开发者设计，面向广大互联网应用开发者，把分布式软件开发、测试、部署、运行环境以及复杂的应用程序托管当作服务，使开发者可以从复杂低效的环境搭建、配置和维护工作中解放出来，将精力集中在软件编写上，从而大大提高软件开发的

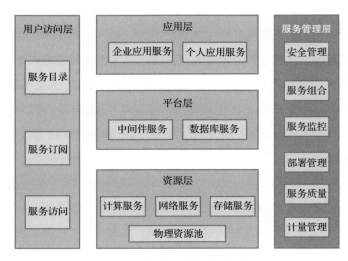

图 8-1　经典云计算体系架构

效率。平台层是整个云计算系统的核心层，包括并行程序设计和开发环境，管理系统和管理工具，IT 界将其称为 PaaS。

（3）**应用层**　应用层面向用户提供软件服务和用户交互接口，为用户搭建信息化需要的所有网络基础设施及软硬件运作平台，负责所有前期的实施、后期的维护等工作。用户可根据自己的需要随意租赁软件服务，不必再购买软硬件、建设机房及配备维护人员，IT 界将其称为 SaaS。

（4）**用户访问层**　用户访问层是为方便用户使用云计算服务所需的各种支撑服务，针对每个层次的云计算服务都提供相应的访问接口。服务目录是一个服务列表，用户可以从中选择需要使用的云计算服务。服务订阅是给用户提供的管理功能，用户可以查阅自己订阅的服务，或者终止订阅的服务。服务访问是针对每种层次的云计算服务提供的访问接口：针对资源层的访问，提供的接口可能是远程桌面或者 X Windows；针对应用层的访问，提供的接口可能是 Web。

（5）**服务管理层**　服务管理层是对所有层次云计算服务提供的管理功能：为了使云计算核心服务高效、安全地运行，需要服务管理技术加以支持。服务管理技术包括 QoS 保证机制、安全与隐私保护技术、资源监控技术、服务计费模型等。

2．云计算体系架构展望

边缘计算是一种云的趋势，云作为集线器，本地化的数据中心作为辐射的外端。边缘数据中心位于或靠近需要它们的地方，这种设计降低了放置在云上的负载，并提高了在数据中心附近的处理速度。计算和管理流程是在本地处理，而不是等待集中式网络响应。

随着联网设备和物联网连接的持续普及，边缘计算已经成为管理这些技术的一个重要组成部分。集中式数据处理中心将计算、存储能力与提供的资源和带宽联系起来。智能技术，如人工智能和机器人技术，需要更大的速度和处理能力。边缘计算为这些进步技术提供了一个解决方案。

8.3 计算资源服务云化

8.3.1 计算虚拟化技术

虚拟化技术的出现打破了资源受物理结构的限制，能够让用户以更自由的方式使用计算机资源。计算虚拟化就是在虚拟系统和底层硬件之间抽象出 CPU、内存和 I/O 以供虚拟机使用。计算虚拟化技术需要模拟出一套操作系统的运行环境，并且每一套环境之间相互独立不会受到彼此的影响，这样有利于对资源进行灵活调度，充分发掘发挥设备性能。

1．CPU 虚拟化

（1）CPU 虚拟化方式　一种较为常见的 CPU 虚拟化方式是基于软件的 CPU 虚拟化。虚拟机管理程序通过对底层硬件进行模拟，创建一个新的虚拟系统，使客户机可以直接在上面运行，并且不需要对客户机做任何配置与修改，客户机操作系统完全意识不到虚拟环境的存在。这种方法可以让客户机应用程序运行在处理器上，但客户机程序如果存在特权指令（系统调用、更新页表等），则会通过二进制翻译[9] 转换成可在处理器上直接运行的代码，并返回相应指令。

另一种较为常见的虚拟化方式则是基于硬件辅助的 CPU 虚拟化。物理设备自身对特权指令提供截获和翻译操作，使客户机在运行特权指令时不需要再转换代码。因此在客户机中进行系统调用等底层操作时，其运行速度接近于本机速度，使硬件辅助的

CPU 虚拟化可明显提高执行的速度[10]。自 2005 年末，Intel 便开始在其处理器产品线中推广应用 Intel Virtualization Technology（IntelVT）虚拟化技术，发布了具有 IntelVT 虚拟化技术的一系列处理器产品，包括桌面的 Pentium 和 Core 系列，还有服务器的 Xeon 至强和 Itanium 安腾。Intel 一直保持在每一代新的处理器架构中优化硬件虚拟化的性能和增加新的虚拟化技术。现在市面上，从桌面的 Core i3/5/7，到服务器端的 E3/5/7/9，几乎全部都支持 Intel VT 技术。

（2）**虚拟化性能抖动**　毫无疑问虚拟化会为系统带来一定的开销，这种开销受应用程序的负载以及物理设备使用的虚拟化类型影响[11]。当客户机执行的应用程序需要频繁进行终端交互、设备中断等外部事件，并不需要长时间不间断地使用 CPU 时，使用 CPU 虚拟化技术，则可提高 CPU 利用率。然而，当应用程序需要长时间执行相应的代码指令，并不需要与外部进行交互时，这时使用 CPU 虚拟化技术，则需要执行额外的指令，使整体性能下降，如果备用 CPU 容量可用于减少开销，则仍然可以在整体吞吐量方面提供不错的性能。

在单处理器虚拟机（而不是带有多个 CPU 的 SMP 虚拟机）上部署单线程应用程序可获得最佳的性能和资源利用率。单线程应用程序只能利用单个 CPU。在双处理器虚拟机中部署这些应用程序不会加快应用程序的速度；相反，第二个虚拟 CPU 会使用本该由其他虚拟机以其他方式使用的物理资源。

（3）**超线程**　随着软硬件技术的不断发展，CPU 内核数也从原来的单核变为多核，高端 CPU 甚至封装数十个内核，这样大大提高了计算机并行处理线程的能力。然而并非所有在计算机中运行的线程都需要较大的处理能力，当计算机中线程较多时，可能导致所有的 CPU 内核都忙于处理线程，而没有为用户提供他们所需的处理能力。超线程的出现有效地解决了这个问题，它将物理 CPU 拆分为多个逻辑 CPU[12]。这种逻辑虚拟化，使操作系统将物理 CPU 视为多个 CPU，因此操作系统会为其直接分配多个线程进行处理；同时为了避免单个内核出现满负载运行或处理能力利用不足的情况，在使用超线程时，逻辑虚拟化会保障每个内核的处理能力总量完全相等，从而使操作系统能够充分利用硬件。

（4）**CPU 亲和性**　进程在计算机中运行时，为了能够提高运行速度通常会在 CPU 缓存中存放要经常使用的资源，但是由于受到操作系统本身调度机制的影响，进程在运行时有可能被调度到其他 CPU 上，导致 CPU 缓存命中率降低。将进程或线程绑定在相应的 CPU 上，使其能够在指定的 CPU 上长时间运行，而不被操作系统调度到其他处理器上，这种技术被称为 CPU 亲和性。合理利用 CPU 亲和性，能够有效提升操作系统的性能。Linux 内核的进程调度器自带以上特点，使进程不会在 CPU 间频繁切换，同样用户也可以利用 Linux 内核提供的接口，人为将进程绑定在某一个 CPU 上运行。

在某些情况下，CPU 的亲和性也有可能导致性能的降低。例如当虚拟 CPU 和其他虚拟机线程之间出现大量通信时，如果对虚拟机进行 CPU 亲和性的相关配置，容易导致额外的线程与虚拟机的虚拟 CPU 不能同时调度，降低整体效率。同时亲和性还存在其他一些潜在问题，例如由于新旧主机的 CPU 数量不同，导致虚拟机迁移时的亲和性不适用，以及亲和性会影响主机调度虚拟机对资源充分调度的能力等。

2. 内存虚拟化

（1）内存虚拟化　内存的虚拟化方式总体分为两种：基于软件的内存虚拟化与基于硬件的内存虚拟化。在这两种方式中，客户机应用程序使用的地址与其相应的地址映射通过客户机自身进行管理，而虚拟机管理程序负责客户机地址、设备物理地址的映射与管理。

在基于软件的内存虚拟化中，虚拟机管理程序会维护影子页表中的客户机到物理设备之间的映射，并且对影子页表进行不断更新[13]。虚拟机管理程序会不断监听由客户机操作系统发出的针对内存管理进行操作的指令，防止其直接更新物理设备上的实际内存管理单元。软件内存管理单元的内存开销通常要比硬件内存管理单元高，因此在某些情况下，当工作负载较大时，软件内存虚拟化可通过硬件辅助的方法获得一定的优势。此外，当客户机操作系统设置或更新地址映射，以及客户机操作系统进行上下文切换时，都会使客户机花费额外的时间开销进行内存映射。

基于硬件的内存虚拟化是 CPU 通过两层页表实现对内存虚拟化的硬件支持，其中第一层页表主要存储客户机虚拟地址与客户机物理地址的转换，第二层页表主要存储客户机物理地址到计算机物理地址的转换，如图 8-2 所示。旁路转换缓冲区（Translation Look-aside Buffer，TLB）是由内存管理单元维护的转换缓存，主要保存的是两层页表的信息，通过查找 TLB，可以有效提高查找地址映射的效率。查找时如果 TLB 没有命中，那么硬件则会查看两个页表，映射相应地址，并进行管理与更新[14]。

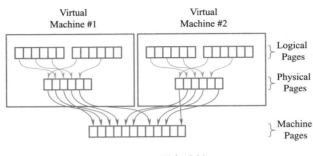

图 8-2 页表映射

（2）**内存过载**   在建立虚拟机时，系统会为虚拟机本身以及虚拟化的开销预留一定的物理内存，当管理人员没有细心维护系统时，有可能当前已经创建的虚拟机的内存总量已经超过了实际物理设备可用的内存总量，这在操作系统看来是允许的，只要单个虚拟机的内存没有超过实际物理内存，那么系统就不会阻止该虚拟机的创建，这时也不一定会发生内存过载[15]。只有当一定数量的虚拟机同时运行，且它们的内存总量之和超过了实际物理设备的内存总量时，超过系统性能上限才会导致内存过载。例如，一个系统拥有 8GB 内存，在系统中创建了 5 个内存为 2GB 的虚拟机，如果只有两台或三台虚拟机一起运行，那么不会出现内存过载。但是当 5 台虚拟机一起运行时，全部开始消耗内存，那么实际物理设备就会发生内存过载。

（3）**内存交换**   系统中通常存在多个进程，并且进程必须被操作系统调入内存中才能执行，当进程的数量较多时，如果把所有正在运行的进程全部都保存在内存中，需要消耗巨大内存资源。交换技术的出现在一定程度上缓解了这个状况，一个进程运行一段时间后，进入空闲，将其存入磁盘，这样在空闲进程不运行时，能够空出其所占用的内存。与内存过载原理相同，交换技术可以使目前系统中存在的所有进程的物理地址总量超过物理设备的物理地址总量，当然这种情况对于系统来说是危险的，随着更多的进程进入忙碌状态被调入内存后，有可能发生内存溢出。

如图 8-3 所示，开始时内存中只有进程 A。之后创建进程 B 和 C 或者从磁盘将它们存入内存。图 8-3 显示 A 被交换到磁盘。然后 D 被调入，B 被调出，最后 A 再次被调入。由于 A 的位置发生变化，所以在它换入时通过软件，或者在程序运行期间通过硬件对其地址进行重新定位。

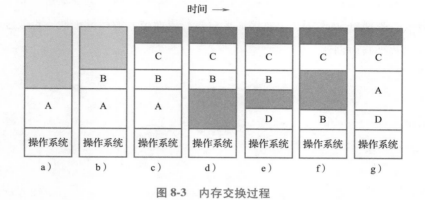

图 8-3　内存交换过程

8.3.2　分布式虚拟机管理平台

云上资源的使用需要通过云服务器，而每个云服务器需要占用哪些资源，每种资源占用多少，这就需要有一个对整个云资源进行调度管理的平台，即分布式虚拟机管理平台。它可以用来监控和调度云计算资源，对资源进行高效的整合与切片，网络管理人员能够利用编排和自动化功能有效地对云平台进行维护与扩展升级。目前市场上已有多种分布式虚拟机管理平台，下面主要为大家介绍最具代表性的 3 种。

1. OpenStack

OpenStack 是当今极具影响力的云计算管理工具，用于对整个数据中心的大型计算、存储池和网络资源进行调控，并且为管理员提供了相应的 Dashboard 界面进行操作管理，用户也可通过 Web 界面选择资源配置。OpenStack 对各个服务进行优化，保证其对不同的资源配置方案做到有效支撑，如存储服务，OpenStack 可对 Ceph 等多种云存储架构进行配置，充分体现了 OpenStack 作为云计算中心管理工具的高度灵活性。

OpenStack 最先由美国国家航空航天局（NASA）和 rackspace 在 2010 年合作研发，目前超过一百个国家的近万名人员以及多个世界知名企业都加入了 OpenStack 生态圈，如 Intel、惠普、IBM、微软、NASA、谷歌等致力于发展 OpenStack 的大型企业。OpenStack 为行业带来多种商机，比如为中小型企业的提供云服务器，以及围绕客户及维护管理人员开展 OpenStack 的升级、运维和培训等业务。在 2015 年举办的 OpenStack Summit Keynote 中，对 OpenStack 的互操作性进行认证，使 OpenStack 的生态圈更庞大，发展为认证、管理、服务、实施流水线的开发流程，为 OpenStack 的发展进一步加码。如图 8-4 所示，在 OpenStack 中，不仅保证了对核心层面技术的持续关注，也鼓励在围绕核心技术层面的自由创新。

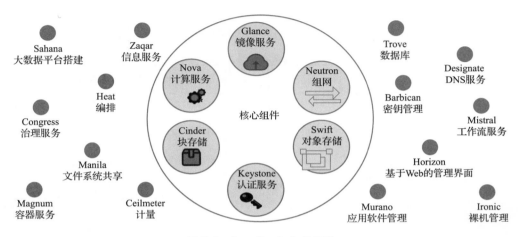

图 8-4　OpenStack 生态系统

2.CloudStack

CloudStack 作为最早的云平台之一，为云计算在用户中的推广以及使客户接受云计算做出了不可磨灭的贡献。CloudStack 支持大部分的主流虚拟化，并且也提供了对虚拟机的高可用服务管理，运维人员可以轻松地使用并维护它。与 OpenStack 不同，Cloud-Stack 在操作方面完全接管了对内部服务配置的权限，用户和管理人员只要按照相应的操作说明就可以使用 CloudStack 了，对于各种服务（如计算、存储和网络等内部的原理机制）不需要详细深入的了解。而对于 OpenStack 来说，用户可以按照需求选择相应的配置，但是管理人员需要懂得复杂的网络、存储等方面的知识。OpenStack 为管理人员提供了每种服务的相应组件，粒度更小，管理人员只有在懂得一定知识的基础上，才能组建更符合当前需求的云计算虚拟机管理环境。

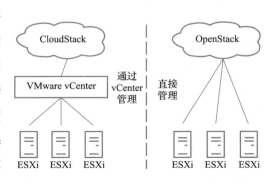

图 8-5　OpenStack、CloudStack 虚拟机架构

OpenStack 和 CloudStack 两者对虚拟化技术的支持方式也是不一样的，二者差别如图 8-5 所示。CloudStack 想要实现对虚拟机的管理需要经过中间的管理服务 vCenter，当数据中心变得繁忙时，由于经过了中间 vcenter，可能会导致某些服务变慢。OpenStack 则是直接对虚拟机进行创建、删除、迁移等管理，只有在启用某些高级服务时，才需要通过 vcenter。由此可见，OpenStack 提供了所有的组件，利用 OpenStack 构建云中心，可以根据不同的场景和需求，将功能进行组合；而 CloudStack 则是已经为用户做好一切，只要用户学习如何快速使用它就可以了。两者的解决方案和方式要根据用户的具体要求来进行选择。

3. Kubernetes

Kubernetes 是一个用于进行自动化部署、扩展和管理容器化应用程序的开源系统，目前主要和新型的虚拟化技术 docker 一起使用。Kubernetes 对 docker 具有完备的管理能力，管理多个 docker 之间的通信、负载均衡以及服务注册等服务，可及时发现内部存在的故障，并进行一定程度的自我修复。Kubernetes 架构如图 8-6 所示。相比于 OpenStack 和 CloudStack，Kubernetes 专注于在云上快速搭建应用，管理应用服务的能力，抓住云场景的核心需求，并形成了标准和理念。

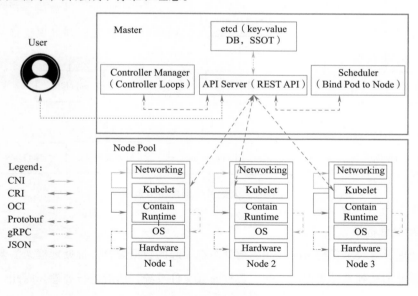

图 8-6　Kubernetes 架构

与 OpenStack 相比，Kubernetes 更倾向于服务容器的管理，在实现对容器进行编排的同时，还完成了相应的微服务调度，如高可用、服务调度和负载均衡等服务。同时 Kubernetes 需要进行一定程度的组件维护，但并不需要管理人员精通相应的知识，维护成本与难度比 OpenStack 小很多。在存储方面，OpenStack 提供了多种存储接口与存储方式，主要有对象存储和块存储等；但 Kubernetes 并不提供存储功能，转为使用存储驱动和接口，针对 Ceph、NFS 等存储组件。Kubernetes 更常见于中小型企业，被使用于承载应用服务的容器，为其进行部署更新和维护。

8.3.3　分布式大数据基础平台

分布式大数据基础平台负责对大数据系统中的数据进行计算。数据往往来自持久存储或消息队列，而计算则是从数据中提取信息的过程。在数据处理开始时，需要对原始数据进行清理、裁剪和集成，以便为用户提供高性能的大数据服务。因此，根据数据源（批处理、流处理或混合处理）选择合适的大数据处理框架至关重要。Gurusamy 等人[16] 将当前最流行的大数据处理框架分为批处理、流处理和混合模式 3 个类型，如图 8-7 所示。

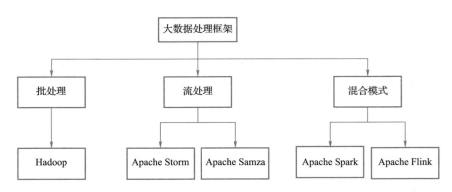

图 8-7　大数据处理框架类型

1. 批处理框架

批处理通常表示在特定时间间隔内分组在一起的数据集合。批处理框架需要将采集的数据按批加载到某种类型的存储、数据库或文件系统，然后进行处理。因此，在处理大量的离线数据时，经常使用批量处理[17]。目前最流行的开源批处理框架是 Hadoop，由谷歌提出，并附带 MapReduce 作为其默认引擎[18]。Hadoop 由 3 个组件组成，即 Hadoop 分布式文件系统（HDFS）、资源协调器（YARN）和 MapReduce，它们协同工作以处理批处理数据。

HDFS 用于存储大数据集，并确保数据在不可避免的主机故障[19] 下仍然可用；还被用作数据源，存储中间处理结果，并使其可用于最终的计算。HDFS 由两个体系结构组成，即主（NameNode）和从（DataNode）[20]。NameNode 负责管理文件系统的名称空间，并管理客户端对文件的访问。名称空间记录用户对文件的创建、删除和修改。NameNode 将数据块映射到 DataNode，并管理文件系统操作，如打开、关闭、重命名文件和目录。通过参数节点的方向，DataNode 对数据块执行创建、删除和复制等操作。

YARN 是一个协调 Hadoop 框架组件的集群。YARN 设计的基本思想是将作业跟踪器的两个主要功能（即资源管理和作业调度）分解为单独的守护进程。

MapReduce 由两个函数组成，即映射和简化。Hadoop MapReduce 的美妙之处在于，用户通常只需要定义地图并减少功能数量。该框架负责处理其他一切事务，如并行化和故障转移。Hadoop MapReduce 框架利用分布式文件系统来读取和写数据。通常，Hadoop MapReduce 使用 HDFS 存储数据，使用 YARN 管理资源和调度作业[21]。

2. 流处理框架

流处理用于处理连续的数据，是将大数据转化为即时数据的关键，它需要将数据微批量并实时地输入一个分析工具，通常是微批量的，以及实时的[22]。当前有相当多的流处理框架，其中最为流行的大数据流处理框架是 Apache Storm[23] 和 Apache Samza。

（1）**Apache Storm**　Apache Storm 是一个由 Twitter 构建的实时处理大数据的开源框架，被设计成可伸缩、有弹性、可扩展、高效和易于管理的。该设计的主要目标是避免由于节点故障而导致消息丢失，并保证至少进行一次处理。

Storm 基于两个名为 Nimbus（在主节点中）的守护进程和每个从节点上的一个监视器运行。Nimbus 负责跟踪工作节点的进度，监督从属节点，并为从属节点分配任务。如果检测到集群中的节点发生故障，Nimbus 将任务重新分配给另一个节点。

由于 Storm 是流式计算的框架，它的数据流和拓扑图类似，因此它的任务被抽象为 Topology。如图 8-8 所示，启动完 Topology 后，相关组件就开始运行。在 Storm 中，Spout 组件主要用来从数据源拉取数据，形成数组后转交给 Bolt 组件处理。Bolt 接收并处理数组后，可以选择继续交给下一个 Bolt 处理，也可以选择不往下传。这样数据以数组的形式一个接一个地往下执行，就形成了一个拓扑数据流，通过在多个节点上分配 Bolt 来并行处理数据。

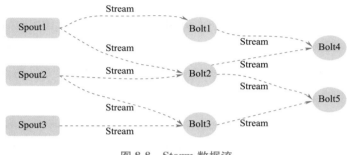

图 8-8　Storm 数据流

（2）**Apache Samza**　Apache Samza[24] 是由 LinkedIn 开发的一个开源的分布式处理框架。创建这个处理框架是为了满足各种流处理需求，如有效的资源使用和大规模使用，优雅地处理故障，以及实现可伸缩性。它至少提供一次处理语义和一次处理模型[25]。它使用开源分布式消息处理系统 Apache Kafka 实现消息服务，并使用资源管理器 Apache Hadoop YARN 实现容错处理、处理器隔离、安全性和资源管理。

Samza 非常适用于实时流数据处理的业务，如数据跟踪、日志服务、实时服务等应用，能够帮助开发者高速处理消息，同时还具有良好的容错能力。在 Samza 流数据处理过程中，每个 Kafka 集群都与一个能运行 YARN 的集群相连并处理 Samza 作业。与 Storm 不同的是，Samza 不需要背压算法，它在处理步骤之间使用缓冲数据，从而使中间结果可以提供给不相关的各方，例如，同一家公司的不同团队。

（3）**混合处理框架**　混合处理框架包括 Apache Spark 和 Apache Flink。

1）Apache Spark。Apache Spark[9] 是批处理和流处理的混合处理框架，使用 Hadoop 的 MapReduce 引擎的类似原理构建，主要目标是通过全内存计算加速批处理工作负载来进行处理优化。

Spark 只在初始阶段与存储层交互，以便将数据加载到内存中，并在过程结束时持久化最终结果。与 MapReduce 不同，在 Spark 中，所有处理和中间结果都分别完成并存储在内存中。Spark 的操作是基于被称为弹性分布式数据集（RDD）的分布式数据结构。RDD 是容错的，可以自动将任务放置到分区中，保持持久数据的本地性。除此之外，RDD 是一种多功能工具，允许程序员将中间结果持久存储到内存或磁盘中以实现可重用性，还允许自定义分区以优化数据放置。

除了核心功能外，Spark 还开发了许多库以补充其基本功能。最流行的库是机器学习库（MLlib）、Spark 流媒体、Spark SQL 和 Spark GraphX。MLlib 旨在简化大数据中的 ML 管道，主要功能包括分类、回归、聚类、协同过滤、优化和降维。Spark Streaming 是 Spark 处理流式数据的专用模块，在 Spark 程序中轻松地建立了高操作性的数据流处理应用，将流式处理和批处理以及交互式查询无缝结合，具有高兼容性和高容错性。Spark SQL 是 Spark 处理结构化数据的模块，在 Spark 程序中无缝地集成 SQL 查询，支持各类数据库的标准化链接，以统一的方式将任意数据源连接到 Spark。Spark SQL 中有专用的数据格式数据帧（data frame）和程序实体 Spark Session 用于针对结构化数据进行优化处理。GraphX 是 Spark 进行图像处理的专用模块，在 Spark 程序中无缝使用图像数据和集合，从而具有高度灵活性和便利性。此外，GraphX 和 MLlib 相似，支持多种经典图像处理算法，并持续更新和扩充算法库。

2）Apache Flink。Apache Flink[26] 提供了一个混合的数据处理框架，由两个主要接口支持，即数据流和数据集。它将数据流处理作为一个统一模型，用于编程模型和执行引擎的实时分析、连续流处理和批处理。通过高度灵活的窗口机制，Flink 程序可以计算提前数据和近似结果，以及延迟数据和准确率，这些操作都是相同的，无须为两个用例组合不同的系统。Flink 支持不同的时间概念（事件时间、摄取时间、处理时间），给程序员关联定义事件提供了高度灵活性。有许多建立在 Flink 处理框架上的库，最流行的是 Flink ML、Gelly、Table API 和 SQL、Flink CEP。

8.4 网络资源服务云化

8.4.1 云计算中的网络虚拟化

随着各种网络应用的兴起，数据的创建与交互变得越来越频繁，同时由于业务的多样性与复杂性，普通公司的用户开始逐渐放弃使用物理服务器，转而使用云服务器。因此各地数据中心的规模变得更加庞大，当大规模用户涌入云计算时，给云计算中心的网络调度部署带来了巨大挑战。

云计算中心网络与现实物理网络有所不同，其具有显著的特点——规模庞大。虚拟机在云计算中心完成在物理网络中的迁移等业务时，会给物理网络带来巨大压力，同时其灵活性也是限制云计算中心网络的一大弊端。因此，只有将网络虚拟化，灵活弹性地对网络资源进行调度与使用，才能满足云计算中心对网络功能的需求。不同的分布式虚拟机管理平台对网络虚拟化技术的实现有所不同，下面以 OpenStack 中的 Neutron 为例，介绍网络虚拟化功能具体是如何实现的。

1. 基础网络架构

（1）**provider network** 与 **tenant network**　在讲 OpenStack 是如何对网络进行虚拟化之前，我们要先了解 OpenStack 是如何看待所有网络的，从大方向上网络分为 Intranet（云计算内部网络）和 Internet（互联网外部网络），而想要实现内部网络与外部网络的通信还要依靠两者之间的 External net。云计算中心网络架构如图 8-9 所示。

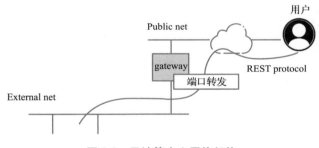

图 8-9　云计算中心网络架构

在图 8-9 中，根据不同的创建网络角色的权限，又可将内部网络分为 provider network 和 tenant network。如果一个网络是由云计算中心管理员创建的，那么该网络类型为 provider network。这种网络通常与数据中心的物理网络存在直接映射，并且可以将其指定给特定的某一个（些）用户，provider network 直接接入了物理网络，所以使用 provider network 的用户在默认情况下是可以直接连入外网的，不需要云计算中心为其添加路由功能。如果一个网络是由普通租户创建的，那么该网络为 tenant network。tenant network 只能由租户独享，不能共享，并且这种网络如果需要连入外网或者和其他租户的网络通信，那么需要云计算中心要为其设置相应的路由模块来进行通信。

此外，还可根据不同的需求创建不同类型的网络。目前可创建的虚拟网络主要分为以下 5 种。

1）local network：只用来在单台虚拟机内进行通信的虚拟网络，不允许和其他服务器或网络进行通信。

2）flat network：没有划分任何通信区间的虚拟网络，类比于现实物理网络中的局域网。

3）VLAN network：使用不同的 VLAN 号进行通信区间划分的虚拟网络，与物理网络不同的是，在云计算中心的不同 VLAN 网络中，虚拟机可以使用相同的 IP 而不会受到影响。

4）GRE network：使用 GRE 封装网络包的虚拟网络，目的是使不同租户网络可以进行通信。

5）VXLAN network：基于 VXLAN 技术实现的虚拟网络，作用与 GRE 类似，但比 GRE 更加灵活。

（2）**OVS+GRE 与 OVS+VXLAN**　不同类型的网络的使用场景不同，local network 通常只用来进行虚拟机的单点测试；而 provider network 要求与现实物理网络直接映射，在创建时通常使用 flat network 与 VLAN network 类型，这样创建的网络才有实际意义。在 OpenStack 中，虚拟机可利用 OVS 通过 GRE network 进行跨网段通信，使用 GRE 的封装功能将虚拟机之间的报文封装，形成一个个"隧道"，并使之在 IP 网络下能够顺利传递。不同的"隧道"有不同的头部以及"隧道"ID，用以区别不同虚拟机之间信息的传递。OVS+GRE 架构如图 8-10 所示。

从图 8-10 可以看出在使用 GRE 时，每个计算节点之间以及计算节点与控制节点之间都需要建立一条 GRE 隧道，那么当数据中心要添加计算节点时就需要新建 $N+1$ 条隧道（N 为计算节点的个数），这样非常不利于集群的扩展，并且当 N 较大时，有可能会造成性能变差等问题。随着数据中心的规模日益增大，虚拟机的数量不断增多，用 VLAN 对不同虚拟机的流量进行划分（VLAN 实际上可被划分的数量仅为 4094），已经不能满足当前数据中心对于虚拟机的划分和扩展的需求。并且数量庞大的虚拟机都有自己的 MAC 地址，给本来就拥挤的网络设备的 MAC 表项增添了更大的压力。在实际业务

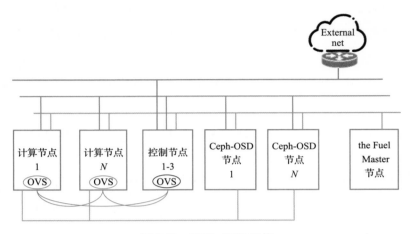

图 8-10　OVS+GRE 架构

中，有时需要迁移网络设备，但虚拟机无法在不同网段之间迁移，如采用对二层网络进行扩展的方法，又会给网络设备的 MAC 地址表项增加压力。以上种种问题促成了 VXLAN 技术，VXLAN 将源网络设备与目的网络设备的 OVS 统一连入同一条逻辑链路上，所有虚拟机在传递消息时，都将报文传送到这条逻辑链路上，并根据里面的流表转发进入的报文。所有的虚拟机就像连接到一个二层交换机的不同端口上，可以自由通信。OVS+VXLAN 架构如图 8-11 所示。

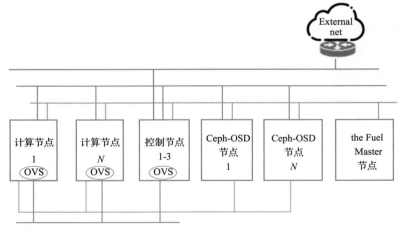

图 8-11　OVS+VXLAN 架构

2. 三层应用服务

在云计算中心的虚拟机可以通过 Neutron 自带的 DHCP 服务获取 IP, 从而与其他虚拟机进行通信。虚拟机获取固定 IP（Fixed IP）主要分为两个步骤：第一步在创建虚拟机过程中, Neutron 随机生成 MAC 并从配置数据中分配一个固定 IP 地址；第二步将其保存到 Dnsmasq 的 hosts 文件中, 让 Dnsmasq 做好准备。虚拟机在启动时向 Dnsmasq 获取了 IP 地址, 该过程涉及不同节点之间的不同模块, 如图 8-12 所示。

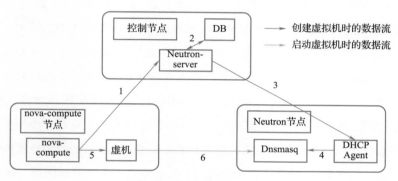

图 8-12　通过 DHCP 服务获取 IP 的过程

由图 8-12 可以看出：①nova-compute 向 Neutron-server 发出请求建立虚拟机；②Neutron-server 查找数据库, 查询要创建的虚拟机的网络、配置等数据信息；③如果数据信息符合要求, Neutron-server 向 DHCP Agent 发出动态 IP 请求；④DHCP Agent 接受请求后交由 Dnsmasq 处理；⑤若符合获取 IP 的要求, 则等待 nova-compute 创建完虚拟机, 完成后由 Dnsmasq 向虚机发起服务, 发送基于虚机合适的 IP。

（Neutron L3 Agent、Neutron LBaas、Neutron Security Group、Neutron FWaas 和 Nova Security Group、Neutron VPNaas、Neutron DVR、Neutron VRRP、High Availability）

8.4.2　云网一体化技术

随着云计算产业不断成熟壮大, 网络架构正在发生深刻变革, 云和网络不再各自独立, 云计算业务的开展需要强大的网络能力支撑, 网络资源的优化同样要借鉴云计算的理念, 云网融合的概念应运而生。

1. 云网融合的概念

云网融合的概念，最早由运营商提出，是将云业务和网业务进行资源整合，面向用户销售，使用户进行一站式体验。中国信息通信研究院和华为技术有限公司等企业在2019发布的《云网融合发展白皮书》中对云网融合做出解释："云网融合是基于业务需求和技术创新并行驱动带来的网络架构深刻变革，使得云和网高度协同，互为支撑，互为借鉴的一种概念模式，同时要求承载网络可根据各类云服务需求按需开放网络能力，实现网络与云的敏捷打通、按需互联，并体现出智能化、自服务、高速、灵活等特性。"2020年11月中国电信公司发布的《云网融合2030技术白皮书》提到："云网融合是通信技术和信息技术深度融合所带来的信息基础设施的深刻变革，在发展历程上要经过协同、融合和一体三个阶段，最终使传统上相对独立的云计算资源和网络设施融合形成一体化供给、一体化运营、一体化服务的体系。"2020年中国移动研究院发布的《中国移动网络技术白皮书》做出概括："云网融合是技术、产品、运营与服务并行驱动带来的深层次变革，是实现网与云的敏捷打通、按需互联，从而为客户提供敏捷、灵活、高效和智能的服务。"阿里云在2020年12月也发布了由阿里云网络一线技术专家共同编写的《云网络白皮书》，把云网融合概括为："从上游供应链角度看，由于云网络的服务化提供，运营商更多地将贷款资源通过云厂商进行售卖。对于技术开发实力较弱，通过售卖资源的IDC提供商正在逐步转变为云管理服务提供商，帮助企业通过构建混合云平滑迁移上云。"与各大运营商不同的是，阿里云特别强调了DCN的演进和广域网的融合。同样是云网白皮书，运营商和互联网企业对云网融合的出发点和理解点不一样。

综上所述，云网融合是一种介于云和网络的新型业务，是在通信网中引入云计算以及在云计算中引入网络的技术，即云的网络化和网络的云化。

2. 云网融合服务能力架构

云网融合服务能力是基于云专网提供基础连接能力，通过与云服务商的云平台结合对外提供覆盖不同场景的云网产品，并与其他类型的云服务深度结合，最终延伸至具体的行业应用场景，并形成复合型的云网融合解决方案。云网融合服务能力体系主要包括3个层级。

（1）最底层为云专网　云专网为各类云互联和企业上云提供可靠的承载能力，并且是云网融合服务能力的核心部分。

（2）中间层为云平台提供的云网产品　云专线、对等连接、云联网等都属于云网产品，这些产品基于底层云专网的资源池互联能力，为云网融合的各种连接场景提供互联互通服务。

（3）最上层为行业应用场景　基于云专网和云网产品的连接能力，并结合其他类型的云服务，云网融合向具体的行业应用场景拓展，并带有明显的行业属性，体现了"一行业一网络"，甚至"一场景一网络"的特点。

3. 云网融合经典应用场景

云网融合有三大经典应用场景，分别为混合云、同一公有云的多中心互联和跨云服务商的云资源池互联。每个场景均要实现安全可靠的数据传输，并保证网络质量稳定，完成数据备份迁移等工作。

（1）混合云　混合云是一种云计算模型，指企业本地（私有云、本地数据中心、监控中心、企业私有 IT 平台）与公有云资源池之间的高速连接，最终实现本地计算环境与云上资源池之间的数据迁移、数据通信等需求。简单来说混合云就是私有云和公有云进行混合和匹配，私有云的安全性比公有云高，但公有云的计算资源比私有云多得多。混合云协调了私有云和公有云的优点，利用私有云的安全性，将重要数据保存在本地数据中心，同时使用公有云的计算资源，更高效地完成计算工作，提高工作效率。混合云应用场景如图 8-13 所示。

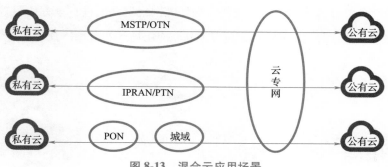

图 8-13　混合云应用场景

（2）同一公有云的多中心互联　多中心互联是为解决分布在不同地域之间的云资源池互联问题提出的，是指云服务商的不同资源池间的高速互联。同一公有云的多中心互联是云网融合的一个典型场景。实际应用中，很多云主机的分布位置可能会因为业务关系而存在差异，云服务商为那些跨区域的云主机数据互访提供了点到点的传输服务，使数据交互顺利进行。云服务商的云专网实现了不同地域的虚拟私有云（VPC）间私网通信，保证在数据高速实时传输的情况下，解决绕行公网带来的网络稳定性差问题，并且避免数据传输中出现传输安全性问题。同一公有云的多中心互联应用场景如图 8-14 所示。

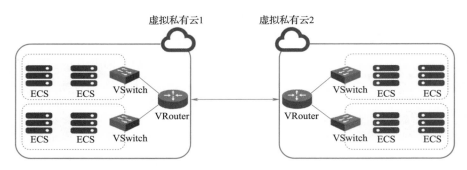

图 8-14　同一公有云的多中心互联应用场景

（3）跨云服务商的云资源池互联　跨云服务商的云资源池互联是指不同云服务商的公有云资源池高速互联，以满足企业多云需求。在该场景下，网络服务商依托于自身的网络覆盖能力，将不同的第三方优质公有云资源融入自身网络中，最终形成一种网络资源与公有云资源互相补充的模式。提供网络资源的网络服务商需要根据各个云服务商的数据中心、POP 点部署位置，在光缆、光纤等网络资源上进行全方位覆盖，以保证端到端的服务质量。跨云服务商的云资源池互联应用场景如图 8-15 所示。

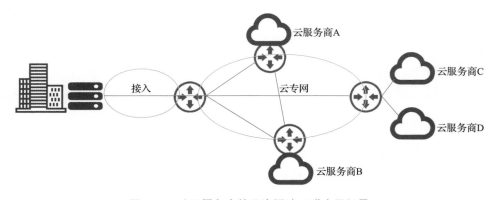

图 8-15　跨云服务商的云资源池互联应用场景

4. 云网融合典型应用案例

云网融合的典型应用之一就是 5G 网络。5G 的核心网已经全面云化，5G 的高速率、大容量、低时延特点，使自动化设备联网成为可能，加快大量数据存储、处理速度。云技术的发展需要依仗 5G 的支持，如今，5G 已然成为推动云网融合向前发展的重要力量。

在 2020 年举办的"第三届数字中国建设峰会"上，中国电信副总经理王国权指出："5G 是新基建的龙头，云是新基建的核心、是数字经济的底座和基石。5G 与云网融合共生共长、互补互促、驱动数字化转型。中国电信将加快推进云改数转，构建'网是基础，云为关键，网随云动，云网一体'数字化基础设施。"

5. 云网融合发展展望

随着数字经济在我国经济发展中发挥越来越重要的作用，数字化转型已经成为各行各业的共识。云计算作为推动企业数字化转型的关键数字技术，发展方向也在不断变化，云网融合就是云计算顺应产业发展与用户需求而产生的全新云计算模式。云网融合作为云计算和网络的交叉领域，随着企业上云的进程不断推进，行业也逐渐走向成熟。可以预见，未来云网融合与垂直行业的结合将更加紧密，对于云服务商来说，如何切入到垂直行业并提升服务能力既是难点，也是机遇。技术进步和行业需求使云网融合与各行业融合创新，推动各行业进行产业升级，不断向数字化、网络化、智能化的方向迈进。

8.5 | 存储资源服务云化

8.5.1 云存储服务

存储资源服务云化（云存储服务）是在云计算技术的发展历程中孕育的产物。云计算技术的发展，以及宽带业务的大幅度提速，为云存储的普及和发展提供了良好的技术支持。和云计算类似，云存储服务是指通过集群应用、网络技术或分布式文件系统等功能，将网络中大量不同类型的、廉价的存储设备通过应用软件集合起来协同工作，共同对外提供数据存储和业务访问功能的系统。2006 年 3 月，亚马逊（Amazon）推出的亚马逊简易存储服务（Amazon Simple Storage Service，S3）云存储产品，也正式开启了云存储服务的发展[27]。

1. 云存储类型

（1）**公共云存储**　公共云存储由第三方服务提供商通过互联网提供，所有硬件、软件和其他支持基础架构均由云提供商拥有和管理。使用解决方案的用户——亦称"租户"——可以通过网络浏览器使用这些服务，并且与其他租户共享硬件、存储和网络设备。维护数据所有权的条款一般包含在用户和实际服务提供商（通常是软件即服务，以下简称"SaaS"）之间的服务合同中，需要注意的一点是 SaaS 提供商未必是云提供商。提供数据备份并承认法律所有权的 SaaS，可以进一步保护最终用户的数据所有权。

常见的公共云包括 Amazon Elastic Compute Cloud（EC2）、Google App Engine、Windows Azure Services Platform、阿里云、华为云、腾讯云。

云提供商需要经常运营和维护庞大的服务器网络，从而使客户端享有相对较高的可扩展性和可靠性。提供商亦会处理硬件和软件方面的事项，降低客户使用公共云解决方案的采购成本和维护成本。由于监控公共云的安全性在很大程度上受限于云提供商，所以客户相对缺乏对安全设置的控制。

（2）**私有云存储**　私有云存储是从最终用户专用的资源中抽取资源池中的数据存储，通常位于用户防火墙内，有时是在本地进行存储。从长远来看，相比使用现成的软件，手动设置企业级私有云较为低效，所以企业都会使用 OpenStack 等平台通过数字方式将虚拟资源池转移至私有云。

受大数据和物联网（IoT）的影响，私有云存储对企业来说非常重要。特别是在当前时代，数据被创建很久后也很难体现价值，私有云存储的作用更加凸显。私有云利用软件定义存储（SDS）对数据进行归档和分类。对于私有云，尤其是使用 OpenStack 部署的私有云来说，分布式文件系统（Ceph）是一种常见的 SDS 解决方案。

（3）**混合云存储**　混合云存储是多云环境中的数据存储，具有一定的工作负载可移植性以及编排、管理能力。虽然构成混合云的公共云和私有云环境都是独立的实体，但是可通过由局域网（LAN）、广域网（WAN）、应用编程接口（API）、虚拟专用网络（VPN）或容器组成的网络来简化这些实体间的迁移操作。借助混合云存储架构，企业能在任何环境中存储数据，并根据需要在不同环境之间移动数据。

2. 云存储格式

（1）**块存储**　块存储会将单个存储卷（如云存储节点）拆分成叫作"块"的多个独立实例。它是一种快速、低时延的存储系统，适用于高性能工作负载。

（2）**对象存储**　对象存储会将数据与元数据的唯一标示符配对。由于对象未经压缩和加密，所以用户可以快速地大批量访问对象，因而它也适用于云原生应用。

（3）**文件存储**　文件存储是网络赋属存储（NAS）系统上使用的一种主要技术，负责组织数据并将数据呈现给用户。它的分层结构使用户能够自上而下轻松浏览数据，但这会增加处理时间。

3. 分布式文件系统

在单机时代，将文件直接存储在服务部署的服务器上的缺点是，存储和数据直连，拓展性、灵活性差。为了拓展存储能力，通过网络连接将数据存储和服务分离，因此出现了中心化存储（NAS、SAN）。各种类型的设备通过网络互联，具有一定的拓展性，但是受到控制器能力限制，拓展能力有限。

分布式存储则是通过网络使用每台机器上的磁盘空间，并将这些分散的存储资源构成一个虚拟的存储设备，数据被分散地存储在不同的服务器上。因此分布式存储具备可扩展、高可用性、低成本、弹性存储等优点。

分布式文件系统作为分布式存储系统的底层，对存储系统性能产生重要的影响。目前主流的分布式文件系统有：GFS、HDFS、Ceph 等。

（1）**GFS**　GFS（Google File System）[28] 是 Google 为其内部应用设计的分布式存储系统，目的是提供一个基于众多廉价服务器工作的基础层分布式的文件存储服务。GFS 服务的是 Bigtable 和 Megastore 等上层数据库应用，所以 GFS 的读写基本都是其他应用的大文件批量数据读写。GFS 的主要特点包括：采用中心化的控制节点管理元数据，文件块大小为 64MB，减少元数据量，减轻控制服务器压力，基于廉价服务器实现高容错高可用，满足 POSIX 语义，应用程序无须任何修改即可使用 GFS。

（2）**HDFS**　HDFS（Hadoop Distributed File System）[29] 被设计成适合运行在通用硬件（commodity hardware）上的分布式文件系统。它和现有的分布式文件系统有很多共同点，但同时，它与其他的分布式文件系统的区别也是很明显的区别。HDFS 是一个高度容错性的系统，适合部署在廉价的机器上；能提供高吞吐量的数据访问，非常适合大规模数据集上的应用；放宽了一部分 POSIX 约束，来实现流式读取文件系统数据。

（3）**Ceph** Ceph[30] 是一个统一的分布式存储系统，设计初衷是提供较好的性能、可靠性和可扩展性。Ceph 项目最早起源于 Sage 就读博士期间的工作成果（最早的成果于 2004 年发表），并随后被贡献给开源社区。经过数年的发展后，目前 Ceph 已得到众多云计算厂商的支持并被广泛应用。RedHat 及 OpenStack 都可与 Ceph 整合以支持虚拟机镜像的后端存储。Ceph 能够为企业提供 3 种常见的存储需求：块存储、文件存储和对象存储，即 Ceph 是能够将企业中的 3 种存储需求统一汇总到一个存储系统中，并提供分布式、横向扩展、高度可靠性的存储。

8.5.2　云数据库服务

在大数据时代，传统的数据库已经无法满足海量的数据管理需求，存在可扩展性差、读写性能低下、管理困难、运行维护成本高等缺点。而云数据库的高可用、高可扩展特性使其成为数据库技术发展的一个主流方向。云数据库服务主要分为关系型数据库服务和非关系型云数据库服务。

关系型数据库服务：关系型数据库服务（Relational Database Service，RDS）是一种稳定可靠、可弹性伸缩的在线数据库服务。基于云分布式文件系统和 SSD 盘高性能存储，RDS 支持 MySQL、SQL Server、Postgre SQL 等存储引擎，并且提供了容灾、备份、恢复、监控、迁移等方面的全套解决方案，以解决数据库运维的难点。

非关系型数据库服务：非关系型数据库服务又称为 NoSQL（Not Only SQL），意为不仅仅是 SQL。非关系型云数据库通常指数据以对象的形式存储在数据库中，而对象之间的关系由每个对象自身的属性决定，常用于存储非结构化的数据。常见的 NoSQL 有 Redis、MongoDB、HBase 等。非关系型数据库服务存储的数据可以是 key-value、文档、图片等形式，使用灵活，应用场景广泛。

各大云服务提供商都推出了各自的云数据库产品，例如：亚马逊主推的关系型数据库服务和非关系型数据库服务分别为 RDS 和 DynamoDB[9]。SQL Azure[10] 是微软推出的基于 SQL Server 2008 并构建在 Windows Azure 云操作系统上的关系型数据库服务。SQL Azure 保证了高可用性和故障转移，当使用 SQL Azure 进行数据的增删改操作时，SQL

Azure 自动将数据到备份若干节点上，以确保数据的高可用性，SQL Azure 后台内置的集群机制保证了故障的自动转移，无须人工监控。Google 推出了基于 MySQL 的云数据库 Google Cloud SQL[11]，它自带加密功能，使用对称加密算法对所有的数据库表都进行了加密，大大提高了数据的安全性能。

云数据库和普通数据库相比，不仅提供了配置和操作数据库实例的 Web 界面，还提供了可靠的数据备份和恢复、完备的安全管理、完善的监控、弹性扩展等多种功能支持。总体而言，云数据库具备以下优势。

（1）安全稳定　云数据库服务，能够帮助用户收缩危险的操作，避免数据库管理员出现误操作，从而更安全、更稳定地为用户提供服务。云数据库支持并提供容灾、备份恢复、数据加密、数据迁移等基本功能和解决方案，采用灵活的备份策略，配合多级备份体系，能够为用户提供更安全稳定、可靠性更高的在线数据库服务。

（2）高效便捷　用户开发数据库需要首先购买主机，然后将其托管到项目公司，最后在主机上安装数据库以及其他需要的软件。这些比较耗时、费力的流程和步骤，在现代项目要求"快速落地"和"迭代"的情况下，已经不再适用了。所以，比起自建数据库，云数据库服务提供商能提供一个快捷按钮，用户一键就能完成上述所有工作。

（3）弹性伸缩　和普通数据库相比，云数据库可以根据用户需求合理购买或释放数据库服务器，从而能更好地满足用户的需求变化，而普通数据库无法满足这一点。

8.6　网络服务云化与安全

8.6.1　云安全面临的挑战

云计算是并行计算、分布式计算和网格计算的发展，同时也是虚拟化、效用计算等概念混合演进并跃升的结果。与传统计算模式相比，它具有按需服务、价格低廉等优势，因此得到了众多企业的推崇。随着各种各样的云计算应用不断出现，一些安全问题也值得进一步讨论，必须重新评估传统的安全模式。作为一种新的计算模式，云安全面临的挑战是复杂多样的。

1. 云计算数据安全威胁

使用云模式，用户失去对物理安全的控制。在一个公共的云中，多个用户共享计算资源时，无法知道能够控制资源运行到哪里。当另一个客户违反法律时，可以让政府以"合理的理由"扣押你的资产。由于目前云供应商提供的存储服务大多不兼容，当用户决定从一个供应商转移到另一个供应商时，会遇到一定的困难，甚至丢失数据。

一般而言，对静态数据加密是可行的，但在云计算的应用程序中对静态数据加密，在很多情况下是行不通的。因为对基于云计算的应用程序使用的静态数据加密后将导致无法对数据进行处理、索引和查询，也就意味着云计算数据生命周期的部分阶段会处于未加密状态，至少在数据处理阶段是未加密的，而且即使要加密，谁控制加密/解密密钥，是客户还是云供应商，这些都是急需解决的问题。

数据的保密并不意味着完整，单单使用加密技术可以保证保密性，但还需要使用消息认证码保证完整性。消息认证码需要用到大量的加/解密钥，而密钥的管理是一大难题。另外，在云计算中会涉及海量的数据，用户该如何检查存储数据的完整性？迁移数据进出云计算是需要支付费用的，同时也会消耗用户的网络利用率。其实用户真正想要的是在云计算环境中直接验证存储数据的完整性，而不需要先下载数据再重新上传数据。更为严重的是，必须在无法全面了解整个数据集的情况下，在云计算中完成完整性的验证。但用户一般不知道他们的数据存储在哪个物理机器上，或者系统安放在何处。而且数据可能是动态频繁变化的，这些频繁的变化使传统保证完整性的技术无法发挥效果。

在云计算中，大多数业务均采用外包的形式，这意味着失去对数据的根本控制，虽然从安全角度看这不是个好办法，但为了减轻企业负担和经济压力仍将继续增加这些服务的使用。

2. 云模式下开发应用带来的安全挑战

使用云模式，意味着需要开发软件。如果用户计划在云中使用内部开发的代码，那么会涉及多种代码的组合和兼容问题，而混合技术的不成熟使用将不可避免地导致在这些应用程序中引入不为人知的安全漏洞。

随着越来越多的关键任务过程被迁移到云端，云计算的供应商不得不以实时的、直接的方式，为管理员以及客户提供日志。这些日志涉及很多用户隐私，由于提供商的日志是内部的，它不一定能被外部或客户调查访问。如何确保这些日志不被滥用、规范监控云也是个难题。

云应用不断增加功能，用户必须跟上应用的改进步伐，以确保它们得到保护。在云中应用改变的速度会影响安全软件开发生命周期（SDLC）和安全性。例如，微软的SDLC 假定任务关键软件将有 3~5 年的周期，在此期间它将不会发生重大变化，但云可能需要应用程序每隔几周就发生变化；更糟的是，一个安全的 SDLC 将无法提供一个安全周期，跟上如此快的变化。这意味着用户必须不断升级应用程序，因为旧版本可能无法正常运行或保护数据。

3. 虚拟化技术对云计算的安全挑战

在云中虚拟化的效率要求多个组织的虚拟机共存于同一个物理资源上。虽然传统的数据中心的安全性仍然适用于云环境，但物理隔离和基于硬件的安全性不能防御在同一个服务器上虚拟机之间的攻击。通过互联网，而不是传统数据中心模式中直接或到现场的连接的管理访问方式，增加了安全风险并暴露了数据，需要对系统控制和访问控制限制的变化进行严密监控。

虚拟机的动态性和移动性，难以保持安全的一致性并确保记录的可审计性。在物理服务器之间克隆和发布，可能导致出现配置错误和其他安全漏洞传播。证明系统的安全状态并确定一个不安全的虚拟机是具有挑战性的操作。不论虚拟机在虚拟环境中处于哪个位置，入侵检测和防御系统都需要在虚拟机水平检测恶意活动。多台虚拟机共存增加了虚拟机对虚拟机的危害的攻击面和风险。

本地化的虚拟机和物理服务器使用相同的操作系统，以及企业和云服务器环境的Web 应用程序，增加了攻击者或恶意软件利用这些系统和应用程序中漏洞的远程威胁。当这些威胁在私有云和公众云之间移动时，虚拟机很容易受到攻击。一个完全或部分共享的云环境可望有更大的攻击面，因此可以认为专用的资源环境存在更大的风险。

操作系统和应用程序文件在一个虚拟化云环境中共享的物理基础设施上，要求系统、文件和活动监测给企业客户提供有信心和可审计的证据，证明它们的资源没有被泄露或篡改。在云计算环境中，企业订购云计算资源，打补丁的责任在用户，而不在云计算供应商，对于补丁维护保持警惕是必要的。

8.6.2　云服务访问控制

云计算技术的快速发展为人们提供了一个支持多样化信息存储和共享的平台。这些云资源可以使用户更快、更方便地共享存储的数据。而存储于云端的数据，由于所有权和管理权分离，会导致存在许多安全问题。因此，云服务访问控制机制显得尤为重要。

传统的访问控制模型

访问控制技术旨在保护系统信息资源的安全性，为符合条件的用户提供相应的权限。访问控制模型主要由三个组件组成，即主体对象、客体对象和访问控制策略。访问控制模型的一般流程是：对主体进行身份验证，授予主体与其身份安全性相符的访问权限，主体对系统资源进行访问。访问控制策略由系统制定，并在主体对象访问过程中始终发挥作用。根据不同的访问控制策略，可以将传统的访问控制模型分为 4 种。下面分别对 4 种访问控制模型进行简要阐述。

（1）自主访问控制（Discretionary Access Control，DAC）策略[31] 和强制访问控制（Mandatory Access Control，MAC）策略[32] 自主访问控制策略是一种最基本的访问控制模型，赋予主体和客体较大程度的自主性。DAC 中主体一旦被授予访问权限便拥有权限的支配权，可自主分配权限[33]。自主访问模型具有两个缺点：一是访问控制列表（ACL）和访问控制矩阵（ACM）的规模会随着系统规模变大而不断增长，系统难以维护和管理。二是自主访问控制模型中系统资源的操作权限可以被主体任意授予，这种高度灵活性威胁系统的安全。在开放的云计算环境中，DAC 模型显然不适用。为了降低主体和客体的自主权，强制访问控制模型对主体和客体增加了安全级别的约束，主体的访问权限受限于自身的安全等级[34]。强制访问控制策略保证二者的安全等级不被更改，从而保护系统安全。针对强制访问控制的研究模型较多，经典的有 BLP 模型[35] 和 Biba 模型[36] 等。强制访问控制模型中主客体的操作受限于自身安全等级并不能随意更改等级，这种强制策略对安全性要求较高的系统具有较好的保护作用。但 MAC 对安全等级的管理灵活性不高，对主客体身份或角色变化的情况考虑不周，在云计算环境中需要改进。

（2）基于角色的访问控制（Role-Based Access Control，RBAC）策略[37] RBAC 策略的基本思想是在 DAC 的基础上，将用户及其具备的权限在管理和维护上进行分离。用户和权限只保持简单映射关系，资源的授权操作由权限指定给特定的一个或者一组用户。这个（组）用户被称为角色，用户通过被赋予不同的角色获得角色所拥有的权限。与传统的自主访问控制策略和强制访问控制策略相比，基于角色的访问控制策略是一个策略中立的模型。它可以通过适当的配置使 RBAC 执行自主访问控制和强制访问控制的策略。RBAC 策略只能对访问主体特征进行描述，缺乏对资源特征的描述。此外，RBAC 策略存在用户权限无法动态变化、约束粒度较大和可扩展性不强等缺点，难以应用在分布式环境中。

（3）基于属性的访问控制（Attribute-Based Access Control，ABAC）策略[38]　ABAC 策略基于实体的属性和身份授权，是一种细粒度的资源授权方法。属性是指与实体相关的一些特性，包括主体属性和资源属性。主体属性包括主体的身份、角色、年龄等信息；资源属性包括资源的身份、位置（URL）、大小等资源服务参数信息。ABAC 策略的基本思想是不直接在主体和资源之间定义授权，而是基于它们的属性作授权决策。ABAC 策略利用一组属性及赋值描述授权访问需求，如果满足属性构成和赋值要求，则释放权限，否则拒绝访问。

ABAC 策略适合分布式的资源访问授权，在授权的过程中需要将实体的属性暴露给验证方进行访问权限的校验，容易导致实体的敏感属性信息泄露，比如身份证号、医保卡号等属性信息。

（4）自动信任协商（Automated Trust Negotiation，ATN）策略[39]　ATN 策略是建立在基于属性访问控制基础上的资源授权访问方法，主要作用是防止在开放环境中陌生实体交互属性时泄露敏感信息。ATN 策略是在访问主体和客体事先不熟悉对方属性的前提下，通过一系列属性信息交换过程，完成访问主体的请求授权。属性信息的暴露时机与方式通过协商策略控制，主要包含贪婪策略（eager policy）、吝啬策略（parsimonious policy）和混合策略（hybrid policy）三种协商策略。贪婪策略是协商双方都尽可能多地获取对方自由属性信息，从而最大限度地推动协商的进行；吝啬策略则需要根据对方暴露的自由属性信息，谨慎地判断自身能够暴露的加锁属性信息；混合策略中和了两种策略，分阶段地进行属性信息的暴露。

ATN 策略能够很好地解决服务资源属性信息在交互过程中的隐私暴露问题。但是，协商过程中属性暴露序列可能存在一些问题，比如由于双方属性信息无法最终达成访问授权，而增加属性交互时间开销，产生自由属性对加锁属性的循环依赖问题等。

8.6.3　云服务隐私保护

云服务模式下，云系统固有的脆弱性和用户数据控制权是形成云服务隐私安全威胁的两大因素。因此，目前云服务隐私保护技术主要围绕这两个因素展开，并形成了两个主要的技术研发方向：云系统安全加固技术和云数据安全变换技术。云系统安全加固技术主要从系统平台层面通过系统安全技术为云数据构建一个安全可靠的运行处理环境，主要的代表性技术有可信计算平台技术和虚拟环境安全技术。云数据安全变换技术主要从数据维度出发，依据计算安全理论对原始云数据进行变换，从而隐藏和混淆数据原有的信息，使攻击者难以从变换后的数据中获得有效信息。云数据安全变换技术主要有差分隐私保护技术、数据匿名技术和数据加密技术等。本节将对云数据隐私保护的主要技术进行概括介绍。

1. 可信计算服务平台技术

可信计算的概念由美国国防部在 1983 年发布的《可信计算机系统评价准则》中首次提出[40]。可信计算的重点在于如何界定可信这一概念。根据可信计算组织（Trusted Computing Group，TCG）的定义：如果实体总是以预期的方式朝着既定目标发展，则这个实体就是可信的[41]。在实践中，可信计算的基本思想是在计算机系统中建立一条可以信任的信息处理链条（即信任链）。可信计算的基本方法为首先在系统中确立一个信任根，然后以信任根为基础逐渐扩展形成一个信任链，因此整个可信计算的基础是如何获得可信根。为此，TCG 定义了可信根的三个必要条件，并制定了以可信平台模块（Trusted Platform Module，TPM）为整个可信计算平台信任根的相关标准。TPM 是一个逻辑严密的软硬件模块，融合了物理安全、技术安全和管理安全等安全要素。

可信计算能够确保整个计算机系统运行用户可信赖的软硬件环境，而在云服务的外包计算存储模式下，用户对服务提供商构建的软硬件平台缺少必要的信任基础。因此，将可信计算服务平台技术应用于安全云系统的构建成为一种现实选择。在实际中，可信计算服务平台技术被广泛地应用于构建可信的云服务技术，如可信外包存储技术[42]、可信虚拟机远程证明技术[43] 等。图 8-16 所示为基于可信计算服务平台技术构建可信云平台的体系架构。其基本思想是以 TPM 为信任根建立一个支持信任链模型的计算和存储资源底层框架，然后利用虚拟化技术将可信的计算存储资源进行逻辑抽象，从而形成一个面向云用户的可信资源共享池。这里的信任根需要经过用户的信任验证，并通过物理安全和技术管理安全确保云服务提供商和恶意攻击者无法对信任根进行伪造和篡改。与此同时，用户可以通过远程证明技术验证信任根的完整性，以及信任链传递的可信性。

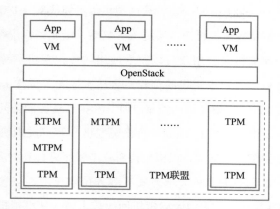

图 8-16　基于可信计算服务平台技术构建可信云平台的体系架构

可信计算服务平台技术可以确保云平台运行用户信赖的计算存储系统，但无法保证系统本身的可靠性，例如用户信赖的云系统可能存在潜在的安全漏洞或逻辑缺陷等。因此，可信计算服务平台技术主要是在云系统和用户之间建立一种信赖关系，但无法确保云系统本身的安全性和可靠性。

2. 虚拟环境安全技术

虚拟环境安全技术是将计算机物理硬件资源映射为可量化的逻辑资源的技术。虚拟化环境安全技术是实现云计算共享资源池的核心支撑技术，因此虚拟化安全是整个云系统运行环境安全可靠的基础。图 8-17 所示是实现系统虚拟化的典型架构，主要包括四部分：底层硬件资源、虚拟机监控器（Virtual Machine Monitor，VMM）、特权虚拟机（Host VM）和客户虚拟机（Guest VM）。其中 VMM 是虚拟化技术的核心，负责完成计算机系统核心硬件资源（如处理器、内存和部分 I/O 资源）的虚拟化，代表性的 VMM

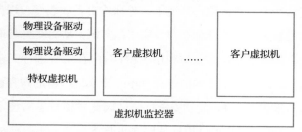

图 8-17　实现系统虚拟化的典型架构

有 Xen、KVM 和 VMware 的 Hypervisor。特权虚拟机负责完成部分 I/O 设备的虚拟化，同时物理 I/O 设备主要由特权虚拟机操作系统负责驱动，因此特权虚拟机具有大部分 I/O 设备的控制权。客户虚拟机是云用户可以获取使用的虚拟主机资源。在虚拟资源管理上，特权虚拟机负责控制客户虚拟机的创建、启动、挂起等操作，同时客户虚拟机对 I/O 设备的访问也要经过特权虚拟机的控制。CPU 和内存资源的访问主要由 VMM 控制。

在实际部署中，云虚拟环境的 VMM、特权虚拟机和客户虚拟机中都存在不同类型的安全漏洞。相比于传统计算框架，虚拟架构对攻击者而言具有更多的攻击面，因而面临更多的安全威胁。常见的虚拟机攻击方式有服务窃取攻击、恶意代码注入攻击、跨 VM 旁道攻击、定向共享内存攻击以及虚拟机回滚攻击等。从虚拟机架构层面看，目前虚拟环境安全技术主要分为以下几类。

安全 VMM：VMM 是虚拟环境的核心基础，攻击者一旦攻陷 VMM，整个系统的数据资源都会被攻击者掌握。目前安全 VMM 研究主要围绕如何规避 VMM 自身的脆弱性，并形成了三种具有代表性的技术思路。第一种技术思路是减小 VMM 的代码尺寸。目前软件安全形式化验证技术因效率低下问题，无法验证大规模软件系统的安全性，但能很好地验证分析小代码尺寸的软件逻辑的安全性。因此，降低 VMM 的代码尺寸，利用形式化验证技术能够有效地规避 VMM 的脆弱性，从而产生安全的 VMM 方案，具有代表性的工作有 CloudVisor[44]、TrustVisor[45] 等。第二种技术思路是安全防护技术，通过外部安全检测和完整性验证等手段及时发现和阻断针对 VMM 的外部攻击，该方案采用的是传统的安全防护思路，具有代表性的工作有 HyperSafe[46]、HyperSentry[47] 等。第三种技术思路是减少 VMM 的攻击面。通过硬件直接访问、虚拟启动等技术减少外部实体与 VMM 的交互，从而降低 VMM 遭受攻击的可能性，相关工作有 NoHype[48]。

虚拟机安全隔离技术：在多租户环境下，外部攻击者或恶意云用户利用云虚拟环境的相关安全漏洞，能够越权访问其他客户 VM 内存资源，从而获得其他云用户的隐私数据。虚拟机安全隔离技术的重点是如何利用 VMM 对内存资源进行安全可靠的管理，杜绝内存的越界访问。实际上，该技术的难点并不在于实现严格的内存访问管理逻辑，而是如何确保实现这些逻辑的 VMM 能够安全可信。因此虚拟机隔离技术的安全基石仍然是安全 VMM 技术。此外对用户 I/O 资源的隔离也是虚拟机安全隔离的重要内容。考虑到虚拟环境中的 I/O 资源一般由特权虚拟机控制，因此面向 I/O 资源的虚拟机安全隔离技术主要是确保特权虚拟机的安全。主要技术手段是防止特权虚拟机的 Domain0 权限遭受 VM escape 等类型的特权攻击[46]。

可信虚拟环境技术：该技术主要将可信计算平台技术和虚拟化技术结合，形成对用户可信赖的云计算虚拟环境。常见的技术手段如可信 VMM 启动技术，主要利用基于 TPM 的信任链技术确保 VMM 在启动过程中免受 Rootkit 等类型[49] 的注入攻击。此外，基于可信计算的远程虚拟机证明技术可以确保客户虚拟机加载的是用户信赖的操作系统。在一些场景下，可信计算技术还可以帮助用户在远程虚拟主机中进行安全的信息存储[50]。

其他虚拟化安全技术：还有一些虚拟化安全防护技术是专门针对一些特定攻击模式和漏洞的，如常见的 VMBR 攻击、DMA 无控制漏洞、隐藏通道攻击等。此外还有在动态迁移过程中保护虚拟机隐私数据的虚拟机安全迁移技术，基于底层安全硬件的虚拟机安全管理技术、基于入侵检测技术对虚拟机进行安全监控的技术等[50]。虚拟环境安全技术可以为云数据提供一个相对安全可靠的运行处理环境。然而在云环境下，构建虚拟环境的计算系统和存储介质都由云服务提供商直接控制。通过基于软硬件的监听和读取技术，云服务提供商仍然能够获取安全虚拟环境中的用户数据。因此，虚拟环境安全技术主要解决云数据可能遭受的外部安全威胁，尚不能有效应对内部威胁。

3. 差分隐私保护技术

差分隐私技术是针对统计数据库隐私泄露问题提出的一种新的隐私保护框架，其概念由 Dwork 在 2006 年首次提出[51]。在统计数据库中，外部查询者通过分析数据查询结果可以推断出数据库特定数据记录的信息，从而产生隐私泄露问题。差分隐私保护技术的基本思想是对原始数据集合进行变换或者对外部查询的结果添加随机噪声从而达到隐私保护的目的。在差分隐私保护框架下，对原始数据集进行有限的修改，在概率意义上并不影响相同查询的输出结果，其定义[52] 为：给定两个具有相同属性结构的数据集合 D 和 D'，两个数据集合至多相差一个数据记录即 $|D \triangle D'| \leqslant 1$。$M$ 为随机算法，P_M 为 M 所有可能输出构成的集合。设 P_M 的任意子集为 S_M，若 M 满足 $\Pr[M(D) \in S_M] \leqslant \exp(\varepsilon) \cdot \Pr[M(D') \in S_M]$，则称算法 M 提供 ε-差分隐私保护，其中 ε 为隐私保护预算。ε 通常取很小的值以确保数据集变化时，算法输出结果基本一致，从而使不可信查询用户难以对数据库中的记录进行推理分析。

目前差分隐私保护技术主要用于隐私保护的数据发布和隐私保护的数据挖掘等领

域。在数据发布上，差分隐私数据保护技术主要通过两种模式实现：交互式数据发布和非交互式数据发布，如图 8-18 所示。交互式数据发布机制通常在用户的查询结果中引入噪声干扰来实现隐私保护效果，常见的交互式发布机制有 Laplace 机制[53]、指数机制[54] 等。在非交互式数据发布机制中，数据拥有者可以一次性发布所有可能查询的对应结果或者发布一个由原始数据集作为隐私净化处理的净化数据集合。常见的非交互式数据发布方法有批查询法、列联表发布法、分组数据发布法和净化数据发布法等[55]。其中净化数据发布法通常根据统计学习理论发布原始数据的一个净化版本，使原始数据集和净化数据集具有相同的统计分布特征，但两者的查询误差需维持在一定范围内。在差分隐私数据挖掘领域，主要有两种实现模式：接口模式和完全访问模式。在接口模式下，数据所有者为数据集合提供基于差分隐私数据保护的访问接口，外部查询用户执行数据挖掘算法并通过接口访问数据集合。在该模式下，数据挖掘结果的精度和隐私保护强度都由接口控制，常用的接口框架有 SuLQ[56] 和 PINQ[57] 等。在完全访问模式下，数据所有者或者查询算法执行者需要对传统数据挖掘算法进行修改使其满足差分隐私保护的需求。该模式要求对外发布的数据挖掘模型不能泄露数据集合的隐私信息，为此需要针对不同的数据挖掘需求设计特定的支持差分隐私的挖掘算法，如面向差分隐私而专门设计的决策树算法、回归算法和频繁项集挖掘算法等。

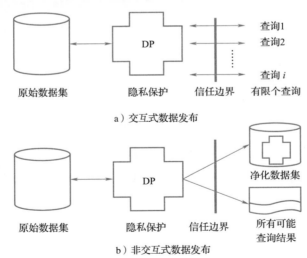

图 8-18　差分隐私保护技术的数据发布模型

在面向交互式数据发布以及数据挖掘的差分隐私数据保护算法中，原始数据集合通常由数据所有者控制并且不对外公开，数据查询者作为不可信的一方向数据集合提出查询请求，数据所有者通过支持差分隐私数据保护的访问接口响应其查询请求。然而，在云计算模式下，用户的数据集合需要托管至云服务平台，而用户对云服务提供商并不完全信任。因此，此类差分隐私数据技术难以适用于云环境下的数据隐私保护。对于面向非交互式数据发布的差分隐私数据保护算法，数据所有者可以对外发布具有差分隐私数据保护功能的净化数据集，从而向外部查询者提供数据服务。该模式一定程度上符合云数据隐私保护的安全模型。然而，净化数据集合本质上是失真的数据集，仅能支持特定类型的数据查询（如统计特征查询等），因此该模式从数据可用性角度看具有很大的局限性。此外，考虑到云服务提供商并不可信，净化数据集会将原始数据集合的统计特征等信息直接泄露给云平台。因此，从数据可用性的精度和隐私保护的强度看，差分隐私数据保护技术难以适应云环境下的隐私保护需求。

4. 数据匿名技术

数据匿名技术是一种隐藏或抑制数据集合中的敏感属性或标识，开放和共享其他属性数据的隐私保护技术。数据匿名技术一般采用两种基本操作：一是抑制，主要指不发布特定的数据项；二是泛化，主要指对数据进行概括、抽象的描述。k-匿名是数据匿名的早期技术，由 Sweeney 等人[58] 于 2002 年首次提出。k-匿名技术保证发布数据中的每个记录都与其中至少 $k-1$ 个记录无法区分，这些相互不可区分的记录称为等价类。k-匿名使数据集中每个个体记录被标定的概率小于 $1/k$。然而，如果等价类数据中的敏感属性取值较少，那么攻击者可以通过一致性攻击和背景知识攻击猜测敏感数据与个体记录的关系。为此，又有了 l-多样性匿名策略[59]，该策略确保每一个等价类的敏感属性都有至少 l 个不同的取值，使攻击获得个体敏感信息的概率小于 $1/l$。在 l-多样性策略下，如果等价类敏感属性值的分布特征与整个数据集敏感属性的分布存在可区分性，那么攻击依然能以较高的概率获得敏感属性的值。为此，N. Li 等人[60] 提出了 t-保密匿名策略，该策略要求等价类敏感属性值的分布与该属性在整个数据集中的分布保持一致。上述三种匿名策略是面向通用的数据应用场景，其中数据信息的损失较大，适用于对计算精度要求不太严格的情况。

在实际应用中，很多数据集合需要动态更新社交数据、流数据等。新数据的引入可能会破坏原有匿名策略中的相关要求，因而产生了一些专门针对动态数据的匿名方案，如 m-恒定匿名技术[61]、新增数据匿名重发布技术[62]。

数据匿名技术主要基于分组泛化的思路，这些技术的隐私防护强度与攻击者掌握的背景知识相关。因此，随着新的攻击方法的产生，特别是在数据集合之间存在信息关联的情况下，相应的技术需要做进一步的补充修正。可以说数据匿名技术尚缺少严格的理论模型来确保相关机制的安全性。此外，数据匿名技术本质上属于数据失真的范畴，因此该类技术大多面向对数据计算精度要求不高的应用场景。

5. 数据加密技术

数据加密技术是基于计算安全性理论设计的数据变换方法。常见的数据加密技术主要有对称加密和非对称加密两种机制。对称加密是指加密和解密密钥一致的算法，如典型的序列加密算法、AES 加密算法、3DES 加密算法等。非对称加密是指使用公开密钥加密而利用不同的私密密钥进行解密的算法，如 RSA 算法、椭圆曲线（ECC）密码算法等。数据加密是将原始信息与密码数据进行多方式复杂混淆的技术，攻击者难以从加密后的数据中获得隐私敏感信息，其难度近似于在密钥空间中准确猜测解密使用的密钥。然而，常规数据加密机制采用的高强度信息混淆机制大大降低了数据原有的可用性，使在加密数据上进行一般的信息处理操作（如信息检索、数据计算、数据清洗等）变得尤为困难。

为了在保护数据隐私安全的同时进一步发掘加密数据的可用性，一系列保留特定运算功能的数据加密算法被提出，如属性基加密（Attribute-based Encryption，ABE）、可搜索加密（Searchable Encryption）、同态加密（Homomorphic Encryption）等。这些算法很好地契合了云数据隐私保护的安全需求，一方面不可信的云服务提供商难以从加密数据中获得用户的隐私信息，另一方面用户可以在这些加密的数据上进行特定的运算处理。因此，在云计算安全的驱动下，大量的保留特定运算功能的加密算法被用于云数据隐私保护机制的设计。例如，基于属性基加密的云数据隐私保护访问控制技术[63]、基于可搜索加密的云数据隐私保护查询机制[64]、基于部分同态加密[65]的云数据安全外包计算技术，以及基于代理重加密[66]的云数据动态更新技术等。

目前面向云数据的加密技术的研究重点主要集中于三个方面：一是如何设计支持更多特定运算功能的加密机制，进一步扩大加密云数据的可用性范围；二是如何提升云数据加密技术的执行效率，在加密数据上执行特定运算往往需要承担大量的计算开销，因而执行效率直接决定了相关机制的实用性；三是如何使加密数据更好地支持数据动态性（如数据的插入、更新和删除），数据动态性是设计云数据加密技术时需要重点兼顾的问题。

参考文献

［1］ SMARR L, CATLETT C E. Metacomputing［J］. Communications of the ACM, 1992, 35（6）: 44-52.

［2］ 杨敏. 云计算与网络计算的比较研究［J］. 电子技术与软件工程, 2014, 13: 69-70.

［3］ 李成忠, 张新有. 计算机网络应用教程［M］. 北京: 电子工业出版, 2002.

［4］ MELL P, GRANCE T. The NIST definition of cloud computing［M］. Gaithersburg: NIST, 2011.

［5］ 郭得科, 王怀民. 网络计算典型形态的发展回顾和愿景展望［J］. 中国计算机学会通讯, 2022, 18（2）: 39-45.

［6］ Wikipedia. InfiniBand［EB/OL］. （2022.3.12）［2022.3.23］. https://en.wikipedia.org/wiki/InfiniBand.

［7］ HU F, QIU M K, LI J Y, et al. A review on cloud computing: Design challenges in architecture and security［J］. Journal of Computing and Information Technology, 2011, 19（1）: 25-55.

［8］ JADE JA Y, MODI K. Cloud computing-Concepts, architecture and challenges［C］//2012 International Conference on Computing, Electronics and Electrical Technologies. Cambridge: IEEE, 2012: 877-880.

［9］ YUAN Y, LU Z, SHI Q, et al. FPGA based hardware-software co-designed dynamic binary translation system［C］//2013 23rd International Conference on Field Programmable Logic and Applications（FPL）. Cambridge: IEEE, 2013: 1-4.

［10］ BASU A, PUTHOOR S, CHE S, et al. Software assisted hardware cache coherence for heterogeneous processors［C］//Proceedings of the Second International Symposium on Memory Systems. New York: ACM, 2016: 279-288.

［11］ ITO T, NOGUCHI H, KATAOKA M, et al. Virtualization in distributed hot and cold storage for IoT data retrieval without caching［C］//2020 IEEE International Conference on Informatics, IoT, and Enabling Technologies（ICIoT）. Cambridge: IEEE, 2020: 463-468.

［12］ MIWA M, NAKASHIMA K. Progression of MPI non-blocking collective operations using hyperthreading[C]//2015 23rd Euromicro International Conference on Parallel, Distributed, and Network-Based Processing. Cambridge: IEEE, 2015: 163-171.

[13] ITO M, OIKAWA S. Lightweight shadow paging for efficient memory isolation in Gandalf VMM [C]//2008 11th IEEE International Symposium on Object and Component-Oriented Real-Time Distributed Computing (ISORC). Cambridge: IEEE, 2008: 508-515.

[14] RAHMAN N, COLE R, RAMAN R. Optimised predecessor data structures for internal memory [C]//International Workshop on Algorithm Engineering. Berlin: Springer, 2001: 67-78.

[15] DIAO Y, HU X, TANTAWI A, et al. An adaptive feedback controller for sip server memory overload protection[C]//Proceedings of the 6th international conference on Autonomic computing. New York: ACM, 2009: 23-32.

[16] GURUSAMY V, KANNAN S, NANDHINI, K. The Real Time Big Data Processing Framework: Advantages andLimitations[J]. Int. J. Comput. Sci. Eng. 2017, 5: 305-312.

[17] BALKENENDE M. The Big Data Debate: Batch Versus Stream Processing[Z/OL]. (2018-06-25). https://thenewstack.io/the-big-data-debate-batch-processing-vs-streaming-processing.

[18] DITTRICH J, QUIAN R, JORGE A. Efficient big data processing in Hadoop MapReduce[J]. Proceedings of the VLDB Endowment, 2012, 5(12): 2014-2015.

[19] SHVACHKO K, KUANG H, RADIA S, et al. The hadoop distributed file system[C]//Proceedings of the 2010 IEEE 26th Symposium on Mass Storage Systems and Technologies (MSST). Cambridge: IEEE, 2010: 1-10.

[20] KULKARNI A P, KHANDEWAL M. Survey on hadoop and introduction to YARN[J]. Int. J. Emerg. Technol. Adv. Eng, 2014, 4: 82-87.

[21] TOSHNIWAL A, TANEJA S, SHUKLA A, et al. Storm@ twitter[C]//Proceedings of the 2014 ACM SIGMOD International Conference on Management of Data. New York: ACM, 2014: 147-156.

[22] KAMBURUGAMUVE S, FOX G, LEAKE D, et al. Survey of distributed stream processing for large stream sources[J]. Grids Ucs Indiana Edu. 2013, 2: 1-16.

[23] WINGERATH W, GESSERT F, FRIEDRICH S, et al. Real-time stream processing for Big Data [J]. Inf. Technol. 2016, 58: 186-194.

[24] GARC ÍA-GIL D, RAM ÍREZ-GALLEGO S, GARCÍA S, et al. A comparison on scalability for batch big data processing on Apache Spark and Apache Flink[J]. Big Data Anal 2, 2017.

［25］ NOGHABI S A, PARAMASIVAM K, PAN Y, et al. Samza：Stateful scalable stream processing at LinkedIn［J］. Proceedings of the VLDB Endowment, 2017, 10(12)：1634-1645.

［26］ CARBONE P, KATSIFODIMOS A, EWEN S, et al. Apache flink：Stream and batch processing in a single engine［J］. IEEE Comput. Soc. Tech. Community Data Eng. 2015, 36：28-38.

［27］ AMAZON. Amazon Simple Storage Service［EB/OL］. (2013-01-10). http：//aws. amazon. com/cn/s3/.

［28］ GHEMAWAT S, GOBIOFF H, LEUNG S. The Google file system［C］//Acm Symposium on Operating Systems Principles Bolton Landing. New York：ACM, 2003, 37(5)：29-43.

［29］ APACHE. HDFS ArchiTecture［EB/OL］. https：//hadoop. apache. org/docs/r1. 0. 4/cn/hdfs_design. html.

［30］ WEIL S A, BRANDT S A, MILLER E L, et al. Ceph：A scalable, high-performance distributed file system［C］//Symposium on Operating Systems Design and Implementation. Berkeley：USENIX Association, 2006：307-320.

［31］ AHN G J. Discretionary access control［M］//LIUL, OZSU M. Encyclopedia of Database Systems. Berlin：Springer, 2009：864-866.

［32］ LINDQVIST H. Mandatory access control［D］. Umca University, 2006.

［33］ 翟馨沂. 云计算环境下 RBAC 模型的研究与设计［D］. 北京：北京邮电大学, 2019.

［34］ 王于丁, 杨家海. 一种基于角色和属性的云计算数据访问控制模型［J］. 清华大学学报(自然科学版), 2017, 57(11)：1150-1158.

［35］ BELL D E, LAPADULA L J. Secure computer systems：Mathe-matical foundations［R］. Bedford：MITRE Corp, 1973.

［36］ BIBA K J. Integrity considerations for secure computer sys-tem［R］. MITRE CORP BEDFORD MA, 1977.

［37］ KUHN D R, ERRAIOLO D F. Role-based access controls［J］. Cryptography and Security, 2009.

［38］ PANDEY O, SAHAI A, GOYAL V, et al. Attribute-based encryption for fine-grained access control of encrypted data［C］//Proceedings of the 13th ACM conference on Computer and communications security. New York：ACM, 2006：89-98.

［39］ WINSBOROUGH W, LI N H. Towards practical automated trust negotiation［C］//IEEE 3th International Workshop on Policies for Distributed System and Networks. Cambridge：IEEE, 2002：92-103.

［40］ DoD Computer Security Center. Department of Defense Trusted Computer System Evaluation Criteria ［Z］. 1985.

［41］ Trusted Computing Group. TCPA Main Specification, Version 1. 1b［Z］. 2002.

［42］ 丁滟，王怀民，史佩昌，等. 可信云服务 ［J］. 计算机学报，2015，38(1)：133-129.

［43］ 冯登国，秦宇，汪丹，等. 可信计算技术研究 ［J］. 计算机研究与发展，2011，48(8)：1332-1349.

［44］ ZHANG F, CHEN J, CHEN H, et al. CloudVisor: retrofitting protection of virtual machines in multi-tenant cloud with nested virtualization ［C］//ACM Symposium on Operating Systems Principles 2011, SOSP 2011. New York：ACM, 2011：203-216.

［45］ MCCUNE J M, LI Y, QU N, et al. TrustVisor: Efficient TCB reduction and attestation ［J］. CyLab, 2009, 41 (3)：143-158.

［46］ WANG Z, JIANG X. HyperSafe: A lightweight approach to provide lifetime hypervisor control-flow integrity ［C］//2010 IEEE Symposium on Security and Privacy. Cambridge：IEEE, 2010：380-395.

［47］ AZAB A M, NING P, WANG Z, et al. HyperSentry: Enabling stealthy in-context measurement of hypervisor integrity［C］//ACM Conference on Computer and Communications Security, CCS 2010. New York：ACM, 2010：38-49.

［48］ SZEFER J, KELLER E, LEE R B, et al. Eliminating the hypervisor attack surface for a more secure cloud ［C］//ACM Conference on Computer and Communications Security, CCS 2011. New York：ACM, 2011：401-412.

［49］ KING S T, CHEN P M, WANG Y M, et al. SubVirt: Implementing malware with virtual machines ［C］//IEEE Symposium on Security & Privacy. Cambridge：IEEE, 2006：314-327.

［50］ 张玉清，王晓菲，刘雪峰，等. 云计算环境安全综述 ［J］. 软件学报，2016，27 (6)：1328-1348.

［51］ DWORK C. Differential Privacy ［M］. Berlin：Springer Heidelberg, 2006.

［52］ DWORK C. A firm foundation for private data analysis ［J］. Communications of the ACM, 2011, 54 (1)：86-95.

［53］ DWORK C, MCSHERRY F, NISSIM K. Calibrating noise to sensitivity in private data analysis ［C］//Conference on Theory of Cryptography. Berlin：Springer, 2006：265-284.

［54］ MCSHERRY F, TALWAR K. Mechanism design via differential privacy［J］. Foundations of Computer Science Annual Symposium, 2007: 94-103.

[55] 熊平, 朱天清, 王晓峰. 差分隐私保护及其应用 [J]. 计算机学报, 2014, 37 (1): 101-122.

[56] DWORK C, NISSIM K. Privacy-Preserving Datamining on Vertically Partitioned Databases [J]. Crypto, 2004, 3152: 528-544.

[57] FRIEDMAN A, SCHUSTER A. Data mining with differential privacy [C]//ACM SIGKDD International Conference on Knowledge Discovery and Data Mining. New York: ACM, 2010: 493-502.

[58] SWEENEY L. K-anonymity: A model for protecting privacy [J]. IEEE Security & Privacy Magazine, 2012, 10 (5): 1-14.

[59] MACHANAVA J JHALA A, GEHRKE J, KIFER D, et al. L-diversity: Privacy beyond k-anonymity [C]//22nd International Conference on Data Engineering (ICDE'06). Cambridge: IEEE, 2006: 24.

[60] LI N, LI T, VENKATASUBRAMANIAN S. t-Closeness: Privacy beyond k-anonymity and l-diversity [C]//IEEE International Conference on Data Engineering. Cambridge: IEEE, 2007: 106-115.

[61] XIAO X, TAO Y. M-invariance: Towards privacy preserving re-publication of dynamic datasets [C]//ACM SIGMOD International Conference on Management of Data. New York: ACM, 2007: 689-700.

[62] 周水庚, 李丰, 陶宇飞, 等. 面向数据库应用的隐私保护研究综述 [J]. 计算机学报, 2009, 32 (5): 847-861.

[63] GOYAL V, PANDEY O, SAHAI A, et al. Attribute-based encryption for fine-grained access control of encrypted data [C]//Proceedings of the 13th ACM conference on computer and communications security. New York: ACM, 2006: 89-98.

[64] CURTMOLA R, GARAY J, KAMARA S, et al. Searchable symmetric encryption: improved definitions and efficient constructions [C]//Proceedings of the 13th ACM conference on computer and communications security. New York: ACM, 2006: 79-88.

[65] DIJK M V, GENTRY C, HALEVI S, et al. Fully homomorphic encryption over the integers [C]//EUROCRYPT 2010. Berlin: Springer, 2010: 24-43.

[66] CANETTI R, HOHENBERGER S. Chosen-ciphertext secure proxy re-encryption [C]//ACM Conference on Computer and Communications Security. New York: ACM, 2007: 185-194.

第 9 讲
工业互联网技术

工业互联网（Industrial Internet）是信息通信技术与制造业全方位融合的产物，必将成为第四次工业革命和深化"互联网+先进制造业"的重要支撑，对未来工业发展产生全方位和革命性影响。近年来全球工业互联网发展提速，呈现总体格局日渐明朗、技术产品标准竞争日趋激烈、龙头企业关键平台布局日益强化等突出特点，发达国家抢抓新一轮工业革命契机，加速布局工业互联网核心标准、技术和平台，从而建立数字驱动的工业新生态。

我国高度重视工业互联网发展，在工业互联网架构、标准、测试、安全、合作等方面取得了初步成效，成立了工业互联网产业联盟。2017 年 11 月，国务院发布《关于深化"互联网+先进制造业"发展工业互联网的指导意见》，提出增强工业互联网产业供给能力，持续提升我国工业互联网发展水平；2019 年 12 月，习近平总书记主持中央经济工作会议，将工业互联网在内的新型基础设施列为经济建设重点任务；2020 年 5 月，十三届全国人大三次会议上"新型基础设施建设"首次写入中央政府报告。

9.1 工业互联网的由来

工业互联网作为当前炙手可热的技术，经过了较长的演变与发展历程，已经成为世界各国政府、产业界和研究团体关注的焦点，是第四次工业革命的重要基石和关键支撑。通过万物互联、人机互联，工业互联网将推动制造业深刻变革和飞速发展，实现网络化制造、数字化制造、智能化制造，在全球工业系统的智能化转型过程中发挥核心作用。

9.1.1 工业互联网的提出

工业革命促进了生产力的发展和生产关系的变化，使用机器生产代替了手工生产，推动了各国的产品输出。互联网革命改变了人们的生活和工作方式，促进了发展中国家工业模式的转变，刺激了企业的创新意识，提高了产业革命的速度。工业互联网的产生，结合了工业革命与互联网革命的优势，那么，工业互联网是什么？

中国工业互联网研究院于 2019 年发布的《工业互联网创新发展 20 问》，对工业互联网做出了如下阐述。

工业互联网是新一代网络信息技术与制造业深度融合的产物，是实现产业数字化、网络化、智能化发展的重要基础设施，通过人、机、物的全面互联，全要素、全产业链、全价值链的全面链接，推动形成全新的工业生产制造和服务体系，成为工业经济转型升级的关键依托、重要途径、全新生态[1]。

究其本质，工业互联网就是将工业生产过程中的各种元素（包括设备、人员、产品和客户等）通过开放的互联网平台紧密连接起来，结合互联网、大数据、云计算、物联网、5G/6G 等技术，实现网络化、数字化、智能化，降低产业成本，提高生产效率。

工业互联网的概念在 2012 年首次被提出。2012 年 11 月，美国通用电气（General Electric，GE）发布《工业互联网：突破智慧与机器的边界》白皮书（以下简称《白皮书》），提出工业设备与信息技术融合的概念，指出工业互联网的目标是通过大数据收集和分析，为工业设备赋予智能，降低能耗，提高产业效率和服务质量，给世界带来较大的经济效益。

《白皮书》为了体现工业互联网带来的好处，采用"1%的力量"进行了保守估计。具体地说，即使工业互联网只能提高 1% 的效率，收益也非常高。例如，在医疗保健领域，通过降低流程效率，全球产业效率提高 1%，也将产生超过 630 亿美元的医疗保健价值。这仅仅是其中一个例子，但足以说明工业互联网发展的巨大潜力[2]。

GE 认为，工业互联网将会成为继 18 世纪中期—20 世纪初的工业革命和 20 世纪末的互联网革命后一场新的产业革命，通过将互联网、大数据、云计算等技术应用到工业发展中，建设具备自我改善功能、能够满足个性化需求的智能工业网络。

工业互联网作为新一代信息技术与制造业深度融合的产物，日益成为新工业革命的关键支撑和深化"互联网+先进制造业"的重要基石，对未来工业发展将产生全方位、深层次、革命性影响，是现代工业智能化发展的关键路径。由此，工业互联网已然成为现代制造业智能化升级和数字化转型的核心支撑和强大助力。

9.1.2　工业互联网的内涵

工业互联网不仅仅是互联网，更是多种核心关键技术融合的综合性应用。在新一轮技术革命和产业变革的大环境下，大数据、人工智能、云计算、物联网等高新技术正逐步向传统的工业领域渗透，工业互联网应运而生，现已成为产业升级与发展的必然趋势。然而由于不同国家的经济发展各异、工业和信息领域基础各异、发展需求各异，不同国家在互联网与工业深度融合的认识上存在一定的差异，也因此在世界范围内工业互联网仍旧没有一个被广泛认同的定义。下面列举几个国内外较为经典的定义。

"工业互联网"的概念第一次被提出是在 GE 于 2012 年出版的《工业互联网：突破智慧与机器的边界》中，其对应的英文为 Industrial Internet。该概念和模式是 GE 站在生产效率的角度提出的。将"工业互联网"定义为：把工业制造系统通过互联网体系连接起来，实现工业信息中的数据采集、传送、集成、处理与反馈，利用数据分析使工业生产中的装备在工业制造中得到更好的管理和优化，最终达到提高生产率的目的[2]。

美国工业互联网联盟提出的工业互联网的定义是：在工业环境中应用"互联网思维"，为了商业收入转型，通过先进的数据分析使能智能工业操作的，连接物、机器、计算机与人的互联网。

在我国，"十三五"规划、"互联网+""中国制造 2025"等国家重大战略文件都明确指出，工业互联网作为中国智能制造的重要支撑，彰显重要性，并强调大力发展工业互联网。

中国工业互联网研究院将工业互联网定义为：是新一代信息技术与制造业深度融合的产物，是实现工业经济数字化、网络化、智能化发展的重要基础设施，通过对人、机、物的全面互联，构建起全要素、全产业链、全价值链的全链接的新型工业生产制造服务体系。

中国工业联盟发布的《工业互联网体系架构（版本 2.0）》将工业互联网定义为：通过人、机、物的全面互联，实现全要素、全产业链、全价值链的全面连接，对各类数据进行采集、传输、分析，并形成智能反馈的全新工业生态、关键基础设施和新型应用模式[3]。

虽然现如今国际上对工业互联网没有统一的定义，但是随着近些年人们来对工业互联网认识的加深，其在基本要素和发展目标上逐渐达成了统一。

工业互联网是传统互联网和新时代高新网络信息技术与传统的工业系统进行深度智能融合构建的全新产业和应用生态，是工业数字化、网络化、智慧化发展的重要综合信息基础设施。其本质可以理解为，通过以人、工业系统、机器互联的网络为基础，采用感知技术获取海量工业数据，实现数据的实时分析、全面感知、动态流动，构建全局科学智能的工业模式。

可以重点从"网络""数据""安全"3 个方面来理解工业互联网。

首先，"网络"是基础，工业互联网中的一切数据互联流动都是由网络实现的，人、机器、数据通过网络互相连接，跨域的数据通过网络实现转发和无缝互操作，高标准的网络的实时响应能力也使高业务需求得以实现。

然后，"数据"是核心，工业互联网作为综合技术应用，实现了数据的价值，数据的流动贯穿了工业互联网的始终，毫无价值的海量数据经采集、分析处理、计算等步骤形成了基于数据的智能化。

最后，"安全"是保障，通过构建强健的安全防护体系（主要涉及设备、控制、网络、应用、数据安全 5 个方面）来保障工业智能化的实现。

9.2　工业互联网网络体系

当前，全球第四次工业革命的孕育兴起与我国制造业产业的转型升级正处于历史交汇期。近年来，全球互联网平台市场持续保持活跃创新发展态势，工业互联网是先进制造战略的重要组成部分，是实现先进制造战略的关键，对制造业数字化转型的驱动力正逐渐显现，逐渐成为实体经济数字化转型的关键支撑。互联网、大数据、人工智能、5G 等新一代信息技术的发展推动了制造业技术的更迭与创新，工业互联网与先进制造业融合发展使工业的数字化转型与高质量发展得到有力支撑。目前，世界各国正加快发展工业互联网产业，将抢占产业未来制高点作为发展战略，发展工业互联网不仅顺应各国工业发展大势，也是我国推动制造业质量提升、效率变革，实现高质量发展的必然要求。

9.2.1　工业互联网网络架构

工业互联网包含工业控制网络、工业物联网络以及工业信息网络在内的大型异构网络，是多维度的深度融合以及网络相关技术的彻底变革。然而，这些技术变革并不是一蹴而就的，需要不同行业、不同类型企业、不同技术领域的协同持续迭代演进才能逐步发展成熟。

未来，工业互联网有数亿计的智能化设备接入，产生海量数据，必须应对巨量的数据传输，因此，更强调云边端协同、边缘计算等技术应用。在建设层面，急需构建新型网络体系架构来满足高带宽、低时延、安全、可靠的数据传输需求。

当前企业工业互联网的网络架构普遍采用三层结构：企业资源计划（ERP）、制造执行系统（MES）、分散控制系统（DCS）。随着企业工业互联网建设的逐步深入，上述三层结构将逐步演变为，人机合作的管理与决策智能化系统和智能自主控制系统两层结构；原有的集中式 ERP 与 MES 等核心工业互联网应用系统将演变为分散式大数据驱动下的生产要素（设备、产品质量、生产指标、安全、能耗）的信息采集、监控、预测、追溯、决策等一体化与智能化应用系统；生产制造过程将更加智能，人工智能技术支撑下的集成优化系统将作用于制造过程与生产线决策等全过程[4]；实现制造过程的智能化和自动化，应从生产线决策、制造过程控制的集成优化入手，进而实现智能制造的自我增强和迭代能力。

工业互联网尤其是企业内网将打破"两级三层"的体系架构，使 IT（Information Technology）网络与 OT（Operation Technology）网络逐步深度融合，形成完整的工业企业内网。企业工业互联网体系架构如图 9-1 所示。

基于发展现状，工业企业内网的 MES 设备、网络设备、监控设备、核心设计和执行软件等厂商众多、性能不一、接口千差万别，远未实现有效的集成融合互通。同时，这些软硬件的配置、连接方式、信息交换标准等相互独立，技术接口标准存在较大差异，未形成统一的兼容实时交互网络，需要长期持续演进。要想在竞争日益激烈的工业制造领域占有先机，需在工业互联网尤其是企业内网的体系架构上迅速变革，在技术演进周期上下大力气，有效缩短技术演进周期。

互联互通是工业互联网最基础的需求。从体系架构上看，目前企业工业互联网建设与发展主要存在三个方面的问题：一是工业控制网络（OT）与信息网络（IT）的技术标准各异，难以融合互通；二是工业生产全流程存在大量"信息死角"，需实现网络全覆盖；三是网络静态配置、刚性组织的方式难以满足未来用户定制和柔性生产的需要。从技术发展趋势上看，企业工业互联网正在向扁平化、IP 化、泛在化、柔性化方向发展。

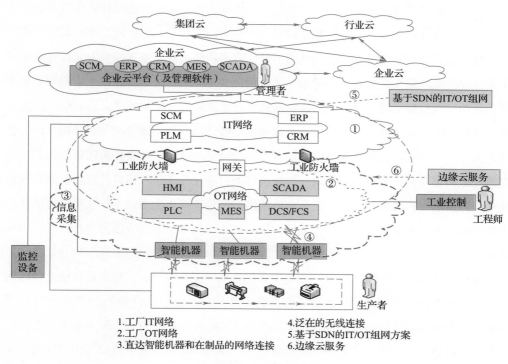

图 9-1 企业工业互联网体系架构

企业工业互联网发展历史较长，技术复杂多变，不同产品、产线、生产流程应用的技术和产品多样。应从以下几方面出发，渐进解决企业工业互联网发展的瓶颈问题。

制定相关技术标准，实现标准间的融合互通。制定 IT/OT 网络融合的通用/统一技术标准、技术方案、演进策略、技术实施路线图，推出通用型、标准化、可定制的 IT/OT 融合互通解决方案。制定企业工业互联网软硬件接口标准，促进 IT 企业通用性工业互联网络设备、通用互联 IT/OT 网关设备、边缘计算设备研制及软件接口中间件研发，推进上述网络设备与现场智能生产设备的无缝集成和软硬件系统的平滑过渡。有效推动标准化，尤其是软硬件接口的标准化。制定可推广、可验证、可评价的切实可行的标准化接口规范，包括通用硬件接口、通用软件接口、通用数据通信接口、通用系统接口等。持续推动各个行业、企业标准实施，建立完善的标准考评体系，有力促进标准间的融合互通。

大力扶持边缘计算技术及产业，建设新型企业工业互联网。边缘计算将传统的集中式云计算处理方式变革为，将计算存储能力下移至网络边缘，面向用户和终端的计算方式，就近提供边缘智能服务，极大提高了企业内网的实时性、可靠性和安全性[5]。随着工业互联网尤其是工业企业内网的建设迅速走向智能化，边缘计算技术及应用将带来不可估量的巨大发展空间。网络边缘执行的计算新模式将在企业智能生产流程中的任何产线、任何时间、任何地点发挥作用。充分利用边缘计算的新型网络架构和开放平台，在靠近人、机、物或数据源头的网络边缘侧，融合网络、计算、存储、应用核心能力，将在地理距离上与用户临近的资源统一起来，可为自动化智能生产提供计算、存储和智能化实时网络服务。充分发挥部署在企业内网络的海量智能化设备效能，在网络边缘处理大量数据，不仅能有效节省带宽，减少网络延时，还能有效降低云数据中心计算压力和能耗。

推动 IT 网络与 OT 网络融合，构建扁平化企业工业互联网[6]。现存的工业企业内网现场设备及软件（MES、网络设备、智能化生产设备、监控软件等）均基于已有商用技术，厂商众多、性能不一、软硬件接口不一，网络配置相互独立，远未实现有效的集成融合与兼容互通。绝大多数系统表象是一个整体，内部各个软硬件组件都是后期人为软硬件定制化接口形成的。因此，推动 IT 网络与 OT 网络融合，打破"两张皮"，构建扁平化工业企业内网，将是解决企业内网实时互联互通的首要问题。解决这个问题，需要研发通用型、标准化、可定制、可裁剪、智能化、组件化、兼容的软硬件集成网关设备及软件，简化企业内网结构和复杂度，同时需要综合考虑设备及软件的逐步替代过渡方案及实施成本。

加速 IT 网络与 OT 网络互联互通，推进工业企业内网 IP 化发展。从网络互联的角度上，需要推动内网 IP 化，尤其是 OT 网络（特别是现场网络）。边缘计算技术、5G/6G 技术、时间敏感网络（TSN）、软件定义网络（SDN）、网络功能虚拟化（NFV）、数据中心网络（DCN）、D2D 网络、IPv6 网络都是未来工业企业网络系统的核心关键技术，这些技术在众多领域已经得到应用并持续推广，也代表了未来 IT 与 OT 融合发展的技术趋势。借助 IT 网络已有成熟技术和产品，有力、有序、有效、快速地推进这些技术的研发和应用，可以促进工业企业互联网络兼容互通、无缝集成、快速部署，简化企业网络技术，降低管理复杂度，有效促进网络互通。

IPv6 技术支撑下的工业以太网应是未来企业工业互联网发展的主流技术。IPv6 技术已经成为下一代网络互联的大势所趋，充足的地址空间将为未来的工业互联网发展带来无限可能。工厂 IT 网络应基于 IPv6，工厂 OT 网络应使用以太网逐步代替现场总线，实现机器、传感器、执行器等的 IP 化。智能机器、传感器等现场设备通过实现到 IT 网络的直达连接来实现对生产现场的实时数据采集功能。生产现场的智能机器，在产品制造和传感过程中亦可通过无线技术实现连接。IT 网络和 OT 网络可采用 SDN 技术实现控制平面与数据平面分离，通过 SDN 控制器与制造系统协同进行网络资源调度，支持柔性制造和生产自组织。同时，基于上述技术基础，适时分行业、分区域打造工业企业工业互联网示范工程，分行业、分区域树立工业互联网标杆企业，复制并推广示范工程和标杆企业，以期尽快融入工业互联网发展的浪潮。

推动核心软件系统上云，有效促进信息互通。基于技术发展和企业应用现状，信息互通是关键，云环境是趋势。云环境下的工业互联网应用可能将沿私有云-行业云-混合云-公有云的演化路线不断迭代。基于这种不断迭代，充分发挥互联网、大数据、工业人工智能等核心技术的作用，工业互联网发展就会不断走向成熟。迭代周期越短，越能引领工业互联网技术加快前进的步伐。

扩展网络覆盖，消除企业生产全流程中的信息孤岛。工业企业都实现了互联网连接，企业内部的 IT 网络也实现了互联互通。但是，企业内网不同智能现场设备、不同产线、不同车间、不同分支机构之间的互联未能完全覆盖，即使覆盖也需要不同的网关或安全设备等通过 IP 技术来完成的。不同智能设备、产线、车间、分支机构的生产数据标识、信息表示不统一，信息交互需要众多中间件、中间环节的非实时自动化或半自动化处理，多数需要人工参与，实际上实现全流程的智能制造就是信息孤岛。这些对于完整的信息交互、实时性的现场生产需求，仅实现企业全流程智能生产远远不够。目前，相关领域的 5G/6G、WiFi、IPv6 技术、SDN/NFV、TSN、ZIGbee/WIA、LTE/PON、RFID、Bluetooth/Lora/NFC 等有线网/无线网的一体化网络技术已经迅速成熟并在不同领域融合发展，这些技术在工业企业内网生产流程中，都有典型的解决方案和应用。加大支持企业工业互联网建设，持续推动上述技术的融合集成及研发应用示范，对工业企业未来发展至关重要。

完善体制机制建设，满足用户定制和企业柔性生产。"智能化生产、网络化协同、个性化定制、服务化转型"应是未来工业互联网领域的刚性需求。政府、行业、企业均应从战略高度和长远利益出发，在制度建设、组织机构、人才培养、绩效评价等方面重视企业工业互联网建设与发展。灵活组网也是未来企业工业互联网建设发展的技术必然，基于智能机器柔性生产将使生产根据需求进行灵活重构，智能机器可在不同生产域间转移转换，即插即用，这需要工厂网络资源的可编排能力，边缘计算、SDN/NFV 等技术均是实现的具体方式。

9.2.2 工业互联网关键技术

工业互联网包含工业控制网络、工业物联网络以及工业信息网络等在内的大型异构企业内部网络，是多维度的深度融合以及网络相关技术的彻底变革。然而，这些技术变革并不是一蹴而就的，不同行业、不同类型企业、不同技术领域协同持续迭代演进才能逐步发展成熟[7]。基于工业互联网的核心功能及系统面临的关键共性技术问题，本节从工业互联网数据标识解析体系、平台系统、网络实时性传输、数据传输可靠性、软硬件兼容性、系统安全性等方面阐述工业互联网发展面临的关键技术问题。

1. 工业互联网数据标识解析体系

工业互联网数据标识解析体系是整个工业互联网实现互联互通的关键核心技术中最重要的一环。2017 年 11 月，国务院通过了《关于深化"互联网+先进制造业"发展工业互联网的指导意见》，明确指出要构建工业互联网数据标识解析服务体系，支持各级解析节点的建设。2018 年 6 月，工业和信息化部印发了《工业互联网发展行动计划（2018—2020 年）》，指出要以构建数据标识解析体系为目标，推动相关系统建设、技术研发以及标准制定。尽管工业互联网数据标识解析体系发展迅猛，但对于工业互联网而言，标识主体从固定主机到人-机-物的转变仍然导致数据标识解析体系在异构性、兼容性、连通性和安全性等方面都面临着诸多问题。

2. 工业互联网平台系统

随着工业互联网技术的持续深入发展，生产线决策与控制过程集成优化系统、增强和补充操作能力 AI（Artificial Intelligence）系统等必将有力促进制造过程智能化发展。

工业互联网的核心是利用信息技术赋能工业制造。信息化仍然是智能化制造的基础，对于一家制造企业，信息化涉及企业的多个方面，如企业资源计划、制造执行系统、仓库管理系统等，这些系统作为现代企业运行的基础，相互关联，影响了企业的生产过程。系统之间会提供开放的接口与其他系统进行通信，但当系统来自不同的厂商时，系统之间智能自主控制的协调难度往往会很大。主要问题可以归纳为以下几个方面。

- 设备接口不统一，甚至不相互开放，各系统数据与模块接口等不兼容造成的系统数据不通与处理能力欠缺，采用 DCS、PLC 运行操作与生产管理计算机，通过设备网、控制网和管理网组成的控制与管理系统难以处理由大量的生产过程数据、文本信息、图像和声音等组成的工业大数据。
- 对于强调信息流的企业，数据的及时性和准确性无法得到保证，缺乏对各类设备统一的分配、启动和故障处理，难以支撑管理与决策系统的智能化，难以实现生产工艺全流程自主控制系统的智能化。
- 工业基础知识积累不足，自主可控工业软件缺乏，传感、网络、大数据建模、云计算等新兴共有技术的底层抽象不完善，难以在智能制造的生产环境下实现，需要人工智能有自组织和协同的能力来驱动、优化产品和生产流程。
- 企业内部设备间缺乏广泛的互联互通，存在信息孤岛，不能高效地实现信息、服务和技术资源的共享。
- 设备及生产线改造成本高，收益回报周期长，企业内数字化、信息化、自动化水平参差不齐。

3. 工业互联网网络实时性传输

工业互联网是支撑工业智能化发展的关键基础设施，是信息技术与制造业深度融合形成的新兴业态与应用模式，是互联网从消费领域向生产领域拓展的主要载体。工业互联网在建设中面临的实时性数据表征、实时传输和处理、数据多源异构等问题，都是未来工业互联网技术发展必须解决的关键技术问题。为满足企业工业互联网的实时性需求，可以从上述问题着手开展研究并将其应用于实际场景。基于这些问题，可以大体归纳出目前涉及企业工业互联网的相关技术有 TSN、边缘计算、数字孪生、机器学习、数据挖掘、模式识别、NB-IoT、SDN、WiFi、5G/6G、PON、IPv6、数据标识解析技术等。在工业领域中，边缘计算可以应用在能源分析、工艺优化和物流规划等诸多方面。结合 TSN 和 NB-IoT 等网络技术，可以提供更高效的端服务。数字孪生技术可以通过实际工业系统建立虚拟工业系统，对后期系统的状态进行预判。可将机器学习、数据挖掘、模式识别等技术应用在生产线中，通过处理融合数据，提高生产效率，保障智能化生产，打造智能生产的产业链。数据标识解析技术可以实现企业工业互联网的互联互通，SDN、WiFi、5G/6G、PON、IPv6 等为工业互联网提供了网络层技术支撑。这些技术都是相互融合、相互配合发展的，对企业工业互联网的建设都能够起到一定的支撑作用，针对企业的性质可以有重点地挖掘和扩展具体相关技术。

4. 工业互联网数据传输可靠性

工业互联网应用系统对可靠性要求极高，一旦网络系统运行不正常或者出现故障中断将直接导致工厂业务甚至生产中断，工业互联网的可靠性直接影响企业生产效益。目前，工业领域常用的通信协议分为现场总线协议、工业以太网协议、工业无线网络协议、企业 IT 网络协议，以及其他应用层工业网络协议。

据 PROFIBUS 国际组织对全世界范围内 300 多个现场总线的调查统计，现场总线故障率最高的原因有未连接终端电阻或终端电阻不符合要求、动力线对信号线产生影响（如靠得太近）、没有遵循通信电缆的布线规则、接口损坏或采用未经认证的接口、组态出现故障等。

实际经验表明，大量影响现场总线正常运行的故障主要来自物理层。例如，CAN 总线采用抗干扰的差分信号传输方式，典型的传输介质是双绞线。实际应用中发现采用不合格的双绞线时，阻抗不稳定，反复变化，会导致信号来回反射。

工业以太网控制系统的结构比较复杂、分布区域广，同时工业现场常伴有电磁、高温、静电、机械振动等外部干扰，会引发芯片中指令变更、节点程序执行紊乱、系统中报文传输时延和丢失等瞬时故障，并且这些故障呈现出多层次、广分布的特点[8]。由于工业现场特殊的环境，工业以太网通信中常伴有电磁、高温、静电、机械振动等外部干扰，从而引发各种瞬时故障。

5. 工业互联网软硬件兼容性

随着工业互联网技术及应用的不断推广，兼容性问题越发突出，在设备、数据、软件、应用等信息交互过程中均存在语义、格式等兼容性问题。

在感知设备层面，工业互联网由各种设备组成，不同品牌和型号的设备的微控制器架构和关键系统特性（如处理器速度、RAM、通信技术和电池容量）存在很大差异。

在操作系统和中间件层面，软件运行在不同的操作系统平台上时，需要重新编译运行，有些软件需要重新开发或是改动较大。软件升级后可能定义了新的数据格式或文件格式，涉及对原来格式的支持及更新，原来用户的记录如果能继承，在新的格式下依然可用，还要考虑转换过程中数据的完整性与正确性。在应用软件层面，一是软件运行需要哪些其他应用软件的支持，二是判断与其他常用软件如反病毒软件一起使用，是否造成其他软件运行错误或软件本身不能正确实现其功能。

6. 工业互联网系统安全性

工业互联网的安全是极其重要的问题。工业互联网的安全问题主要体现在关键设备的安全、数据安全、通信安全、应用安全等。此外，随着工业网络的升级，边缘计算、人工智能、无线技术等也给企业工业互联网的安全带来了新的挑战[9]。

一方面，智能化的计算边缘是当前企业工业互联网的重要组成部。在工业企业内网中部署边缘计算节点可以分解云端复杂的计算任务，并极大提高工业互联网数据计算的实时性。但由于计算节点通常部署在开放的环境中，相较于云端数据处理，边缘计算节点在数据采集、分析等过程中的安全隐患问题更加严重。一旦某个实体面临安全威胁，就会造成企业工业内网重要数据泄露、篡改等问题。总之，边缘计算的引入给企业内网的安全问题增加了引爆点。

另一方面，人工智能技术存在较大安全隐患。国外研究学者发现机器学习容易受到对抗攻击，他们在训练图片中添加了一些人类肉眼无法察觉的、微小的对抗性扰动，就可以让识别器将熊猫误分类为长臂猿猴，且置信度高达99%。近年，微软聊天机器人Tay 在社交平台推特上遭受投毒攻击。目前，科研人员发现机器学习容易遭受的投毒攻击、对抗攻击、后门攻击等多达 16 种。

近年，德国研究人员分析了 4G LTE 协议栈，并识别出其数据链路层存在安全隐患。他们挖掘了 2 种被动攻击和 1 种主动攻击。此外，无线物理层的信道状态信息（Channel State Information，CSI）常被用于区分不同位置不同用户的关键指标，也是安全风险的重点灾区。还有，针对 OFDM（Orthogonal Frequency Division Multiplexing，正交频分复用技术）无线网络中跨频率的无线通信阻塞攻击、无线网络物理层信道的指纹识别验证都是近年无线网络安全面临的重大风险。另外，WiFi 等无线技术安全也是工业场景中需要关注的问题。

近年，国际顶级学术研究团体和产业界对物理系统的安全和物联网的安全格外重视。一方面，国外学者发现在电力、航空航天、天然气输送等工业企业内网中，工业控制系统（ICS）的安全性显得极其重要，但也同时容易遭受各种攻击。就连达沃斯经济论坛都对能源企业和水资源企业的物理设施的安全问题格外关注。另一方面，研究人员注意到物联网设备的物理交互过程中存在安全危险。同时，情景化的访问控制协议、IoT 设备摄像头等都是企业工业互联网安全的风险点。基于上述问题和现状，安全不仅仅作为一个单独的模块，更融合于工业互联网操作系统的数据采集、App 重构、设备预测与维护、设备管理、知识沉淀等方面。

工业互联网终端的安全威胁也同样需要重视：包括移动保存介质在内外网中被频繁使用带来的安全隐患。内网计算机一般都是基于微软视窗操作系统，因为操作系统内部存在很多安全问题和漏洞，新出现的网络病毒和木马等经常会借助这些安全漏洞对内网进行破坏。此外，数字孪生在实际应用中面临的安全风险也是当前工业互联网的重要关注点。

9.3 工业互联网平台

工业互联网平台是用于开发和运行各种工业互联网应用的平台，也可以认为是工业互联网的操作系统。作为工业云平台的扩展，工业互联网平台不仅可以支持工业云平台的所有功能，还可以支持工业物联网的各种应用。工业互联网实现了大规模工业数据的采集、汇聚、存储和分析，实现了信息技术和操作技术的融合，支持无所不在的连接，灵活的供给和高效的工业资源配置。工业互联网平台是工业综合链接的枢纽和工业资源分配的核心，在工业互联网系统体系结构中非常重要，在工业制造过程中承担全流程、全生命周期、全产业链的智能管理和控制功能，以实现智能生产、网络协作、个性化定制和服务延伸的目标，并成为支持工业创新和发展的新型综合信息基础设施。

9.3.1 工业互联网平台体系

当前，工业互联网平台更加侧重于企业信息化与智能化的基础性诉求，以解决当前信息化实施难度大以及生产设备与生产决策脱节的问题。企业的信息服务共性部分由工业互联网系统提供，个性部分由工业应用具体实现，这样可以做到工业应用轻量化，系统稳定性可由企业自主保障，为企业信息服务的实施和迭代提供便利。当把来自机器设备、业务系统、产品模型、生产过程以及运行环境的大量数据汇聚到工业互联网平台上，将基础数据打通，使每个应用都是这些数据的提供者和消费者，并将技术、知识、经验和方法以工业互联网平台系统的抽象模型形式沉淀到平台内部后，只需通过调用各种数字化模型与不同数据进行组合、分析、挖掘、展现，就可以快速、高效、灵活地开发出各类工业 App，提供全生命周期管理、协同研发设计、生产设备优化、产品质量检测、企业运营决策、设备预测性维护等多种多样的服务。例如，在设备连接的基础上，以微服务的形式支持如智能物流、智能监控、智能采集、智能调度、云应用以及个性化设计等各种工业应用场景，建立硬件数据层，利用各种数据工具完成设备数据与系统数据的数据采集，并完成物理计算与虚拟计算等底层运算，以便为上层分析工具提供服务，用于改进设备运行，并建立如复杂制造系统以及物流路径智能优化等预测模型。而数据存储可采用本地存储与云存储结合的方式，建立完善企业网络环境，以便支持企业内各个系统之间的连接。建立工业企业数字化平台系统，面向小型、中型和大型工业生产企业的不同需求，构建企业级的面向生产、基于公有云或者混合云的工业互联网云操作系统，完善对设备互联、数据驱动、服务增值的新工业制造体系的支持，实现各类企业在生产过程中对数据服务的多样化需求。例如，在业务服务层，工业互联网平台可以提供云和端结合（包括数据隔离和端到端信任机制等）的安全方案，以及云边协同计算和工业大数据分析计算等数据分析方案。

作为经过抽象的企业信息系统的公共技术底层基础，为实现各类上层企业应用更好地服务智能制造，使企业工业互联网操作系统具备更广泛的适用性。首先要建立硬件设备连接的统一接口，以解决各个企业数据中心和物联网设备的接入环境存在较大差异的问题；然后要建立统一的底层数据存储与管理模块，为企业内部信息系统提供统一的数据接口，打破各个信息系统间的独立性，实现对信息采集、监控、预测等过程的一体化与智能化；最后要建立并完善对大数据、人工智能等新兴共有技术的底层抽象，运用人工智能技术有组织地驱动、优化产品和生产流程，通过互通互联将云计算、大数据等技术与企业已有的自动化技术结合，实现对生产线决策与控制过程的集成优化。图 9-2 为工业互联网平台系统的参考架构。

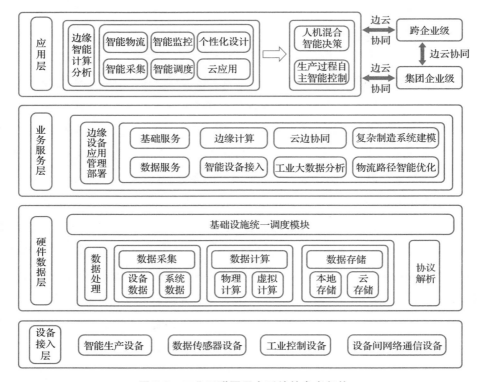

图 9-2　工业互联网平台系统的参考架构

在工业互联网平台系统的架构体系中，第一层是设备接入层，通过设备间的各类网络通信设备将企业生产现场的智能生产、数据传感器和工业控制等设备接入生产企业；第二层是硬件数据层，主要提供工业数据的处理能力，一是完成大范围、深层次的设备与系统数据的采集，二是利用边缘计算设备实现底层数据的汇聚处理，并实现数据向云端系统的集成，三是依托协议解析技术实现多源异构数据的归一化和边缘集成；第三层是业务服务层，主要提供边缘设备应用管理与部署，一是完成数据收集、分析、事件响应等基础服务与数据服务，二是提供云边协同的安全方案与数据分析方案，三是将数据科学与工业机理结合，帮助制造企业构建工业数据分析能力，对复杂制造系统进行建模；第四层是应用层，在业务服务层的基础上，以微服务的形式支持如智能物流、智能监控、智能采集、智能调度、云应用和个性化设计等各种工业应用场景，最终实现人机混合的智能决策与生产过程自主智能控制。除此之外，在工业互联网平台系统中，还可以通过边云协同的方式与其他企业、行业系统进行连接交互。

9.3.2　工业互联网平台技术

工业互联网平台是制造业朝网络化、数字化和智能化发展的基础。工业互联网平台产业的发展涵盖了不同学科、不同层次和不同主体的整个产业链。在产业链的上游，专业技术公司（包括数据收集和集成、数据管理、数据分析、云计算和边缘计算企业）为构建平台提供了技术支撑。在产业链的中游，领先领域的企业（包括设备自动化、工业制造、信息通信技术和工业软件企业）正在加速平台部署。在产业链的下游，垂直用户、第三方开发者通过应用部署和创新不断向工业互联网平台注入新价值。

中国工业互联网产业联盟 2019 年 5 月发布的《工业互联网平台白皮书》数据显示，从全球范围来看，截至 2019 年 5 月全球总共有 360 多个工业互联网平台应用案例，主要聚焦在设备管理服务、生产过程管控和企业运营管理三大场景，占比分别为 38%、28% 和 18%。资源配置优化和产品研发设计虽然已获得初步应用，但总体占比较低，分别仅为 13% 和 2%。由于国内外制造企业的数字化基础不同，在工业互联网平台的应用路径上也各有特点[10]。

工业互联网平台面对制造业的网络化、数字化和智能化需求，构建基于数据采集、汇聚和分析的服务系统，以通过无处不在的连接、灵活的供给和有效的制造资源配置来支持工业平台。工业互联网平台的本质是在现有工业云平台的基础上结合物联网、大数据和人工智能等新技术以及工业云平台的扩展来构建更准确、实时和高效的数据采集系统，以实现工业技术、经验、知识的模型化、软件化和复用，并以工业应用程序的形式向制造企业提供各种创新应用，形成资源聚集、多方参与、合作共赢、协作演进的制造业生态。

工业互联网平台涉及众多关键技术，大致可归类为：数据采集技术、IaaS（基础设施即服务）技术、平台使能技术、数据管理技术、工业数据建模与分析技术、工业微服务技术和安全技术。

1. 数据采集技术

采集数据是工业互联网平台的基础，也是在云端实现产品制造全生命周期数据的关键。数据采集技术主要包括设备接入、协议转换和边缘数据处理等技术[11]。

（1）设备接入　设备接入基于工业以太网和工业总线等工业通信协议、以太网和光纤等通用协议，或者 5G/6G 和 NB-IoT 等无线通信协议，将工业设备联网接入到平台边缘层。

（2）协议转换　协议转换一方面使用 MQTT 和其他技术将多源和异构数据格式转换为工业互联网平台能够接收的格式；另一方面通过协议转换器（例如网关）实现底层的工业通信协议（包括 MODBUS、PROFIBUS、HART 等）。

（3）边缘数据处理　边缘数据处理基于边缘与云计算资源的协同，通过部署在边缘的应用程序，在靠近数据源的一端对海量工业数据进行预处理和过滤，提取海量工业数据的特征，并将处理后的数据传输到云端，大大降低了对网络传输带宽的需求。

2. IaaS 技术

IaaS 技术也包含一系列具体实现，工业互联网 IaaS 层基于虚拟化、分布式存储、并行计算和负载调度等方法，实现网络、计算和存储等计算机资源的池化管理，使计算机资源能够根据实际需求弹性分配，并确保安全与隔离使用资源，为用户提供完善的云基础设施服务[12]。

3. 平台使能技术

平台使能技术包括资源管理与调度、多租户管理等技术。

（1）资源管理与调度　资源管理与调度通过实时监控云应用的动态业务量，结合资源管理和调度算法，将匹配的资源分配给应用程序，使云端应用能够适应动态变化的业务量。可以利用 Kubernetes[13] 和 Mesos[14] 等工具，实现对基本资源（如存储、计算和网络）的管理和调度，并依靠资源隔离机制实现复杂系统的可靠运维保障。

（2）多租户管理　多租户管理通过对多租户计算、存储和网络资源需求进行管理，在多租户场景中实现动态资源调度，在不同租户之间实现对应用程序的运行环境和数据的隔离，防止不同租户之间的应用程序相互干扰，确保数据的私密性。

4. 数据管理技术

数据管理技术包括数据处理框架、数据预处理、数据存储与管理。

（1）数据处理框架　数据处理框架利用 Hadoop、Spark 和 Storm 等主流分布式处理架构，满足海量工业数据的批处理和流处理计算的需求。

（2）**数据预处理**　数据预处理利用剔除数据冗余、异常检测和归一化等方法清洗原始数据，为后续数据存储、管理与分析提供高质量来源。

（3）**数据存储与管理**　数据存储与管理通过分布式文件系统、NoSQL 数据库、关系数据库和时序数据库等不同的数据管理引擎，实现对海量工业数据的分区选择、存储、编目与索引。

5. 工业数据建模与分析技术

工业数据建模和分析是工业互联网平台具有智能数据分析功能的关键，主要包括数据分析和机理建模。

（1）**数据分析**　数据分析运用数学统计、机器学习和人工智能算法，针对特定工业应用场景进行海量工业数据的深入分析和挖掘，并创建可调用的特征工程和分析建模等工具包。

（2）**机理建模**　机理建模利用机械、物理、电子和化学等领域专业知识，结合工业生产经验，基于已知工业机理构建各种模型。

6. 工业微服务技术

工业微服务技术是工业互联网平台的核心，可为用户提供针对特定工业场景的轻量级应用。工业微服务技术主要包括微服务架构下的服务通信和服务发现技术。

（1）**服务通信**　微服务架构是一个分布式系统，服务部署在不同的节点上，服务交互需要通过网络进行通信。服务通信包括同步模式和异步模式，可以通过基于 HTTP 的 RESTful 接口和 Thrift 实现同步模式，亦可通过成熟的消息传递系统（如 RabbitMQ、ActiveMQ 和 Kafka）实现异步通信模式。

（2）**服务发现**　在服务之间进行调用时，需要使用服务发现技术识别每个服务的动态创建和变动的网络位置，包括客户端发现和服务端发现两种实现方法。客户端发现用于客户端向服务注册表查询服务的位置，利用负载均衡算法在返回的实例中选择，然后向其发起调用。在服务端发现中，客户端请求被发送到负载均衡器以查询和选择服务实例并转发请求。

7. 安全技术

安全性确保了工业互联网平台的稳定可靠运行。从数据流向来看，工业互联网平台安全主要包括数据接入安全、平台安全和访问安全[15]。

（1）**数据接入安全**　数据接入安全在数据出口的边缘使用工业防火墙和工业网闸保护数据源的安全。在数据传输过程中使用加密的隧道传输技术，以防止数据泄露、被拦截或篡改。

（2）**平台安全**　平台安全通过平台入侵检测、网络安全防御系统、恶意代码防护、网站威胁预防、网页篡改预防等技术共同确保了工业互联网平台的安全性。同时，依靠灾难恢复解决方案的工业互联网平台可以应对导致系统出现故障的各种事件，并实现业务应用的无中断运行。

（3）**访问安全**　访问安全根据用户所属的不同类别，设置用户访问权限以及所能使用的计算资源、网络资源。提供身份认证机制，以防止非法用户访问，实现对云平台上重要资源的访问控制和管理，并防止对资源的未经授权使用，以及对数据的未经授权披露或修改。

9.4 | 工业互联网标识解析

工业互联网标识解析系统是整个工业互联网实现互联互通的关键。2018 年 6 月，工业和信息化部发布了《工业互联网发展行动计划（2018—2020 年）》，指出要以构建标识解析体系为目标，推动相关系统建设、技术研发以及标准制定[16]。尽管工业互联网标识解析体系发展迅猛，但对于企业工业互联网而言，标识主体从固定主机到人-机-物的转变仍然导致标识解析体系在异构性、兼容性、联通性和安全性等方面都面临着诸多问题。

9.4.1　工业互联网标识解析概述

对于工业互联网本身而言，其目的旨在通过新一代网络信息技术，如 5G/6G、边缘计算、物联网、云计算、人工智能等，实现全球范围内的人-机-物（包括工业设备、流水线员工、工厂、供货商、仓库、产品以及用户）高度互联互通，进而通过共享工业生产线上的相关数据和资源，不断提高工业控制网络的自动化、网络化与智能化水平，从而优化整体运维效率。

以高度互联互通的工业互联网为基础，出现了包括智能化生产、网络化协同、规模化定制和服务化延伸在内的诸多新型智能工业应用场景。然而，工业互联网人-机-物高度互联互通本质上是各方面数据的互联互通。为了支持工业数据在流水线各部分之间安全有效地流动，标识解析技术必不可少。

对于工业互联网而言，网络是工业数据流动的基础，而标识解析则是工业网络的基础。因此，工业互联网标识解析系统（Industrial Internet Identification and Resolution System, I3RS）是整个工业网络互联互通的重要组成部分，是工业互联网的"中枢神经"。通过 I3RS，工业互联网才能实现工业流水线各环节信息互通和产品全生命周期管理。I3RS 通过给每一个对象赋予唯一标识（即由数字、字母等按照一定规则构成的字符串），同时借助工业互联网标识解析技术，实现跨地域、跨行业、跨企业的工业信息查询、搜索与共享。

工业互联网标识系统的作用类似互联网领域的域名系统（Domain Name System, DNS），主要针对工业产品、实体对象或者物品的命名提供对应的地址解析和查询能力。二者所面对的领域以及具备的功能不尽相同。首先，DNS 面向传统的互联网领域，而 I3RS 则针对工业互联网领域，数据流量更大、对象范围更广、控制粒度更细、解析功能更丰富、异构特性更强、安全隐私要求也更高。其次，DNS 以主机为中心，提供域名地址和网络地址的转换功能，而 I3RS 则以人-机-物和内容为中心，提供标识名称与实际数字对象之间的转换功能。尽管如此，对于百废待兴的 I3RS 而言，已有 DNS 的研究基础和积累也能起到很好的指导作用。基于这点考虑，全世界范围内兴起了两条针对工业互联网标识解析系统的研究之路：基于改良 DNS 的路径和完全革新的路径。

目前，全世界范围内存在多套工业互联网标识解析体系，包括我国自主研发和维护的物联网统一标识编码（Entity Code for IoT, Ecode）技术，国家物联网标识管理公共服务平台（China Internet of Things Names Service Platform, NIOT），DONA 基金会基于句柄的标识解析技术（Handle），国际化标准组织 ISO 制定的对象标识符技术（Object IDentifier, OID），以及东京大学的泛在识别技术（Ubiquitous IDentifier, UID）等等。这些已有的工业互联网标识解析技术都可以被归纳到前面提到的两条技术路线中，例如 Ecode 和 OID 就属于改良 DNS 的技术路线，而 Handle 则属于完全革新的技术路线。然而，一方面，基于改良 DNS 的标识解析技术以 DNS 为基础进行扩展，部署和实现都相对容易，但是由于缺少针对性，提供的解析服务无法完全满足工业互联网的需求。另一方面，完全革新的标识解析技术需要重新根据工业互联网的特性进行设计，从架构上解决了传统 DNS 对工业互联网支撑不足的问题，但是一切重新开始的策略使这条技术路线的成本十分高昂、部署周期十分漫长。

9.4.2 工业互联网标识解析体系

工业互联网标识解析体系自底向上被划分为标识基建层、标识编码层、标识解析层、标识数据层和标识应用层，下面分别针对不同层次进行具体阐述。

1. 标识基建层

工业互联网标识基建层主要由国际根节点、国家顶级节点、行业二级节点、公共递归节点以及其他节点构成，整体采用分层分级的部署形式为标识解析提供不同粒度、不同范围的基础设施服务[17]。根节点处于最顶层，国家顶级节点位于下一层，最下面则是行业二级节点和其他节点，整个体系自顶向下提供标识解析服务。

（1）国际根节点　国际根节点是整个工业互联网标识解析体系最高层次的服务节点，因此相对于国家节点和其他节点具有最高的权限，其目的在于向全球范围内不同国家和地区的业务提供根级别的标识数据管理和解析服务。目前全世界已经建立了多个根节点，主要采用 MPA（Multi-Primary Administrator）的模式进行管理。

（2）国家顶级节点　国家顶级节点是一个国家内部顶级的标识服务节点，面向国内各种类型的业务提供顶级标识解析服务。同时，也是标识解析系统在国家内部得以运行的重要基础。从功能上看，国家顶级节点是标识解析体系为国内工业互联网标识解析体系的发展提供标识注册、标识编码、标识读写、标识解析等重要服务。从所处的位置层次上看，国家顶级节点既要与各类国际根节点保持互联互通，同时也要对接国内的各种行业二级节点和其他节点。因此，国家顶级节点是工业互联网标识解析体系的核心枢纽。为了建设国内标识解析体系，我国于 2018 年同时上线 5 个国家顶级节点，分别部署在北京、上海、广州、重庆和武汉。除此之外，为了防止故障和意外灾难发生，还在贵阳和南京分别搭建了两个备份顶级节点，以保证在主要顶级节点发生故障时仍能提供正常的标识解析服务。国家顶级标识节点的建立对于推动二级节点的建设和标识应用的发展有着重要意义，同时能够加速传统工业产业的转型和升级，加快新兴产业的发展。

（3）行业二级节点　行业二级节点通常指的是面向行业的公共标识解析服务节点，这类节点为行业内的各种应用或者业务提供对应的标识注册与解析等服务。对整体标识基建层次结构而言，行业二级节点既需要向上与国家顶级节点对接，也需要向下连接高度异构的平台、工厂、企业等。由此衍生出各种各样基于二级标识节点的工业应用，包括供应链管理、产品追溯、智能生产、工业服务定制等。因此，作为推动标识产业应用大规模发展的重要内容，行业二级节点的安全性和稳定性对于打造一个可持续发展的行业级标识体系极其重要。

（4）公共递归节点　公共递归节点是工业互联网标识解析体系的关键入口节点，其目的在于提供标识查询和访问入口等服务。通常情况下，公共递归节点接收到来自客户端的标识解析请求时，首先会查询本地缓存表，检查是否存在匹配的解析结果。如果能查找到，则直接返回解析结果；否则，该节点会以递归的方式沿着标识解析服务器返回的查询路径进行深度搜索，直至找到标识请求的关联地址或者关联信息，最后将该结果返回给用户。

2. 标识编码层

工业互联网标识编码层的主要任务是对产品标识的编码格式进行规范化处理，包括标识编码的基本概念、标识编码分配、标识编码规则、标识载体管理、标识编码读写和标识编码回收等。

3. 标识解析层

工业互联网标识解析层旨在通过解析工业设备或产品的标识来查询产品的信息，指导产品的全生命周期管理和全球供应链服务，具体过程包括标识注册、标识解析、标识查询和标识认证。

4. 标识数据层

工业大数据是工业互联网的核心，而标识数据层位于服务标识应用层和标识解析层之间。它作为整个标识解析体系的核心层之一，主要通过在各层之间共享数据来实现各层的连通，具体功能包括标识数据采集、标识数据存储、标识数据处理和标识数据应用。

5. 标识应用层

以工业标识节点为基建、以标识解析为技术、以标识数据为支撑，衍生了大量的工业互联网应用，主要包括智能化生产、产品追溯与定位、供应链全生命周期管理、个性化定制服务以及网络化协同应用。

9.5 工业互联网安全

工业互联网技术已经广泛渗入到许多关乎民生的重要行业领域，由于其打破了中国传统工业相对封闭的制造状态，因此安全管理风险对工业产品生产的威胁日益加剧。企业工业互联网安全问题则是一个国家工业研究的核心问题，主要涉及工业控制安全、互联网安全和数据安全三个领域[18]。当今世界面临着传统工业网络安全和工业控制安全的双重挑战，同时由于安全管理和安全防护水平相对薄弱，近年来破坏工业互联网系统的网络攻击频频发生。

9.5.1 工业互联网安全概述

目前，工业互联网的安全是一个极其重要的问题。工业企业网络的安全问题主要围绕关键设备的安全、通信安全、应用安全等展开。此外，随着工业互联网的持续升级，边缘计算、人工智能、无线网络安全和 IoT 安全等也给保障工业互联网的安全带来了新的挑战。

1. 边缘计算的安全

智能化的边缘计算是当前企业工业互联网的重要组成。在企业工业互联网中部署边缘计算节点可以分解云端复杂的计算任务，并极大提高工业互联网数据计算的实时性。但由于计算节点通常部署在开放的环境中，使得相较于云端数据处理，边缘计算节点在数据采集、数据分析等过程中的安全隐患问题更加严重[19]。一旦某个实体面临安全威胁，就会造成企业工业内网重要数据泄露、篡改等问题。

2. 人工智能安全

人工智能技术存在较大安全隐患。国外研究学者发现机器学习容易受到对抗攻击。他们在训练图片中添加了一些人类肉眼无法察觉的、微小的对抗性扰动，就可以让识别器将熊猫误分类为长臂猿猴，且置信度高达99%。近年，微软聊天机器人 Tay 在社交平台推特上遭受投毒攻击。目前，科研人员发现机器学习容易遭受的投毒攻击、对抗攻击、后门攻击等攻击多达 16 种。

3. 无线网络安全

近年，德国研究人员分析了 4G LTE 协议栈，并识别出其数据链路层存在安全隐患。他们挖掘了 2 种被动攻击和 1 种主动攻击。此外，无线物理层的信道状态信息 CSI（Channel State Information）常被用于区分不同位置不同用户的关键指标，也是安全风险的重点灾区。还有，针对 OFDM 无线网络中跨频率的无线通信阻塞攻击、无线网络物理层信道的指纹识别验证都是近年无线网络安全的重要风险[20]。另外，5G/6G、WiFi 等技术已经逐步在工业物联网中得到应用，其安全管控也需加强。

4. IoT 安全

近年，国际顶级学术研究团体和产业界对物理系统安全和物联网安全格外重视。国外学者发现在电力、航空航天、天然气输送等工业企业网中工业控制系统（ICS）的安全性极其重要，但也同时容易遭受各种攻击。就连达沃斯经济论坛都对能源企业和水资源企业的物理设施的安全问题格外关注。另一方面，研究人员也注意到物联网设备的物理交互过程中的安全危险[21]。同时，情景化的访问控制协议、IoT 设备摄像头等都是企业网络安全的风险点。基于上述问题和现状，工业物联网在包括数据采集、App 重构、设备预测与维护、设备管理、知识沉淀等方面，安全不仅仅作为一个单独的模块，更融合于上述各部分。

5. 其他风险

工业互联网终端的安全威胁也同样需要重视，包括移动存储介质在内外网中被频繁使用带来的安全隐患。内网计算机一般都是基于微软视窗操作系统，因为操作系统内部存在很多安全问题和漏洞，并且都是新出现的网络病毒和木马等，经常会借助这些安全漏洞对内网进行破坏。此外，数字孪生在实际应用中面临的安全风险也是当前工业企业网的重要关注点。

基于上述工业互联网安全问题，可分别从管理和技术层面考虑构建整体的工业互联网安全解决方案。

（1）**通过管理来降低安全风险**　虽然无线网络和移动通信存在各类安全风险，但可以通过限制人员进入、限制无线网络接入、隐藏 SSID 广播功能、选择合适安全标准等手段尽量降低风险。类似地，物联网节点具有感知数据功能，但是数据存储和访问权限需要通过管理进行严格控制。

（2）加强新安全防御技术应用　人工智能安全的解决对策分为启发式防御和可证明式防御两种。目前，有代表性的可证明式防御有基于半正定规划的可证明式防御、基于对偶方法的可证明式防御、分布稳健性证明、稀疏权重深度神经网络（Deep Neural Networks，DNN）、基于 K-NN（K-Nearest Neighbor，K-邻近）的防御，以及基于贝叶斯模型的防御等。积极应用上述安全保证技术可以有效提升系统的安全度。

（3）数据"最小授权"　边缘计算和物联网等领域需加强数据安全保护，使用"最小授权"原则对数据进行加密和访问控制，确保数据的可管可控，并在数据传输时采取端到端数据加密及验签技术。

9.5.2　工业互联网安全技术

1. 工业互联网安全体系架构

工业领域的安全一般分为三类：信息安全、功能安全和物理安全。与传统的工控系统安全和互联网安全相比，工业互联网面临的安全挑战更为艰巨。一方面，工业互联网安全打破了以往相对明晰的责任边界，其范围、复杂度、风险度产生深刻的影响，其中工业互联网平台安全、数据安全、联网智能设备安全等问题越发突出；另一方面，工业互联网安全工作需要从制度建设、国家能力、产业支持等全局视野来统筹安排，目前很多企业还没有意识到安全部署的必要性与紧迫性，安全管理与风险防范控制工作急需加强[22]。

2018 年中国工业互联网峰会提出，工业互联网的安全构架设计需要从三个视角出发：防护对象视角，明确安全防护对象是前提，主要有五大防护对象；防护措施视角，部署安全防护措施是关键；防护管理视角，落实安全防护管理是重要保障。工业互联网安全框架的三个防护视角相对独立，又相辅相成，互为补充，形成一个完整、动态、持续的防护体系，如图 9-3 所示。

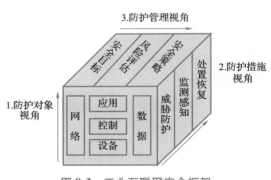

图 9-3　工业互联网安全框架

2. 设备与控制安全

工业互联网设备分为：工业控制设备、工业网络和安全设备、工业智能终端设备。设备安全包括工业设备的芯片安全、嵌入式操作系统安全、相关应用软件安全和功能安全等。工业互联网中存在的工业智能设备或者产品，可能因其使用的芯片、操作系统、编码规范以及运行在操作系统之上的软件程序，存在漏洞缺陷或者后门而面临的安全威胁。

从设备安全性及其应用过程防护的角度来看，工业互联网设备的安全防护范畴可细分为硬件安全、网络通信安全、系统服务安全、应用开发安全、数据安全等。

控制安全是指生产控制系统安全，包括控制协议安全、控制平台安全、控制软件安全等。产生控制安全问题的主要原因是，控制协议、控制平台、控制软件在设计之初未考虑完整性，身份校验不当或者缺失，许可授权与访问控制不严格，配置维护不足，凭证管理不严，加密算法过时等。

3. 网络安全

随着工业互联网的发展，工业网络呈现 IP 化、无线化，企业专用网络与互联网逐渐融合的特点，与此同时，一些网络问题由传统互联网开始向工业互联网转移，例如 DDoS 攻击日益严重[23]，工业互联网协议转变也导致攻击门槛降低，安全策略也面临严峻挑战，新技术的不断引入也会带来未知风险。

4. 应用安全

工业互联网应用安全涵盖了两个方面，工业互联网平台安全和工业软件安全。工业互联网平台是面向制造业网络化、数字化、智能化需求，构建基于海量数据采集、汇聚、分析的服务体系，支撑制造资源泛在连接、弹性供给、高效配置的工业云平台。各国都在以工业互联网作为推动引擎，大力推动工业网络化建设和工业制造数字智能化的探索。工业控制系统软件可以提供多方面的接口，与数据库、Web 服务器连接，也具备一些硬件设备的驱动程序，在开发、部署和运维上应注意高权限带来的风险，因校验不严格导致的程序漏洞、远程攻击等。工业应用软件安全主要集中在软件开发阶段，软件设计之初，应充分考虑应用架构的安全性问题，包括应用数据安全、用户会话安全、对外接口安全，在某些场景下还应考虑安全恢复等问题。

5. 数据安全

数据安全性有两种含义：一是企业数据技术本身的安全性，主要是指通过使用现代密码算法，如数据保密性、数据完整性、双向强身份认证等主动保护方式保障数据安全；二是关于数据保护安全性，主要是使用现代社会信息存储手段（如磁盘阵列、数据备份、远程灾害恢复等）确保数据安全。数据安全是一种能够主动保护的手段，数据平台自身的安全保障必须基于可靠的加密算法与安全体系[24]。

6. 通信安全

通信安全风险的来源主要是网络和安全设备硬件、软件和网络通信协议。作为网络通信基础设施，网络和安全设备的性能、可靠性和网络结构设计决定了数据传输效率。缺乏对带宽或硬件系统性能的研究将导致高时延、服务稳定性降低等风险，从而会因服务干扰攻击而导致业务中断。

7. 云安全

在云计算和云存储出现后，云计算安全也随之出现。在云计算框架下，云计算场景更复杂、更容易变化，面临的安全问题更为严重，企业的安全管理问题更加突出，例如多个虚拟机租户之间并行业务的安全系统操作、公共云的大规模数据安全存储等[25]。

8. 人工智能安全

随着信息技术的不断革新，一些看似只有在电影中出现的场景在现实生活中发生。事实上，随着信息技术的逐渐完善，人工智能控制技术已越来越多地进入到工业、生活等诸多研究领域。传统的网络漏洞造成的损失通常情况下被认为是可以衡量的、可以承受的，但随着大数据应用、人工智能逐渐走进人们的家庭，巨大的市场空间显现出来，随之而来的安全问题也不容忽视。

参考文献

[1] 中国工业互联网研究院. 工业互联网创新发展 20 问[J]. 中国科技财富，2019. 3：85-93.

[2] 通用电气. 工业互联网：突破智慧与机器的界限白皮书[R]. 2012.

[3] 工业互联网产业联盟. 工业互联网标准体系 2.0[R]. 2019.

[4] NOWAKOWSKI E, FARWICK M, TROJER T, et al. Enterprise architecture planning in the context of industry 4.0 transformations[C]//2018 IEEE 22nd International Enterprise Distributed Object

Computing Conference（EDOC）. Cambridge：IEEE, 2018, 35-43.

[5] WILLNER A, GOWTHAM V. Towards a reference architecture model for industrial edge computing [J]. IEEE Communications Standards Magazine, 2020, 4(4)：42-48.

[6] HERITAGE I. Protecting industry 4.0：Challenges and solutions as IT, OT and IP converge[J]. Network Security, 2019, 2019(10)：6-9.

[7] WANG F Y, ZHANG J, WANG X. Industrial internet of minds：Concept, technology and applica-tion[J]. Zidonghua Xuebao/Acta Automatica Sinica, 2018, 44(9)：1606-1617.

[8] KARIMIREDDY T, ZHANG S. Optimization of real-time transmission reliability on wireless industri-al automation networks[C]//2018 24th International Conference on Automation and Computing （ICAC）. Cambridge：IEEE, 2018：1-6.

[9] 董悦, 王志勤, 田慧蓉, 等. 工业互联网安全技术发展研究[J]. 中国工程科学, 2021, 23 （02）：65-73.

[10] 工业互联网产业联盟. 工业互联网平台白皮书[R]. 2019.

[11] ZHANG H, WANG L. Design of data acquisition platform for industrial internet of things[C]// 2020 IEEE 3rd International Conference on Information Systems and Computer Aided Education （ICISCAE）. Cambridge：IEEE, 2020：613-618.

[12] MA Y, LI Z, LIU Y, et al. Discussion on the application of industrial internet[C]//International Conference on Artificial Intelligence and Security. Berlin：Springer, 2019：297-308.

[13] Kubernetes[EB/OL]. [2015-07-12]. https：//kubernetes. io.

[14] MESOS[EB/OL]. [2018-09-05]. https：//mesos. apache. org.

[15] WU Y, HU X. Many measures to solve industrial internet security problems[C]// 2019 2nd Inter-national Conference on Safety Produce Informatization （IICSPI）. Cambridge：IEEE, 2019：6-11.

[16] 中华人民共和国工业和信息化部. 工业互联网发展行动计划（2018-2020 年）[Z/OL]. [2021-07-20]. http：//jxw. shiyan. gov. cn /sjjhxxhwyh/sfgwgkml _ 5439/ghjh _ 719/202001/ t20200119_2003367. shtml.

[17] 贾雪琴, 罗松, 胡云. 工业互联网标识及其应用研究[J]. 信息通信技术与政策, 2019 （04）：1-5.

[18] LIN J, LIU L. Research on Security Detection and Data Analysis for Industrial Internet[C]//2019 IEEE 19th International Conference on Software Quality, Reliability and Security Companion

(QRS-C). Cambridge：IEEE, 2019：466-470.

[19] QIU T, CHI J, ZHOU X, et al. Edge computing in industrial internet of things：Architecture, advances and challenges[J]. IEEE Communications Surveys & Tutorials, 2020, 22(4)：2462-2488.

[20] KAVIANPOUR A, ANDERSON M C. An overview of wireless network security[C]// 2017 IEEE 4th International Conference on Cyber Security and Cloud Computing (CSCloud). Cambridge：IEEE, 2017：306-309.

[21] AL A. Internet of things security issues, threats, attacks and counter measures[J]. IJCDS Journal, 2018, 7(2)：111-120.

[22] 刘晓曼，李艺，吴昊. 工业互联网安全架构及未来发展思考[J]. 保密科学技术, 2019, (03)：12-19.

[23] HAMOUDA D, FERRAG M A, BENHAMIDA N, et al. Intrusion detection systems for industrial internet of things：A survey[C]// 2021 International Conference on Theoretical and Applicative Aspects of Computer Science (ICTAACS). Cambridge：IEEE, 2021：1-8.

[24] LIANG S, YANG S F, JUN L, et al. On technology structure of data full-life-cycle security in industrial internet[C]// 2020 2nd International Conference on Information Technology and Computer Application (ITCA). Cambridge：IEEE, 2020：441-447.

[25] AMARA N, ZHIQUI H, ALI A. Cloud computing security threats and attacks with their mitigation techniques[C]// 2017 International Conference on Cyber-Enabled Distributed Computing and Knowledge Discovery (CyberC). Cambridge：IEEE, 2017：244-251.

第 10 讲
卫星互联网技术

10.1 | 概述

　　卫星通信技术的快速发展极大地丰富了人们的通信和数据获取方式。不同于传统地面通信技术受限于基础设施部署、地理环境等因素，卫星通信为人们提供了覆盖面广阔且灵活的通信方式。例如，卫星可以为地面通信无法覆盖的偏远地区、飞行载具以及远洋舰船提供经济可靠的接入服务，可以为物联网设备以及各式移动载体用户提供不间断的网络连接，卫星的广播/多播能力还可以为大规模用户终端提供高效的数据分发服务，如图 10-1 所示。

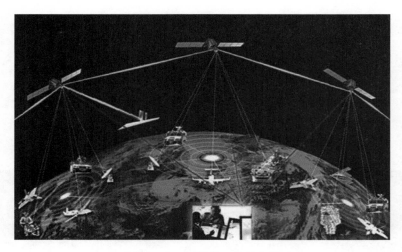

图 10-1　卫星通信系统示意图

　　得益于上述优势，基于卫星通信技术的卫星互联网在近年来得到了工业界和学术界的广泛关注[1-2]，并快速发展，已经是当前互联网技术的必然发展趋势之一。对于我国而言，加快建设卫星互联网，通过天地融合实现网络的延伸，达到全球无缝覆盖的目标，以更低的成本对远洋航运导航、境外作战指挥、偏远地区救灾等重要任务提供支撑，将是网络下一步发展的重心和迫切需求。

　　目前，卫星互联网还处于快速增长阶段，对于卫星互联网这一概念尚无统一的定义。国外一些公开文献［3-4］将卫星互联网服务定义为由通信卫星提供互联网接入服务，国内的文献［5-6］将卫星互联网定义为：以卫星通信系统为基础，具有广播功能，以 IP 为网络服务平台,以互联网应用为服务对象,能够成为互联网的组成部分,并能够独立运行的网络系统。

尽管相关文献对卫星互联网的定义多种多样,人们还是达成了很多共识。其中最重要的包括:卫星之间应该建立链路从而将孤立的卫星连成网络[7-8],卫星互联网的星上设备应当具有转发和路由能力[9-10],卫星互联网应采用以 TCP/IP 为代表的互联网的核心技术,以及以 IPv6 为代表的下一代互联网技术[11-12],卫星互联网应与互联网互联互通并相互融合等[13-14]。

卫星互联网覆盖广、容量大、不受地域限制等特性为未来大规模、高质量的互联网接入服务提供了全新的解决方案。同时,互联网技术蓬勃发展,互联网应用也在朝着高带宽、低时延、实时性、高质量的方向发展。然而,卫星互联网空间跨度大、拓扑变化频繁、链路带宽和误码率波动较大、卫星节点电力供应有限等特性也给互联网技术在星上的部署带来了巨大的挑战。现有的互联网技术无法直接运用于卫星互联网,如何实现高性能、低开销、高可扩展性的卫星互联网仍然是我们面临的一系列技术挑战。

10.1.1 卫星互联网的特点

通信卫星技术已经有 50 多年的发展史,而卫星互联网技术则是最近几年才迅速成长起来的。新兴的卫星互联网相比传统的卫星网络具有以下特性。

1)从星座构成来看,卫星互联网一般是由成百上千颗卫星组成的巨型星座构成。例如,由美国 SpaceX 公司[15] 提出的 Starlink[16] 系统,截至 2021 年 3 月底已经发射的在轨卫星数量达到了 1300 颗。

2)从卫星类型上来看,卫星互联网主要由运行在非对地静止轨道(NGSO,包括低轨道和中轨道)的数量众多的卫星构成。特别是低轨卫星,具有发射成本低、传播时延和路径损耗小,频率复用率高等优势,因此正在快速成为卫星通信系统的发展趋势。如美国的铱星[17]、Starlink[16],我国的鸿雁[18]、银河航天[19] 等星座都采用了低轨卫星。

3)从提供的服务看,卫星互联网主要为用户提供互联网接入服务,满足各式各样的数据传输和交付需求。

4)从发展卫星互联网星座的企业看,传统的卫星网络通信系统主要由各国官方机构牵头,而卫星互联网的推动者大多是一些非传统航天领域的互联网企业。这些企业的服务对象大多是一般的互联网终端用户。一般卫星互联网服务提供商只需要通过一个体积很小的室外机（OutDoor Unit，ODU）或室内机（InDoor Unit，IDU），即可为终端用户提供互联网接入服务。

卫星互联网相比于传统互联网也有独特之处。基于非静止轨道卫星的卫星互联网具有覆盖范围广、通信容量大的优点，能够覆盖到航空、航天、远洋航行等大量无基础设施场景。卫星通信覆盖面广、容量大、不受地域影响、具备信息广播优势，作为地面通信的补充手段实现了用户接入互联网，可有效解决边远地区、海上、空中等用户的互联网服务问题，极大地提高了互联网服务的泛用性。与此同时，不同于传统互联网中有线连接相对静止，以及地面移动网络只有边缘节点低速移动的特点，中低轨卫星高速绕地球运行，导致网络拓扑频繁发生变化。例如，一个建立了星间链路的典型 Walker 星座网络，当卫星节点数达到 500 时，网络全局拓扑最多间隔 20 秒就会发生变化，如图 10-2 所示。由此带来的组网、路由、传输和运营维护等问题，将是卫星互联网面临的巨大挑战。

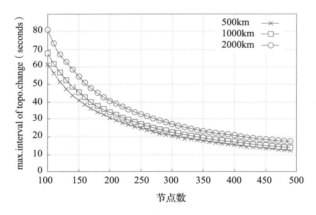

图 10-2　卫星网络拓扑动态性随节点数量变化

10.1.2　技术难点与挑战

卫星互联网规模庞大、结构复杂、支持业务种类繁多、网络伸缩性强、时空跨度大，网络拓扑结构不断变化，并且涉及互联网、卫星网络等多种异质异构网络。目前这些网络具有不同的体系结构和网络结构，卫星网络本身还呈现"烟囱式"发展模式，不同卫星系统相对独立、缺乏统一的网络协议规范。因此，如何将这些网络进行有效整合、实现深入融合，将面临着众多难题。传统的网络理论和技术方案难以建立反映卫星网络动态时空关系的网络模型和解决其中的关键技术问题。如何把复杂多样、规模巨大的卫星互联网抽象为结构清晰、功能简捷、易于实现的网络体系结构，在体系结构的框架指导下构造网络的各个组成部分，并建立相互关系，使网络既能适应通信技术的快速发展与变化，又能支持层出不穷的新型应用，对卫星互联网体系结构研究提出了挑战。

已有的卫星网络体系结构没有充分考虑未来卫星互联网异构融合这一设计目标，在路由上也不能与互联网实现较好的互联互通。这主要是受之前一二十年技术发展和应用需求的限制所致。目前，越来越多的传统卫星应用领域开始涌现大量对卫星组网路由的需求，新兴的互联网应用要进一步向卫星网络扩展也离不开多网融合的体系结构和路由系统的支持。因此，急需在已有互联网技术的基础上提出适合卫星互联网特性和多网融合目标的路由方案，例如，利用卫星网络可预测的拓扑变化减少路由开销，并排除不可预测的随机故障。如何适应随网络规模增长的拓扑动态性，并避免稳定性下降，是当前卫星互联网路由技术要解决的重要问题。

现有的卫星网络采用 UDP、TCP 等传输协议。卫星网络中的通信信道特性与地面互联网有很大差异，给原本部署在固网环境下的传输控制协议带来了严峻挑战。传统 TCP 采用丢包作为拥塞信号，而在卫星网络中频繁丢包会使 TCP 无法维持较高的发送窗口，并且会进行大量重传，最终导致传输吞吐量显著下降。同时，受通信设备距离的影响，空间网络端系统之间的时延可能会比地面网络的时延大很多，导致发送方需要花费更长的时间收敛到稳定状态。CCSDS（Consultative Committee for Space Data Systems，空间数据系统咨询委员会）等面向空间通信的协议技术针对卫星网络的特性对传输协议进行了专门的优化，然而如何使现有地面网络兼容并支持大规模的卫星互联网服务仍然是急需解决的问题。此外，卫星互联网的终端用户在传输数据时可以利用多条星地、星间链路产生的多条不相交路径，实现多路径并行传输来提高效率，如何在此场景下设计多路径传输协议也需要进行深入的研究。

10.2　卫星互联网体系结构

卫星互联网的各类用户通过卫星网络访问互联网服务。卫星网络与传统的地面互联网、移动通信网等其他网络融合，发挥各自的长处，可以提供更有弹性的网络接入和数据交付，提高资源利用率，实现对种类更丰富、数量更庞大的应用的支持。由此可见，卫星网络是卫星互联网的构成元素。

10.2.1 卫星组网架构

人造卫星有很多类型，用于构建卫星互联网的通信卫星可以根据其所在轨道高度分类，包括静止轨道卫星（高轨（GEO）卫星）、非静止轨道卫星（中轨（MEO）卫星以及低轨（LEO）卫星）。各类卫星的工作高度和代表应用如图10-3所示。

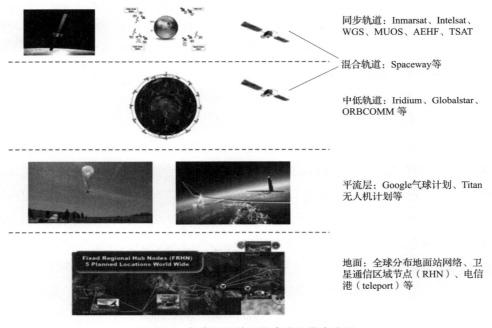

同步轨道：Inmarsat、Intelsat、WGS、MUOS、AEHF、TSAT

混合轨道：Spaceway等

中低轨道：Iridium、Globalstar、ORBCOMM 等

平流层：Google气球计划、Titan无人机计划等

地面：全球分布地面站网络、卫星通信区域节点（RHN）、电信港（teleport）等

图 10-3　各类卫星的工作高度和代表应用

1. 高轨（GEO）卫星和倾斜地球同步轨道（IGSO）卫星

高轨卫星[20]为位于赤道上方35 800km的地球同步卫星。在这个高度上，一颗卫星的通信范围几乎可以覆盖半个地球，形成一个区域性通信系统，该系统可以为卫星覆盖范围内的任何地点提供服务，例如一颗GEO卫星可以覆盖美洲大陆的连续部分。

然而，GEO卫星与地球的距离遥远，需要使用较大口径的通信天线，同时会给信号传输带来上百毫秒的时延，难以满足部分实时应用的需求。此外，GEO 卫星所在的轨道只有一条，且轨道上相邻卫星的间隔不能过小，否则地面站将受到天线口径的制约而无法分辨出邻近的 GEO 卫星。例如，在 Ka 频段（17~30GHz）为了能够分出 2°间隔的 GEO 卫星，地面站天线口径的合理尺寸应不小于 66cm。在这种条件下，只能容纳 180 颗 GEO 卫星。

　　典型的 GEO 卫星通信系统主要包括早期面向企业级用户的 IPSTAR[21]、宽带全球区域网络（Broadband Global Area Network）[22]、Spaceway-3[23] 等高轨宽带卫星通信系统，以及后期面向大众需求快速发展起来的以 ExeDe Internet[24] 为代表的一系列高通量宽带通信卫星。

　　倾斜地球同步轨道（Inclined GeoSynchronous Orbit，IGSO），也被称作 GIO（Geosynchronous Inclined Orbit）。IGSO 与 GEO 高度相同，都是约 35 800km，但是 GEO 的轨道倾角是 0°，而 IGSO 的轨道倾角是大于 0°的任何轨道。例如，我国北斗系统部分卫星就用该轨道，轨道高度约 35 786km，倾角为 55°。

2. 中轨卫星

　　中轨（MEO）卫星[25] 主要是指卫星轨道距离地球表面 2000~20 000km 的地球卫星。相比于高轨卫星，MEO 卫星具有时延小、发射成本低等优势，因此更适用于满足卫星互联网服务需求。然而，由于 MEO 卫星的覆盖范围有限，需要多个 MEO 卫星组成星座来实现泛在的网络接入，因此整体维护开销更大。此外，MEO 卫星与地面始终处于相对运动中，给组网技术和切换设计带来了一定的困难。

　　运行于中轨的卫星大都是导航卫星，例如 GPS（20 200km）、格洛纳斯系统（19 100km）、北斗卫星导航系统（21 500km）和伽利略卫星定位系统[26]（23 222km）。部分跨越南北极的通信卫星也使用中轨。此外，比较典型的中轨卫星互联网系统有 O3b[27]。O3b 名字的含义是"其他 30 亿"（Other 3 billion），表示为了解决全球剩余 30 亿由于地理、经济等因素而未能接入互联网的人群的上网问题。O3b 网络公司由互联网巨头谷歌公司、媒体巨头 John Malone 旗下的海外有线电视运营商 Liberty Global 以及汇丰银行联合组建，从 2013 年 6 月开始陆续成功部署了 12 颗 MEO 卫星，共覆盖 7 个区域，采用 Ka 频段，单星吞吐量约为 12bit/s。

3. 低轨卫星

　　低轨（LEO）卫星[28] 利用运行在 200~2 000km 轨道高度的卫星群向地面提供宽带

互联网接入服务，通过多颗卫星组网实现全球覆盖。相比于上述两种卫星，LEO 卫星在提供互联网服务时有很多优点。LEO 卫星的轨道高度仅是 GEO 卫星的 1/80～1/20，所以其信号衰减通常比 GEO 卫星低很多，需要的发射功率是 GEO 卫星的 1/2000～1/200，传播时延仅为 GEO 卫星的 1/75，这对支持大规模的实时业务是十分必要的。

然而，由于运转周期短和轨道倾角大，相对于地球上的观察者，LEO 卫星的运动速度更快。因此，为了保证在地球上任意一点均可以实现 24 小时不间断地通信，必须精心配置多条轨道及一大群 LEO 卫星，也可称其称为 LEO 星座或巨型星座（mega-constellation）。这样一个庞大而又复杂的空间系统如何实现稳定可靠的运转，涉及技术上和经济上的一系列挑战。

上述三种卫星的对比见表 10-1。

表 10-1　三种卫星的对比

	低轨卫星	中轨卫星	高轨卫星
运行轨道	200～2 000km	2 000～20 000km	35 800km
覆盖范围	小	较小	大
传输时延	小	较小	大
部署开销	大	中	小
拓扑动态性	高	较高	低
星座大小	大	中	小
应用系统	Starlink，OneWeb，Globalstar，ORBCOMM，Iridium	O3b，GPS，北斗导航	IPSTAR，宽带全球区域网络，Spaceway-3，部分北斗卫星

近年来民用小型卫星的广泛普及和网络技术的发展，使解决大规模 LEO 卫星通信系统面临的技术难题成为可能。大量民营公司主导的卫星互联网计划大多都采用了 LEO 星座作为其骨干网络架构。典型的 LEO 卫星系统有以下 5 种。

1. 铱（Iridium）卫星通信系统

铱星[17] 系统采用星间链路组网实现全球无缝覆盖。铱星轨道高度为 780km，由分布于 6 个轨道面的 66 颗卫星组成，如图 10-4 所示。铱星用户链路采用 L 频段。铱星二代通过对一代卫星的逐步升级实现了更高的业务速率、更大的传输容量以及更多的功能，例如，L 频段配置 48 波束的收发相控阵天线、用户链路增加 Ka 频段、配置软件定义可再生处理载荷等。从 2017 年 1 月开始至 2019 年 1 月 11 日，铱星二代已完成全部组网发射，部署后的传输速率可达 1.5Mbit/s，运输式、便携式终端速率分别可达 30Mbit/s、10Mbit/s。铱星二代系统还具备对地成像、航空监视、导航增强、气象监视等功能。

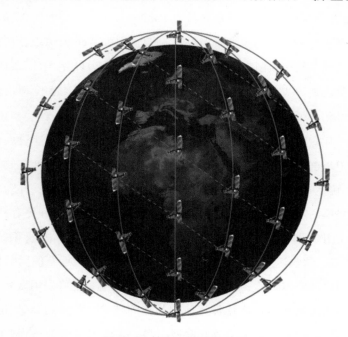

图 10-4 铱星卫星通信系统

2. ORBCOMM

ORBCOMM[29] 系统由约 40 颗卫星及 16 个地面站组成，轨道高度为 740～975km，共 7 个轨道面，星座内部无星间链路，用户链路采用 VHF 频段。ORBCOMM 系统拥有全球最大的船舶自动识别系统（AIS）网络服务。

3. Globalstar

Globalstar 系统[30] 于 1999 年开始商业运营。系统采用玫瑰星座设计，轨道高度为 1400km，由 48 颗卫星组成，用户链路为 L、S 频段，通过无星间链路、弯管透明转发的设计，降低建设成本。Globalstar 二代系统进一步提高了系统传输速率，增加了互联网接入服务、ADS-B（广播式自动相关监视）、AIS 等新业务。

4. OneWeb

OneWeb[31] 卫星互联网星座原计划部署近 3000 颗低轨卫星，用户链路初期采用 Ku

频段，后续向 Ka、V 频段扩展。星座初期计划发射 720 颗卫星，轨道高度为 1200km，采用设计简单的透明转发方式，通过地面关口站直接面向用户提供互联网接入服务。OneWeb 单星重量不超过 150kg，单星容量为 5Gbit/s 以上，可为配置 0.36m 口径天线的终端提供约 50Mbit/s 的互联网宽带接入服务。同时，OneWeb 公司现已获得美国联邦通信委员会授权，批准其在美国提供互联网服务。截止到 2020 年 3 月 22 日，OneWeb 累计在轨卫星数量达到 74 颗；整个卫星网络计划在 2023 年 6 月之前全面运营。

5. Starlink

Starlink[16] 卫星互联网星座由 SpaceX 公司提出。SpaceX 计划建设一个由近 12 000 颗卫星组成的卫星群，由分布在 1150km 高度的 4425 颗低轨星座和分布在 340km 左右的 7518 颗甚低轨星座构成。低轨星座的用户链路选择 Ku/Ka 频段，有利于更好地实现覆盖；甚低轨星座的用户链路使用 V 频段，可以实现信号的增强和更有针对性的服务。SpaceX 公司计划让其网络覆盖地球的每个角落。该公司预计，Starlink 系统到 2025 年将有 4000 多万用户，营收达到 300 亿美元。SpaceX 公司在星座运营的同时更专注卫星制造，因此预计需要融资 100 亿~150 亿美元。Starlink 卫星系统将采用激光星间链路，而星载天线、地面网关站和用户终端都将使用相控阵技术。截止到 2020 年 10 月 26 日，SpaceX 公司已经成功发射 15 批星链互联网卫星，入轨卫星的数量为 895 颗，计划在 2024 年 3 月之前启动全面运营。

利用卫星网络为广域空间提供通信等服务的组网架构有以下 3 种类型。

第一类是天星地网，这类网络多采用 GEO 卫星等具有大覆盖范围和稳定位置的卫星，单颗卫星负责信号中转，即卫星只进行透明转发而不做过多的计算处理，而地面网络则需要全球组网，通常需要具备全球布站的能力。典型的天星地网系统包括民用的 Inmarsat、Intelsat、Spaceway、Globalstar、ORBCOMM 以及军用的 WGS 和 MUOS 等。

第二类组网架构是纯天基网络，这类网络中的卫星相互连接组成网络，且可以不依赖地面网络独立运行。这类架构对空间组网能力提出了较高的要求，而对地面网络缺少充分的利用，常采用 LEO 或 MEO 星座网络。典型的代表包括民用的 Iridium 和军用的 AEHF 等。

第三类组网架构是天网地网，即空间和地面都要组网，天网地网的网络优势互补，典型的代表是 TSAT。天网地网架构是由各国领土和空间资源利用情况以及当前技术发展情况共同提出的，近年来涌现的很多卫星互联网相关的研究都采用了这种架构，只不过在具体的卫星类型和拓扑选择上有一些差异。

以上三类典型的组网架构是构建卫星互联网的基础组网架构，以它们为基础可以扩展包含更多组成成分的网络。例如，Zhang 等人[32] 设计的融合了车联网的一体化网络中采用空天地结合的组网架构。其中卫星网络作为主干网，用于提供控制数据和用户数据的高带宽传输通路，由高空气球等飞行器组成的网络负责对地面车辆等用户提供服务，并与位于地面的移动互联网相互配合，提供车辆定位、测速、泊车等服务，基于 SDN 的控制器和数据库位于地面网络，对整个网络进行监视和命令下发。

天地一体化信息网络是科技创新 2030——重大项目中首个启动的重大工程项目，被列入国家"十三五"规划纲要以及《"十三五"国家科技创新规划》。如图 10-5 所示，天地一体化信息网络的组网架构也基于天网地网架构设计，由空间网络天基骨干

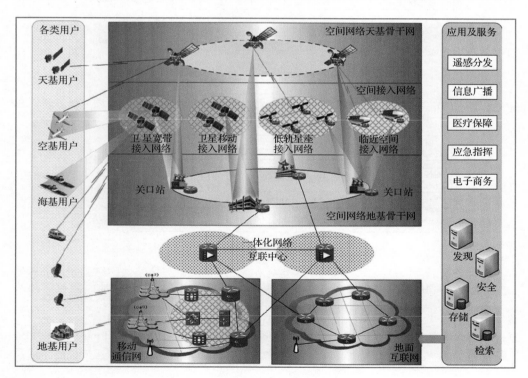

图 10-5　天地一体化信息网络组网架构

网、空间接入网络、空间网络地基骨干网组成，并与地面互联网和移动通信网互联互通，建成"全球覆盖、随遇接入、按需服务、安全可信"的天地一体化信息网络体系。建成后，将使我国具备全球时空连续通信、高可靠安全通信、区域大容量通信、高机动全程信息传输等能力。

10.2.2　协议体系

1. CCSDS 空间通信协议体系

CCSDS 自 1982 年成立至今，已发布了一系列适用于空间链路的从底层物理层到顶层应用层的协议。CCSDS 空间通信协议体系如下图 10-6 所示。

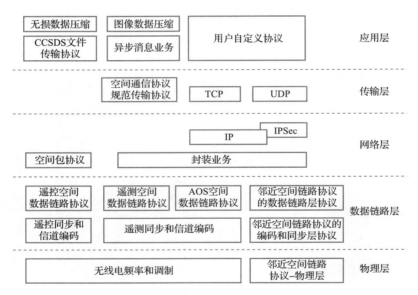

图 10-6　CCSDS 空间通信协议体系

CCSDS 物理层包含两个协议：无线电频率和调制规定了航天器、地面测控站间的物理层协议，邻近空间链路协议-物理层定义了邻近空间链路的物理层特性。CCSDS 数据链路层大体可分为两个子层：空间数据链路协议（Space Data Link Protocol，SDLP）子层位于上层，定义了在空间链路上用传送帧传输数据的方法；同步和信道编码子层位于下层，定义了在空间链路上传输帧的同步和信道编码的方法。其中空间数据链路协议子层包含四个协议：遥控空间数据链路协议、遥测空间数据链路协议、AOS 空间数据链路协议、邻近空间链路协议的数据链路层协议。而同步和信道编码子层则包含三个规范：遥控同步和信道编码、遥测同步和信道编码、邻近空间链路协议的编码和同步层协议。

CCSDS 的网络层有两种标准业务：空间包协议（Space Packet Protocol）和封装业务（Encapsulation Service）。空间包协议将上层用户数据包装成空间包，根据包头部的应用过程标识（Application Process Identifier，APID）确定转发路径，并交给下一层传送。封装业务可以把上层用户数据封装定义的封装包，例如 IP 分组。CCSDS 的传输层包含空间通信协议规范传输协议（SCPS-TP），互联网标准的 TCP 和 UDP。其中 SCPS-TP 针对网络拥塞、误码或链路中断导致的数据丢失，能够进行识别和区分处理，并实现头部压缩、选择否定确认、时间戳、速率控制等功能。SCPS-TP 的数据一般由网络层协议传输，在一些情况下也可以直接由链路层协议传输，而 TCP 和 UDP 则运行于 IPv4、IPv6 上。

CCSDS 应用层典型的协议有 CCSDS 文件传输协议（CCSDS File Delivery Protocol，CFDP），异步消息业务（Asynchronous Message Service，AMS）等。CCSDS 还制定了两种数据压缩标准，无损数据压缩用于减少航天器数据系统的存储空间、数据传输时间和数据存档空间，并保证被压缩的数据能够无失真恢复；图像数据压缩用于压缩航天器载荷产生的数字图像数据，能够通过调整压缩比使重建图像的失真控制在可接受的范围。

20 世纪 80 年代以来，国内多家研究机构、高校针对 CCSDS 空间通信协议体系进行了一系列持续跟踪研究，部分已经在轨应用和验证。

2. NASA OMNI 项目协议体系

2002 年，NASA 戈达德航天中心设立了 OMNI 项目，研究利用 IP 实现空间通信方案，目的是为未来空间任务提供寻址能力、标准互联网协议及网络应用能力，使用户能够随时随地与航天器建立端到端连接。OMNI 空间网络和地面网络进行整合，确保所有网络节点如同运行在 Internet 节点上，实现地面终端用户到航天器的全 IP 互联。2002 年 8 月，"航天飞机上的通信导航论证"任务，进行了 OMNI 项目协议体系的配置和测试，获得了良好的效果。OMNI 使用的基于 TCP/IP 的协议体系如图 10-7 所示。

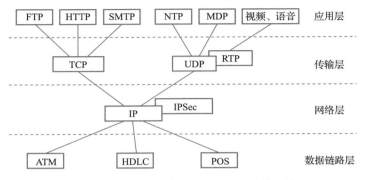

图 10-7　OMNI 使用的基于 TCP/IP 的协议体系

在数据链路层，OMNI 选用商业路由器使用的协议，其中 HDLC（High-level Data Link Control）用于数据速率低于 45Mbit/s 的情况，POS（Packet Over SONET/SDH）用于数据速率高于 45Mbit/s 的情况，以及经典的 ATM（Asynchronous Transfer Mode）等。在网络层，OMNI 选用 IP，并使用 IETF 标准的路由协议，如 RIP、OSPF、BGP 等。OMNI 还使用移动 IP（RFC 3344）等协议来解决单址航天器飞过多个地面站的移动问题，使用移动网络（RFC 3963）等协议解决多址航天器经过多个地面站的移动问题。在传输层，OMNI 选用 TCP 和 UDP。TCP 用于在正常情况下对航天器进行控制，以及传送与移动 IP 相关的信令信息等。UDP 则用于在异常情况下对航天器进行盲控，还用于传输航天器实时遥测数据等。同时，实时传输协议（RTP）用于支持实时多媒体通信。在应用层，OMNI 用 FTP 实现可靠文件传输，用 SMTP 进行科学数据传输，用 NTP（Network Time Protocol）实现航天器与地面之间的时间同步。OMNI 还使用了基于 UDP 的组播协议（Multicast Dissemination Protocol，MDP）。MDP 基于选择性重传，可以工作于往返传输时延以小时或天为量级的通信环境，允许链路传输速率不对称达到 1000∶1 的比例，甚至可以在单向链路的环境中工作，并且能够通过多次连接传输一个文件，特别适合空间通信环境。此外，OMNI 还有其他用于传输视频、话音的应用层协议。

3. DTN 协议体系

DTN（Delay Tolerant Networking）即时延容忍网络，起源于 1998 年 NASA 喷气推进实验室（Jet Propulsion Lab，JPL）对星际互联网（Inter Planetary Internet，IPN）的研究，主要用于克服星际通信中可能出现的长时间中断、延迟以及恶劣的信道质量等挑战。2003 年 3 月，在 Vinton Cerf、Kevin Fall 等人研究的基础上，IRTF 创建了一个新的研究组 DTNRG（DTN Research Group），首次提出 DTN 概念作为一种新的网络体系结构和应用接口，并发表了第一版的 DTN 指南，对 DTN 的体系结构进行了完整定义。2007 年 DTNRG 公布了较为完整的体系结构文档 "Delay-Tolerant Networking Architecture"（RFC 4838），对 DTN 的发展目标、应用背景、运行机制、相关概念、协议标准等内容进行了较为系统的规范。2007 年 11 月，DTNRG 发布的 RFC 5050 对 Bundle 协议（BP）进行了规范。2008 年 DTNRG 相继发布了 RFC 5325、RFC 5326 和 RFC 5327，对 DTN 长距传输协议（Licklider Transmission Protocol，LTP）进行了规范，同时对 DTN 的安全功能进行了拓展。这些工作对 DTN 的研究产生了巨大的推动作用。DTN 协议体系如图 10-8 所示。

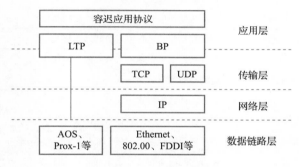

图 10-8　DTN 协议体系

美国 NASA 通过一系列的试验证明了 DTN 技术可以应用在卫星通信中。2008 年 1 月，NASA 通过萨里卫星技术有限公司（Surrey Satellite Technology Ltd，SSTL）灾难监测星座项目，首次在空间环境中成功采用 DTN 协议体系结构。之后，NASA 与 SSTL、科罗拉多大学等机构合作开展了多次试验，验证了 DTN 协议体系中最重要的 Bundle 协议在各种环境中的可用性。

4. 我国空间网络协议体系

20 世纪 80 年代以来，我国针对 CCSDS 进行了一系列研究。中国航天科技集团有限公司第五研究院（以下简称"航天五院"）是我国最早成为 CCSDS 观察员机构的单位，主导设计了一系列导航、遥感和深空卫星的星地接口协议、星载网络协议、星间网络协议，以及神舟飞船系列、天宫一号和东方红四号平台的星地接口协议、星载总线网络协议。航天五院建立了统一空间子网与星载子网的分层信息服务机制、协议体系架构，并以星载综合电子系统为载体，将标准协议通过硬件、软件形式设计和实现。2018 年，航天五院融合 IPv6 与 CCSDS，设计了北斗三号激光星间/星地链路采用的协议体系。该体系于 2018 年年底在轨应用。2021 年 11 月，航天五院联合清华大学在 CCSDS 发布了星载软件参考体系结构的橙皮书标准[33]。

除此之外，航天五院还牵头制定了大量与空间、星内通信协议相关的国内标准，部分标准见表 10-2。

表 10-2 航天五院牵头制定的与空间、星内通信协议相关的国内标准（部分）

序号	类别	标准名称
1	国军标	航天器数据系统时间码格式
2	行业标准	空间数据与信息传输系统文件传输协议
3	行业标准	空间数据与信息传输系统时间码格式
4	行业标准	空间数据与信息传输系统空间包协议
5	行业标准	遥测空间数据链路协议
6	行业标准	遥控空间数据链路协议
7	行业标准	高级在轨系统空间数据链路协议
8	五院院标	邻近空间链路协议 第 1 部分：数据链路层
9	五院院标	邻近空间链路协议 第 2 部分：物理层
10	五院院标	邻近空间链路协议 第 3 部分：编码和同步子层
11	五院院标	通信操作规程-1
12	五院院标	航天器数据链路层安全协议
13	五院院标	航天器文件传输协议
14	五院院标	航天器 1553B 数据总线接口与通信协议
15	五院院标	航天器 SpaceWire 链路、节点、路由器和网络设计要求
16	五院院标	天地一体化通信协议体系架构

10.3 物理层与链路层

10.3.1 物理层

物理层作为最底层主要规定了网络中节点通信所需的硬件技术。这一层定义了传输数据的比特形式以及多种底层参数，例如电子连接器、传输介质、调制方案、传输频率、信号强度、带宽等。其中卫星的天线根据不同的形式可以分为独立天线和天线阵列两种。在独立天线可以部署天线选择（antenna selection）和波束成型（beam forming）两种技术；相比于独立天线，天线阵列能够合成一个更高增益的窄波束，因此，天线阵列需要有波束控制能力来探测尽可能多的角域。

以 CCSDS 的物理层为例，其主要包括无线电频率和调制，邻近空间链路协议-物理层两部分。无线电频率和调制对卫星之间、星地之间的通信需要使用的频段、调制解调方式做出定义。邻近空间链路协议-物理层为一个在物理层和链路层工作的跨层协议，在物理层主要规定了同步和信道编码输入输出的信息。

10.3.2　链路层

卫星网络数据链路层主要负责数据封装成帧、编址、同步、差错控制、流控制以及多址接入等任务。一般来说，链路层又被分为两个子层：逻辑链路控制层和介质访问控制（MAC）层。其中 MAC 层作为链路层中关键的组成部分，对于网络性能的提升具有至关重要的作用。在设计 MAC 层协议时主要需要考虑网络性能指标，包括能耗效率、可扩展性、信道利用率、时延、吞吐量和公平性等。根据处理数据发送冲突机制的不同，MAC 层协议可以被分为基于争用的协议和无竞争的协议。

在基于争用的协议中，卫星节点竞争信道的使用，并在发生冲突时调用冲突解决机制，例如 ALOHA、载波侦听多路接入（CSMA）。为适应卫星网络环境，不少研究工作在这些传统协议进行了改进，例如文献 [35] 针对空间无线局域网的场景对 802.11 协议的 MAC 中的帧设计进行了改进和优化，并在模拟的低轨卫星场景中进行了验证。针对多种卫星运行场景，文献 [36] 提出了一种基于载波侦听多路访问碰撞避免（CS-MA/CA）的 MAC 协议来控制卫星的访问。

无竞争的协议通过划分资源使用的方式，使不同节点之间的通信永远不会发生冲突。例如时分多址（TDMA）、频分多址（FDMA）、码分多址（CDMA）、正交频分多址（OFDMA）和空分多址（SDMA）等。

除了上述基于 OSI 模型的链路协议外，CSSDS 也定义了一整套链路层协议，主要包括遥测（TM）、遥控（TC）和 AOS 空间数据链路协议，这些协议被统称为空间数据链路协议（Space Data Link Protocol，SDLP）。SDLP 的基本传输单元为传输帧，TM 和 AOS 使用固定长度的传输帧以获取更为可靠的帧同步。TC 空间数据链路协议通过可变帧长度来保证较短信息的低时延传输。

10.4 网络层与路由技术

在最近十到二十年的时间里，涌现了很多与卫星互联网路由相关的研究。为了叙述方便，我们将它们按照集中式路由和分布式路由分类，在每一类方案中再根据不同的设计和优化目标，选取具有代表性的方案进行简要介绍。

10.4.1 集中式路由

1. 应对网络拓扑变化

早期的单层卫星网络路由技术主要采用基于连接的路由模式，用于融合 ATM 网络与电路交换语音网络在卫星网络中的应用。具有代表性的方案有在文献［37］中提出的路由方案。该方案适用于 LEO/MEO 层的卫星网络，实现过程分为两步：首先采用虚拟拓扑方法，将连续时变的卫星网络离散为一系列静态拓扑，离散时间片的选取以物理拓扑与链路长度的变化为依据，并采用修改的 Dijkstra 算法计算所有离散拓扑序列中任意卫星之间的路径集合；然后根据优化目标从路径集合中选择最优路径，并使用多条不相交路径来优化选择结果，从而使虚拟拓扑变化时的路径转交（切换）最小化。由于系统周期内存在大量的离散拓扑序列，这类方案主要的缺点在于缺乏对流量拥塞、卫星失效的自适应能力，并且未考虑 ATM 与互联网融合的开销。

为了减少由链路转交造成的拓扑变化，文献［38］提出了基于有限状态机（Finite State Automation，FSA）的路由方案。该方案利用 FSA 对拓扑变化建模，根据流量需求计算链路分配，以便最小化阻塞（blocking）概率。他们的研究发现，基于状态机的静态路由更新产生的开销要远远小于动态路由产生的开销。该方案的优点是可以充分利用链路剩余带宽，缺点在于仅适用于按需路由的通信方式，且没有考虑故障抵抗能力。

Uzunalioglu 等人在文献［39］中提出的足印转交重路由协议（Footprint Handover Rerouting Protocol，FHRP），利用低轨道（LEO）卫星网络的运动规则性，依据卫星的地面足印计算运动（转交）后的重路由，设计目标是最小化路径转交导致的信道不足及呼叫阻塞。该方案的优点在于模型简单，容易实现，且计算开销小；缺点同样在于仅适用于按需路由的通信方式，不完全适用于与互联网融合后的一体化网络，且没有考虑对故障的抵抗能力。Uzunalioglu 还提出了将概率路由协议（Probabilistic Routing Protocol，PRP）[40]与 FHRP 结合使用，用概率分布模型预测呼叫的长度，从而最小化路径转交（切换）。该方案的优点在于可以优化每一条流（呼叫），而缺点与 FHRP 相同，且存在可扩展性问题。类似的方法还包括 Chen 提出的基于服务质量（Quality of Service，QoS）的路由方案[41]，通过计算卫星的剩余覆盖时间来预测呼叫持续时间，用 PRP 方法减少路径转交，若发生转交则尽可能选择低时延抖动的路径。

文献［42］提出了针对 3 层（LEO/MEO/GEO）卫星网络的路由协议（Multi-Layered Satellite Routing，MLSR）。MLSR 引入卫星组与组管理的概念：LEO 卫星在某 MEO 卫星的覆盖区域内形成 LEO 组，MEO 卫星在某 GEO 卫星的覆盖区域内形成 MEO 组。链路状态信息由下层卫星发送至上层卫星。为了减少计算的复杂度，每个 LEO 组被定义为单个元节点，由 GEO 卫星进行全局路由计算，并通过 MEO 卫星提炼 LEO 层的路由表。为了及时反映拓扑的变化，MLSR 的路由更新周期应小于最小卫星组成员变化的间隔。MLSR 方案的优点在于可扩展性较好，且能够周期性发现故障并进行重路由；缺点在于其管理协议较为复杂，且上层卫星节点的计算开销较大。

2. 负载均衡路由

在文献［43］中，Mohorcic 等提出的路由协议 ALR 在计算路由时综合考虑流量负载和传播时延，同时保留最优路径和次优路径。ALR 设计了优先级和轮询两种策略来选择使用最优路径和次优路径。相比标准的 Dijkstra 算法，ALR 减少了 inter-plane ISL 的负载，让网络流量更加均衡，也能在一定程度上抑制路由抖动。ALR 需要一定的星上开销，此外 ALR 使用一个权重因子来平滑流量负载和传播时延对路径选择的影响，然而选择最优的参数并不容易。

文献［44］提出了负载均衡路由算法（HCAR）。HCAR 针对多层卫星网络设计，其中高轨卫星与地面的控制中心和网关组成控制层，高轨卫星不负责实际的数据传输，仅传递控制信息，实际数据传输全部由低轨卫星完成。为更好地支持用户的移动性，HCAR 隔离用户的身份标识（identifier）和位置标识（locator），路由计算完全根据用户的位置标识。为缓解星上资源的压力，HCAR 由地面控制中心定期执行路由计算，并将计算结果通过控制信道推送至各低轨卫星。为解决可扩展性问题，HCAR 隔离卫星网络与地面用户网络，把端与端的路由转化为入口卫星与出口卫星之间的路由，降低星上路由的复杂度。但是 HCAR 在计算路由时引入了较多的经验值参数，这些参数需要做大量仿真才能确定最优值，在实际应用时可操作性不高，而且 HCAR 不能很好地适应卫星网络内部及其与地面网络间的连接关系变化愈发频繁的发展趋势。

3. 节能路由

文献［45］提出了一种节能路由协议。作者首先从星间路由器的能耗、太阳帆板功率和电池充放电的存储功率三个方面进行了建模，继而在上述模型的基础上，以降低能耗、延长卫星在轨使用寿命为目标，给出了节能空间路由算法的形式化定义。作者证明了该问题是一个 NP-hard 问题，并依次给出了三个路由算法求解该问题，即综合考虑能源利用率、路径长度和链路利用率。上述路由算法由地面网关或某个资源充裕的高轨卫星执行，并将计算结果分发给相关的网络节点。仿真结果显示，GreenSR 算法可以将卫星电池的寿命至少延长 40%。

10.4.2 分布式路由

1. 应对网络拓扑变化

Ekici 等人提出了分布式数据报路由协议（Datagram Routing Algorithm，DRA）[46]。DRA 采用虚拟节点策略屏蔽卫星的移动性，考虑低轨道（LEO）卫星网络具有静态的二维 mesh 拓扑，并采用分布式策略实现最短传播时延路由。具体而言，具有最小传播时延的路径被优先选用，而如果通过缓冲区使用情况判断出邻近链路发生了链路拥塞，则选择其他下一跳。相比其他方案，DRA 极大地减少了路由的计算与存储开销，能够在一定程度上消除卫星失效与流量拥塞的影响，但它的路由决定局限于本地信息，不能从全局解决这些问题。例如，DRA 采用了分组携带数据的方式来避免环路，加大了路由器节点的开销，不利于实现较高的转发速率。

文献［47］提出了一种基于拓扑发现的路由协议——TDS-IRS，主要包括：部署在地面的控制中心，部署在卫星上的路由协议实现模块、拓扑发现模块和拓扑生成模块。地面控制中心是整个路由机制的中枢，负责根据卫星星座的运行规律在拓扑发生变化前计算新的网络拓扑信息，并发给各卫星的拓扑发现模块。拓扑发现模块收到新的网络拓扑信息后，调用路由协议实现模块计算路由信息，更新路由表。同时，拓扑生成模块被调用，调整卫星上的天线指向，构建相应的物理拓扑。

文献 ［48］ 基于标准域内 OSPF 协议，提出了适用于卫星互联网的域内路由协议 OSPF+。OSPF+在标准 OSPF 协议 7 个状态（Down，Init，2-way，Exstart，ExChange，Loading，Full）的基础上增加 Leaving 状态，同时引入拓扑预测——当发现邻居不可达时，通过拓扑预测判断邻居是暂时不可达还是长期不可达。如果暂时不可达，则维持 Full 状态不变，不触发路由收敛；如果长期不可达，则将邻居状态置为 Leaving，同时向其他节点发送链路状态通告（Link State Advertisement，LSA），并将 Leaving 状态期间内向其他连接正常邻居发送的 LSA 保存到本地。一旦收到之前不可达的邻居发来的 Hello 报文，OSPF+将该邻居状态修改为 ExChange，并仅交换在 Leaving 状态期间缓存的 LSA。与标准 OSPF 相比，OSPF+的优势在于：当链路恢复后，直接由 Leaving 状态转至 ExChange 状态，跳过标准的 Down、Init、2-way、ExStart 等状态；状态更新后，仅更新部分 LSA，而非完整 LSA。因此，相较于标准 OSPF 协议，OSPF+可以减少路由收敛时间。

Zhang 等人提出了基于区域划分的分布式路由协议（Area-based Satellite Routing，ASER）[49]。ASER 将网络的逻辑拓扑划分为不同的虚拟区域，一旦区域划定，每个卫星节点的位置就确定了。ASER 将路由划分为区域内路由和区域间路由，区域内路由的广播信息只会在该区域内传递，区域间的路由信息才会在全网传播。为了减少区域间路由信息的通告，每个区域会选举唯一一个路由器进行路由通告。试验结果表明，相较于 OSPF，ASER 通过层级化的路由方式能将路由收敛时间降低 50%，同时大大减少带宽和计算开销。

Pan 等人借助卫星网络拓扑可预测性的特点，提出基于卫星空间位置的路由协议 OPSPF[50]。在通常情况下，OPSPF 不需要在全网中交换链路状态信息，每颗卫星定期根据所处的位置信息和卫星网络参数推算出排除极地区域的网络拓扑，并在此基础上使用最短路径算法计算路由表项。为了应对故障，OPSPF 与邻居交换 Hello 报文确定邻居可达性。若因故障导致邻居不可达，卫星会及时更新本地网络拓扑并重新计算路由，同时在全网洪泛链接状态下更新信息。OPSPF 屏蔽了因进出极地区域导致的拓扑变化，且无须在网络中频繁交换路由信息，减少因拓扑变化带来的路由计算开销。

Yang 等人针对卫星网络拓扑高动态变化环境下可能导致域间路由协议 BGP 更新过于频繁、网络不稳定的情况，提出了一种新的域间路由协议 DT-TCA（Discrete-Time Topology Changes Aggregation）[51]。DT-TCA 的核心思想是通过卫星网络运行规律，预测未来某一时间段内可能发生的拓扑变化，将该时间段内的多次路由更新聚合为一次路由更新，从而减少因网络拓扑变化导致的频繁路由更新，减少路由抖动。

2. 应对用户位置变化

文献［52］提出了基于 IP 的路由协议，该协议基于卫星当前覆盖的地理范围进行路由，尽可能地屏蔽卫星网络的高动态性和地面用户的移动性。路由设备通过虚拟地址判断是通过星间链路路由至下一跳卫星，还是直接通过卫星与地面的链路将报文传递给地面网关。待报文发送到与目的端相连的地面网关后，由地面网关完成虚拟地址与实际 IP 地址的映射。为了方便中间节点的处理，该方案借鉴了 ATM 技术体制，使用了固定大小的报文。该方案对于地面站的选址有较为严格的要求。

文献［53-54］将地球表面范围分为若干个单元（cell），每个单元的覆盖范围小于单个卫星的覆盖范围，只有移动终端移出某个单元、进入另一个单元时才会重新计算路由。由于地面移动终端的移动速度远远小于卫星的移动速度，因此终端移出单元的概率远远小于移出卫星覆盖范围的概率，使用单元位置进行路由可以大大减少路由切换的次数。不过在极地附近星间链路断开的区域，基于地理位置的路由没有很好的性能，在轨道接缝区域还会发生通信中断的极端情况。此外，单元大小的选取对于路由算法的性能也有很重要的影响，但上述方案未对单元大小选择的规则给出明确的分析。

文献［55］提出的路由协议 LA-ISTN，其核心思想是摒弃传统路由协议采用的邻居之间交换链路状态信息、分布式计算路由的方法，而是将终端的地理位置信息（终端对应的地球表面区块编码信息或者对应的经纬度信息）放入 IPv6 地址中，每颗卫星直接通过目的地址中包含的地理位置信息确定目的端的方位，并通过基于接口方向角比较的转发接口选择算法，或者基于星间相对位置的转发接口选择算法计算转发路径。因此，相较于 OSPF，该协议稳定性更强，但对网络拥塞和网络故障的反应比较迟钝。

3. 负载均衡路由

文献［56］提出了卫星分组与路由协议（Satellite Grouping and Routing Protocol，

SGRP），针对双层 LEO/MEO 星座，将 LEO 进行分组管理，LEO 组向 MEO 周期汇报时延以发现含拥塞链路的区域，而 MEO 负责计算路由，以避免拥塞，并减小端到端时延。该方案的优点在于可扩展性较好，考虑了拥塞导致的时延，且能够周期性地发现故障并重路由；不足之处同样在于管理协议较为复杂，MEO 的计算开销较大。

Svigelj 等人提出了依赖于流量类别（Traffic Class Dependent，TCD）的路由协议[57]，其核心思想是针对不同的流量类型，根据不同的衡量标准计算相应的路由表。作者考虑了三种类型的流量，分别是对实时性要求高的流量、对吞吐量有要求的流量和其他无特殊要求的流量（best-effort）。TCD 对要求延时最小和 best-effort 的流量使用标准 Dijkstra 最短路径算法计算路由，对吞吐量要求比较高的流量使用 Bellman-Ford 最短路径算法计算路由。仿真结果显示，TCD 在平均报文传输时延和吞吐量等方面均优于传统的不区分流量类别的路由协议，而且可以显著减少网络中过载的链路数量。

Papapetrou 等人提出 LAOR[58] 是一种按需服务的路由，即待业务发生、有路由需求时再计算路由，但它采用了分布式路由计算和分组转发的方式。LAOR 不仅考虑了传播时延，还考虑了排队时延，以更好地反映网络拥塞情况。为解决分布式路由算法的可扩展性问题，LAOR 把链路状态信息的交互限定在包含源端和目的端的最小逻辑矩形范围内，通过在该范围内交换路由请求和路由回复报文确定最短路径。不过当网络连接数较大时，LAOR 信令的开销会占用较多带宽。在 LAOR 的基础上，Karapantazis 等人进一步提出了多服务按需路由（Multiservice On-demand Routing，MOR）[59]。MOR 同样将流量分为实时敏感流量、带宽敏感流量和尽力而为流量，依据路径剩余存活时间和时延的路径发现过程来满足不同类型的服务质量需求。该方案采用的路由信息通告具有较好的可扩展性，然而方案的故障抵抗能力仍然存在不足。

文献［60］提出的 ELB（Explicit Load Balancing）协议为每颗卫星的队列设置了两个用于判断队列的拥塞程度的阈值。每颗卫星定期检查队列长度，当队列长度超过两个阈值时，该卫星会向邻居卫星发送通知消息，邻居卫星收到通知后会分别计算和启用备用路径，从而达到负载均衡的目的。

在文献［61］中，Song 等人提出的路由协议 TLR 在一个轨道面内选举出一颗卫星作为 orbit speaker，只有 orbit speaker 可以向其他轨道面通告本轨道面的网络状态信息，其他卫星只能在本轨道面内通告网络状态信息。由于卫星网络的拓扑是可预测的，通告的信息只包含平均排队时延、意外发生的链路断开等不确定信息，因此各轨道面间通告的信息量比较少。为实现负载均衡，TLR 在计算路由时，为每一个目的端保留代表最优路径和次优路径的两条路由表项。卫星收到一个报文时，会结合路由表的查询结果和对应转发端口的拥塞程度（空闲、一般拥塞、严重拥塞）确定报文是采用最优路径还是次优路径转发。如果最优路径和次优路径对应的转发端口均处于拥塞状态、无法发送报文，则将报文存入由各个转发端口中空余的缓存构成的公共等待队列。

针对低轨星座的负载均衡问题，Rao 等人提出基于代理的路由协议（Agent-based Load Balancing Routing，ALBR）[62]。ALBR 为每颗卫星设置了一个静态代理（Stationary Agent，SA），SA 定期生成移动代理（Mobile Agent，MA），MA 会搜寻从源卫星到目的卫星的路径，并收集每条星间链路的代价和排队时延。到达目的卫星后，MA 会沿着相同的路径返回源卫星，并将之前收集到的网络状态信息告知途经的每一颗卫星中的 SA。SA 在收到的网络状态信息的基础上，为每一条星间链路引入与卫星所处纬度相关的代价修改因子，以最小化端到端延时为目标计算路由，将原本集中在低纬度、高负载区域的流量往高纬度、低负载的区域引导，从而缓解网络拥塞情况，达到全网范围内的负载均衡。ALBR 通过代理的方式减少全网路由状态信息的交互，但是卫星网络的高动态性导致该协议的计算开销和存储开销都较大。

10.4.3　面临的挑战

正如前文所述，为了与互联网实现高效融合，卫星互联网的网络层和路由技术一方面需要基于已有互联网技术，另一方面还需要适应卫星互联网拓扑高动态、资源受限等特性，适应不可预测的随机故障，并满足多种流量类型的需求。已有方案存在各自的优缺点，且绝大多数工作关注单个网络内部（即域内路由），对卫星互联网域间路由的研究还十分欠缺。目前卫星互联网中的路由协议和算法尚未在标准化组织中形成公认统一的标准。

10.5 | 传输控制

作为互联网主要的传输控制协议（Transmission Control Protocol，TCP），如何在空间信息网络中通过 TCP 传输数据是实现卫星网络中可靠互联网数据传输的重要前提。然而，TCP 本身是针对地面固网环境设计的，空间网络会给地面网络使用的 TCP 可靠传输协议带来严峻的挑战。

（1）链路误码率高　TCP 使用丢包作为拥塞发生的信号，当发生丢包时，速度会降低。但是在空间网络中丢包的原因还包括链路的错误传输。对于卫星链路，位错误率大约为 10%。如果遇到雨衰，误码率会大大增加，由于误码导致的丢包甚至超过 50%，在极端情况下信道不能正常通信。在这种情况下，频繁的丢包会使 TCP 无法维持较高的发送窗口，并且会进行大量重传，最终传输吞吐量会显著下降。

（2）传播时延大　受通信设备之间距离的影响，空间网络端系统之间的时延会比地面网络时延要大很多。当地面站要借助同步卫星通信时，一个往返时延（Round-Trip Time，RTT）的传播时延就超过 500ms，远高于地面网络的传播时延。TCP 的增加速度依赖于确认字符（Acknowledge character，ACK）的到达，RTT 越大，速度增加得越慢。特别地，TCP 的慢启动受高时延影响较大，发送方需要更长的时间来收敛到稳定状态；高时延也使路径上的信息（如丢包、时延变化等）到达端系统的时间变慢，间接影响性能。

（3）链路带宽不对称　受卫星等航天器设备发送天线大小的限制，链路会出现不对称的情况。极端情况下卫星信道的上行下行带宽比例能够达到 1∶1000，会导致在使用 TCP 时，可能出现由于 ACK 导致的拥塞。

（4）链路易中断　由于空间网络的载体可能在通信时移动，空间链路会不稳定。传统 TCP 需要通信双方直接进行连接传输，这一假设在空间网络中并不一定成立。

为了解决这一系列问题，学术界开展不少研究工作。根据拥塞控制设计思想的区别，现有的研究大致可以被分为两类：基于 TCP Hybla 的卫星网络传输控制，基于强化学习的卫星网络传输控制。下面将分点介绍这两部分研究工作的进展。

10.5.1　基于 TCP Hybla 的卫星网络传输控制

1. TCP Hybla 协议

传统 TCP 依赖 RTT 来调整拥塞窗口大小，其窗口计算方式为：

$$W(t) = \begin{cases} 2^{t/RTT}, & \text{若 } 0 \leq t \leq t_\gamma \text{, 慢启动} \\ \dfrac{t-t_\gamma}{RTT} + \gamma, & \text{若 } 0 \leq t \leq t_\gamma \text{, 拥塞避免} \end{cases} \tag{10-1}$$

式中，γ 是慢启动窗口门限值，t_γ 为到达窗口。

从式（10-1）可以看出，在慢启动和拥塞避免的阶段，拥塞窗口的大小直接由 RTT 大小决定，RTT 越大，则窗口增长越慢。正如前面讨论的，卫星互联网的时延一般为地面网络时延的数倍，而慢启动指数增长的特性导致卫星网络中的发送窗口增长速度极其缓慢，给数据传输质量带来巨大影响。为了克服这一困难，Caini 等人提出了 TCP Hybla[63]。为了抵消由于 RTT 变大导致的窗口增长速度减缓，TCP Hybla 引入参考 RTT 的概念：

$$\rho = \frac{RTT}{RTT_0} \tag{10-2}$$

式中，RTT_0 为参考连接的 RTT 值。在此基础上，TCP Hybla 的窗口变化为：

$$W(t) = \begin{cases} \rho 2^{\rho t/RTT}, & \text{若 } 0 \leq t \leq t_\gamma \text{, 慢启动} \\ \rho \left\{ \rho \dfrac{t-t_\gamma}{RTT} + \gamma \right\}, & \text{若 } 0 \leq t \leq t_\gamma \text{, 拥塞避免} \end{cases} \tag{10-3}$$

将式（10-2）代入，有

$$W_{Hybla}(t) = \begin{cases} \dfrac{2^{t/RTT_0}}{RTT_0}, & \text{若 } 0 \leq t \leq t_\gamma \text{, 慢启动} \\ \dfrac{1}{RTT_0} \left\{ \dfrac{t-t_\gamma}{RTT_0} + \gamma \right\}, & \text{若 } 0 \leq t \leq t_\gamma \text{, 拥塞避免} \end{cases} \tag{10-4}$$

可以看出，TCP Hybla 的窗口增长速度仅与参考 RTT 有关，从而避免了由于 RTT 过大以及抖动导致的传输性能下降这一问题。

2. PEPsal

针对包含卫星通信链路的互联网传输场景，Caini 等人[64] 提出了 PEPsal，是一种基于 TCP Hybla 的传输控制协议。在包含卫星链路的异构通信场景中，由于底层误码导致的丢包以及卫星链路的高传播时延是制约 TCP 性能的两大重要因素。在中间节点部署提升性能代理（Performance Enhancing Proxies，PEPs）是一种极具前途的解决这些问题的方案。PEPsal 基于这一思想,区分卫星链路部分与其他网络部分,通过代理针对卫星链路部分设计专门的传输控制协议来应对卫星链路的高时延和随机丢包现象。

PEPsal 具有一些能实现分段传输功能的特征:PEPsal 是层次化的,实现分段传输除了需要在传输层部署以外,也需要在网络层和应用层工作;根据网络层的配置,PEPsal 可以是对称的也可以是非对称的,即通信双方都可以采用 PEPsal,也可以在转发侧单向采用 PEPsal;PEPsal 是透明的,即端用户不需要感知到 PEPsal 的存在。

PEPsal 的基本原理:PEPsal 把代理(proxy)部署在空地接口上(例如地面站等),将卫星链路从网络中独立出来。从端到代理侧,PEPsal 仍然沿用 TCP 进行传输控制。进一步地,通过 Netfilter 识别并截获卫星网络流,并在代理侧将卫星网络流的传输控制协议从 TCP 转换成 TCP Hybla 在卫星链路上传输。

该方式的优点在于,在保证传输性能的同时对端用户来说是透明的,即端用户不需要更改现有协议配置就可以正常工作。在不改变现有传输体系架构的情况下完成部署,对以低成本的方式支持大规模用户的卫星通信具有十分重要的意义。然而,分段传输方式在一定程度上破坏了端到端的一致性,而且可能导致端到端安全设置不兼容,例如该协议难以支持 IPSec。

3. TCP+

针对卫星链路的特性,徐明伟教授所在团队提出了 TCP+[65],这是一种面向空间信息网络的可靠传输控制协议。相比于传统 TCP,TCP+包括添加以下全新设计:提出 TCP Hybla+的拥塞控制算法,在每次调整完拥塞窗口后,就会启动一个定时器,以半个 RTT 为间隔再次增加拥塞窗口,实现高时延网络拥塞控制机制;通过配置路由器或者交换机显式通告发送方拥塞的发生,当发送方收到显式拥塞的通告后,将按照预设规定降低发送速率,实现基于显式拥塞通告(Explicit Congestion Notification,ECN)的拥塞判定;通过应用进程提供链接保活最小时间参数,应用进程通过设置参数以配置空间网络传输控制协议长链接的最短存活时间。

在 TCP+的主要传输步骤如图 10-9 所示。

步骤一:使用 TCP Hybla+拥塞控制算法。在每次调整完拥塞窗口后,启动一个定时器,以半个 RTT 为间隔再次增加拥塞窗口,实现高时延网络拥塞控制机制,并且在收到 ACK 之后,不再增加拥塞窗口。

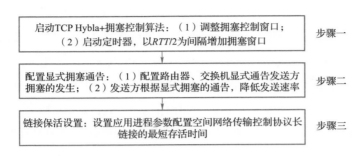

图 10-9　TCP+的主要传输步骤

TCP Hybla+的窗口增加规则为：

TCP Hybla+拥塞控制算法适用于高 RTT 网络环境，将传输速率独立于网络时延之外，采用时延补偿方法，解决链路不同导致的 RTT 公平问题，且可提高大延时网络的传输效率。当某个数据流的 RTT 值小于参考值（RTT_0）时，该算法将采用与地面网络相同的 TCP 拥塞控制策略 NewReno。

不同于 NewReno 中的 AIMD 规则，它的窗口增加规则为：

W_i+1 是每次收到 ACK 后的新窗口值，参数 $\rho = RTT/RTT_0$，RTT_0 在 Linux 中默认设置为 25ms，其越接近 1 时，表明网络拥塞可能性越低，需补偿传输速率越低。

由于在空间网络环境中需要容忍延时 ACK 和 ACK 丢失，所以需要进一步改进 TCP Hybla 算法。因此设计 TCP Hybla+算法，将基于 ACK 到达的速度调整，改为基于时钟中断的速度调整，每半个 RTT 调整一次，增加量为 TCP Hybla 中每个 RTT 增加量的一半。

步骤二：配置显式拥塞通告，通过配置路由器、交换机显式通告发送方拥塞的发生，发送方收到显式拥塞的通告后，按照预设规定降低发送速率，实现基于 ECN 的拥塞判定。此外 TCP Hybla+还包括：检测在空间网络传输控制协议未收到 ECN 的持续时间，以及（或）ACK 只重传数据的重复次数。如果在空间网络传输控制协议未收到 ECN 的持续时间小于预设时间，以及（或）重复次数小于预设次数，则不认为发生拥塞事件，且不降低发送速率。

ECN 使用了 IP 首部的两个位和 TCP 首部的两个位，分别用于让路由器标记拥塞，以及接收方与发送方在 TCP 层的通信。接收方使用 TCP 首位中的一个位将拥塞信息送回发送方，发送方使用一个位将自己已经收到上述通知的信息告知接收方。路由器可以选择将 IP 首部中的任何一个位置为 1，表示发生了拥塞。

TCP 的拥塞控制和拥塞避免算法都是基于网络是一个"黑盒"这一概念设计的。网络拥塞的状况是由端系统通过不断增加网络的流量直到网络拥塞丢包的方法检测出来的。由于在介质上传输过程中出现错误的可能性比较小，所以可以假设包的丢失很大程度上是由于路由器的拥塞，即路由器用来容纳进入包的缓冲区已经被填满了，这样路由器就会自动丢包。

尽管 TCP 可以检测到丢包，并且重传，但是在这个过程中会耗费较多的网络资源。在接收到拥塞的通知后，TCP 发送端会减小发送窗口，降低发送速率，减少路由器缓冲区的消耗。

步骤三：链接保活设置。通过应用进程提供链接保活最小时间参数，应用进程通过设置参数以配置空间网络传输控制协议长链接的最短存活时间。

10.5.2　基于强化学习的卫星网络传输控制

除了在现有的传输协议上做改进，部分研究工作已经开始探索如何利用机器学习的方法来优化复杂异构的卫星通信环境下的传输性能。其中最具代表性的是 Li 等人提出的 AUTO[66]。

不同于基于 TCP Hybla 算法在现有协议基础上进行启发式的改进，AUTO 首先将卫星网络的拥塞控制问题抽象为一个多目标马尔可夫决策过程（Multi-Objective Markov Decision Process，MOMDP）。将该决策过程转化为强化学习问题，并在不同环境下训练多目标优化智能体得到最优传输控制决策。其具体方法如下。

（1）问题构建　为针对卫星网络传输控制构建 MOMDP，需要定义问题的状态空间（state space）、动作空间（action space）以及奖励函数（reward）。其中状态空间主要包含的参数为延迟、包接收率、丢包率、延迟的时间梯度，而动作空间为数据发送速率，奖励函数定义为吞吐量、RTT。根据状态空间、动作空间和奖励函数构建的 MOMDP 的目标是根据当前的网络状态从动作空间中选取动作来最大化长期累积的奖励函数。

（2）并行训练框架　为了提高多智能体的训练效率，同时避免由于场景变化导致模型性能下降，AUTO 借鉴了一种广泛应用的强化学习框架 A3C，引入一种并行训练框架。在该框架中，每个智能体以异步方式训练自己的决策网络并周期性地更新全局网络参数；此外，该框架同时在多个不同环境下（例如，时延、带宽不同）训练智能体。类似 A3C，AUTO 也引入了决策和评价两个网络，其中决策网络根据网络状态产生动作，该动作被输入到评价网络中进行打分，根据打分结果优化决策网络参数。

（3）基于偏好的模型选择　考虑到网络环境的不同，AUTO 在并行训练框架得到的多个模型的基础上，提出一种环境自适应偏好选择模型算法。该算法可以根据输入的状态序列自动识别网络环境、选择合适的偏好对代理进行训练。在实际应用时，AUTO 将时间划分为连续的时间序列，在每个时间序列结束时，AUTO 会根据当前的网络状态动态调整发送端的拥塞控制算法，并据此调整发送端的发送速率。

（4）总结　可以看出在引入机器学习方法后，AUTO 相对于传统的解决方案，更加灵活，能够适应不同的网络环境，对于复杂多变环境下的传输控制具有十分重要的意义。此外，构建 MOMDP 问题能够获取逼近理论上界的传输性能。然而，训练强化学习模型需要大量的数据支持，不仅需要耗费巨大的计算资源和时间，而且如何获取足够的数据来保证智能体的训练也是一大问题。此外，强化学习本身还面临着泛化性问题，也需要在后续研究中考虑。

10.5.3　面临的挑战

支持卫星互联网的广泛部署以及星上业务朝着高质量、多样化的方向发展依赖于高效的传输控制。然而，如何满足卫星互联网发展需求，提高传输性能仍然面临着一系列挑战。一方面，传统的基于现有协议进行优化的打补丁式卫星网络传输机制设计，虽然能够在一定程度上解决现有卫星网络传输面临的问题，但是这种启发式的协议优化缺乏理论保证。不同于地面网络拥有灵活方便的试验仿真来验证和优化协议设计，星上实验难度高，周期长，给通过实验验证反复优化协议的研究思路带来了不利的影响。另一方面，基于机器学习的传输控制能够适应多样化的卫星场景，根据网络场景的动态自适应地调整传输策略，已经在地面网络中得到了广泛的应用。然而，相比于地面网络，卫星互联网的发展仍然处于起步阶段，如何获得大量的运行数据来支持机器学习模型的训练是解决这类应用面临问题的关键因素。此外，机器学习智能体在线决策的过程需要较高的算力支持，也给资源受限的卫星网络带来承载能力挑战。

　　此外，上文主要是针对卫星网络链路动态、高丢包、高时延等提出的问题，而如何解决由上下行链路不对称、带宽资源受限等带来的问题，仍然需要进一步研究。近年来，一些学者提出将 MPTCP 等协议引入到卫星网络中，通过聚合多条路径带宽，为高带宽消耗的业务（例如实时业务等），提供带宽支持。然而，卫星网络的不同路径之间差异较大，且质量差异时变随机，很容易导致不同路径的数据包乱序到达，严重降低了传输性能。作者所在的团队进行的实验表明，在链路丢包率达到 50% 时，MPTCP 相比于单路径 TCP 无法带来任何增益，特别是在卫星链路发生切换和转交时，MPTCP 的性能还会进一步下降。考虑到这些问题，Du 等人[67] 提出了一种基于软件定义网络（Software Defined Network，SDN）的 MPTCP 优化方案。该方案通过地面控制中心负责 MPTCP 子流的建立以及切换时的重路由。当网络路径发生切换时，终端将使用新的地址与刚进入服务范围的卫星通信，由于此时该卫星上尚未有到目的终端的路由表项，因此该通信请求将被转发给地面控制中心，由控制中心负责计算新的路径并更新相应卫星的路由表项，并将新建立的子路径状态标记为备用。虽然上述策略能够保证链路切换时的性能，但如何在实际中部署基于 SDN 的方案是一大问题。依靠地面控制中心实现传输控制始终面临着可扩展性问题，难以适应大规模的卫星网络场景，且存在单点失效风险，难以保证网络的抗毁性。此外，星地之间巨大的链路时延也给控制器和交换机之间的通信带来了巨大的时延，严重影响传输性能。

10.6　发展趋势与研究热点

　　近年来，随着国外发达国家多个卫星星座的快速部署，卫星网络越来越受到工业界和学术界的关注。卫星网络作为地面网络的补充和延伸，有助于加速弥合区域间的数字鸿沟，扩展地面网络的覆盖和服务范围。而且，2020 年国家将卫星互联网纳入新基建范畴，2021 年中国卫星网络集团有限公司的成立，以及 2022 年国务院发布的《"十四五"数字经济发展规划》明确指出要"建设高速泛在、天地一体、云网融合、智能敏捷、绿色低碳、安全可控的智能化综合性数字信息基础设施""加快布局卫星通信网络等，推动卫星互联网建设"，这些都预示着国内卫星互联网，以及天地一体化网络的建设势必会加速推进。可以预见，在未来相当长一段时间内，对天地一体化网络的研究将持续成为热点。综上所述，可以看出，未来需要重点关注的研究方向如下。

第一，超大型卫星星座的管理。因为低轨星座具有传输时延短、发射功率低、部署容易等特点，近几年国内外均将卫星星座的研究和部署重点由传统的高轨卫星星座转向低轨卫星星座。现在正在部署的低轨卫星星座规模规划少则几百颗卫星，多则上千颗卫星，甚至上万颗卫星（OneWeb 计划部署 648 颗低轨卫星，Starlink 的首批建设目标是部署约 12 000 颗卫星），同时配置星间链路，也大大增加了系统复杂度。因此，在网络规模不断扩大、系统复杂度不断增加的背景下，有必要研究对超大型卫星星座的实施管理，实现天地一体互联，为全球用户提供按需网络服务。

第二，QoS 保证的传输与路由。天地一体化网络是异构网络，地面网络与天基网络在传播时延、链路带宽、拓扑稳定性等方面均存在较大差异。但目前的研究成果大都未考虑天地一体化互联场景。在天地异构互联、业务需求差异化的背景下，提升网络路由可控性，研究高效的异构网络协同传输机制，实现端到端的可靠传输，满足用户不同的 QoS 需求，将是值得持续关注的研究方向。

第三，智能的资源调度。天地一体化网络目标用户包括移动用户、船只、飞行器等各类用户，为满足各类用户不同的业务需求，需实施灵活的资源调度。引入 SDN 和 NFV 技术可以大幅提升网络的灵活性。基于异构网络的资源和处理能力，结合不同的用户业务需求和流量模式，研究动态网络切片技术、控制器放置问题、网络资源智能感知技术和网络资源智能调度算法等内容，提高网络资源的利用率，也是重要的研究课题。

第四，构建天地一体双主干网，依托已经发展成熟的地面网络，构建以天基网络为拓展的天地一体双主干架构已经成为当前领域内的共识。通过天地双骨干，实现陆、海、空、天多层次的组网和跨域的信息共享，为政府、企业、大众提供全球移动通信、应急救灾、反恐维稳、海事应用等信息服务。然而，我国虽然已经有较为成熟的天地网络架构，但是构建天地一体双主干仍然面临不少问题。一方面，高效的天地一体双主干需综合考虑软件、硬件、人力等资源，以便对天地一体双主干网络资源进行科学管理，以及灵活的配置、调度和控制，保障天地一体信息网络高效、安全、可靠的运行；另一方面，我国缺乏外海地面接收站，这也给在全球范围内的主干网数据高速传输带来了巨大困难。

第五，网络安全。卫星网络节点以及星间/星地链路完全暴露在开放的空间中，较地面网络更易受到窃听、信息篡改等网络攻击，而且目前没有专门针对卫星网络的安全标准，地面网络的安全标准也不能直接应用于卫星网络，导致卫星网络的安全性较低。若黑客控制卫星，篡改信息，可能会对接入卫星网络的地面关键基础设施系统造成破坏。黑客甚至可以通过操控卫星，改变卫星的运行轨道，把其当作发起太空攻击（例如，撞向其他卫星或空间站）的武器。因此，有必要针对天地一体化网络安全防护架构设计开展研究，确保网络安全可靠。

参考文献

［1］ DEUTSCHMANN J, HIELSCHER K, GERMAN R. Satellite internet performance measurements［C］//2019 International Conference on Networked Systems（NetSys）. Cambridge：IEEE, 2019：1-4.

［2］ Wu W W. Internet satellite challenges［C］//2010 2nd International Conference on Evolving Internet. Cambridge：IEEE, 2010：31-35.

［3］ JON B. Satellite Internet faster than advertised, but latency still awful［R］. New York：Ars Technica, 2013.

［4］ JON B. Satellite Internet：15 Mbps, no matter where you live in the U. S［R］. New York：Ars Technica, 2013.

［5］ 沈永言. 宽带卫星通信与互联网［J］. Internet 信息世界, 2001, 12：4.

［6］ 郑小勇. 卫星互联网综述［J］. 科技资讯, 2007, 12：2.

［7］ 杨力, 潘成胜, 孔相广, 等. 5G 融合卫星网络研究综述［J］. 通信学报, 2022, 4：43.

［8］ ZHAO B, REN G, ZHANG H. Multisatellite cooperative random access scheme in low earth orbit satellite networks［J］. IEEE Systems Journal, 2018, 13(3)：2617-2628.

［9］ RAJAGOPAL A, RAMACHANDRAN A, SHANKAR K, et al. Optimal routing strategy based on extreme learning machine with beetle antennae search algorithm for Low Earth Orbit satellite communication networks［J］. International Journal of Satellite Communications and Networking, 2021, 39(3)：305-317.

［10］ZHAO N, LONG X, WANG J. A multi-constraint optimal routing algorithm in LEO satellite net-works［J］. Wireless Networks, 2021: 1-12.

［11］DAVIES J. Understanding IPv6: Understanding IPv6 _p3［M］. New York: Pearson Education, 2012.

［12］DAWADI B R, RAWAT D B, JOSHI S R, et al. Migration cost optimization for service provider legacy network migration to software-defined IPv6 network［J］. International Journal of Network Management, 2021, 31(4): e2145.

［13］GIAMBENE G, KOTA S, PILLAI P. Satellite-5G integration: A network perspective［J］. IEEE Network, 2018, 32(5): 25-31.

［14］GRAYDON M, PARKS L. Connecting the unconnected: a critical assessment of US satellite Inter-net services［J］. Media, Culture & Society, 2020, 42(2): 260-276.

［15］MICHAEL S. Elon Musk's SpaceX raises over $1 billion this year as internet satellite production ramps up［Z］. CNBC, 2019.

［16］STARLINK STATISTICS. Jonathan's space report［Z］. 2021.

［17］IRIDIUM SATELLITES. N2yo.com［Z］. 2014.

［18］科技日报社. 我国计划2020年建成"鸿雁星座"［Z］. 2016.

［19］央视网. 我国成功发射银河航天首发星［Z］. 2020.

［20］Davis P. Basics of space flight section 1 part 5［R］. New York: NASA, 2019.

［21］SCIENCEDAILY. Daily satellite news［Z］. 2018.

［22］AIBAWABA. Inmarsat broadband goes global［Z/OL］. https://aibawaba.com/business/inmarsat-broadband-goes-global.

［23］SPACEREF. Hughes signs contract with arianespace to launch SPACEWAY 3［Z］. 2007.

［24］FITCHARD K. As satellite internet technology improves, Exede starts boosting its broadband caps ［Z］. 2015.

［25］NASA. Catalog of Earth Satellite Orbits NASA Earth Observatory［Z］. 2009.

［26］GRZEGORZ B, KRZYSZTOF S, RADOSLAW Z, et al. Toward the 1-cm Galileo orbits: challen-ges in modeling of perturbing forces［J］. Journal of Geodesy, 2020, 94(2): 16.

［27］GOOGLE. Google-backed satellite provider O3b raises US $1.2 billion to bring the world online Reuters［Z］. 2010.

［28］ KRYSTAL D. LEO constellations and tracking challenges Satellite Evolution Group［Z］. 2017.

［29］ ORBCOMM. Orbcomm communications satellite network［Z/OL］.（2015-10-16）. https：//www. businesswire. com/news/home/20151016005656/en/ORBCOMM-announces-Launch-Window-OG2-Mission.

［30］ SILICON B. Globalstar hits milestone exceeding 100 jobs after moving from silicon valley to covington［Z］. 2011.

［31］ ONEWEB. OneWeb finalizes executive team appointments leading up to the launch of global constellation and services［Z］. 2019.

［32］ ZHANG N, ZHANG S, YANG P, et al. Software defined space-air-ground integrated vehicular networks：Challenges and solutions［J］. IEEE Communications Magazine, 2017, 55(7)：101-109.

［33］ CCSDS. CAST flight software as a CCSDS onboard reference architecture［Z/OL］. https：//public. ccsds. org/Pubs/811. 1o1e1. pdf.

［34］ FENG B, ZHOU H, ZHANG H, et al. HetNet：A flexible architecture for heterogeneous satellite-terrestrial networks［J］. IEEE Network Magazine, 2017, 31(6)：86-92.

［35］ SIDIBEH K, VLADIMIROVA T. Wireless communication in LEO satellite formations［C］//Proc. NASA/ESA Adapt. Hardw. Syst. Conf.（AHS）. Cambridge：IEEE, 2008：255-262.

［36］ RADHAKISHNAN Q, ZENG A, Edmonson W W. Inter-satellite communications for small satellite systems［J］ International Journal of Interdisciplinary Telecommunications and Networking, 2013, 5(3)：11-24.

［37］ WERNER M, DELUCCHI C, VOGEL H, et al. ATM-Based routing in LEO/MEO satellite networks with intersatellite links［J］. IEEE Journal on Selected Areas in Communications, 1997, 15：69-82.

［38］ CHANG H S, KIM B W, LEE C G, et al. FSA-Based Link Assignment and Routing in Low-Earth Orbit Satellite Networks［J］. IEEE Transactions on Vehicular Technology, 1998, 47：1037-1048.

［39］ UZUNALIOGLU H, AKYILDIZ I, YESHA Y, et al. Footprint handover rerouting protocol for low Earth orbit satellite networks［J］. ACM/Kluwer Wireless Networks Journal, 1999, 5：327-337.

［40］ UZUNALIOGLU H. Probabilistic routing protocol for low earth orbit satellite networks［C］//Proceedings of IEEE ICC. Cambridge：IEEE, 1998：89-93.

［41］ CHEN C. A QoS-based routing algorithm in multimedia satellite networks［J］. Proceedings of IEEE Vehicular Technology Conference, 2003, 4：2703-2707.

［42］ AKYILDIZ I, EKICI E, BENDER M. MLSR：A novel routing algorithm for multilayered satellite IP networks［J］. IEEE/ACM Transactions on Networking, 2002, 10：411-424.

［43］ MOHORCIC M, WERNER M, SVIGELJ A. Alternate link routing for traffic engineering in packet-oriented ISL networks［J］. International Journal of Satellite Communications, 2001, 19（5）：463-480.

［44］ WU Z, HU G, JIN F, et al. A novel routing design in the IP-based GEO/LEO hybrid satellite networks［J］. International Journal of Satellite Communications and Networking, 2017, 35（3）：179-199.

［45］ YANG Y, XU M, WANG D, et al. Towards energy-efficient routing in satellite networks［J］. IEEE Journal on Selected Areas in Communications, 2016, 34（12）：3869-3886.

［46］ EKICI E, AKYILDIZ I, BENDER M. A distributed routing algorithm for datagram traffic in LEO satellite networks［J］. IEEE/ACM Transactions on Networking, 2001, 9：137-147.

［47］ YANG Z, LI H, WU Q, et al. Topology Discovery Sub-Layer for Integrated Terrestrial-Satellite Network Routing Schemes［J］. China Communications, 2018, 15（6）：42-57.

［48］ 徐明伟, 夏安青, 杨芫, 等. 天地一体化网络域内路由协议 OSPF+［J］. 清华大学学报（自然科学版）, 2017, 57（1）：12-17.

［49］ ZHANG X, YANG Y, XU M, et al. ASER：Scalable distributed routing protocol for LEO satellite networks［C］//Proc. of the 2021 IEEE 46th Conference on Local Computer Networks（LCN）. Cambridge：IEEE, 2021：65-72.

［50］ PAN T, HUANG T, LI X, et al. OPSPF：Orbit prediction shortest path first routing for resilient LEO satellite networks［C］//Proc. of the IEEE International Conference on Communications（ICC）. Cambridge：IEEE, 2019：1-6.

［51］ YANG Z, LI H, QIAN W, et al. Analyzing and optimizing BGP stability in future space-based internet［C］//Proc. of the IEEE 36th International Performance Computing and Communications Conference（IPCCC）. Cambridge：IEEE, 2017：1-8.

［52］ HASHIMOTO Y, SARIKAYA B. Design of IP-based routing in a LEO satellite network［J］. Proc. of Third International Workshop on Satellite-Based Information Services（WOSBIS）, 1998：81-88.

［53］ HENDERSON T, KATZ R. On distributed, geographic-based packet routing for LEO satellite networks［C］//Proc. of the IEEE Globecom. Cambridge：IEEE, 2000：1119-1123.

[54] TSUNODA H, OHTA K, KATO N, et al. Supporting IP/LEO satellite networks by handover-independent IP mobility management[J]. IEEE Journal on Selected Areas in Communications, 2004, 22(2): 300-307.

[55] LI H, LIU L, LIU J, et al. Location based routing addressing mechanism of integrated satellite and terrestrial network[J]. Journal on Communications, 2020, 41(8): 120-129.

[56] CHEN C, EKICI E. A routing protocol for hierarchical LEO/MEO satellite IP networks[J]. Wireless Networks, 2005, 11: 507-521.

[57] SVIGELJ A, MOHORCIC M, KANDUS G, et al. Routing in ISL networks considering empirical IP traffic[J]. IEEE Journal on Selected Areas in Communications, 2004, 22(2): 261-272.

[58] PAPAPETROU E, KARAPANTAZIS S, PAVLIDOU F. Distributed on-demand routing for LEO satellite systems[J]. Computer Networks, 2007, 51(15): 4356-4376.

[59] KARAPANTAZIS S, PAPAPETROU E, PAVLIDOU F. Multiservice on-demand routing in LEO satellite networks[J]. IEEE Transactions on Wireless Communications, 2009, 8: 107-112.

[60] TALEB T, MASHIMO D, JAMALIPOUR A, et al. Explicit load balancing technique for NGEO satellite IP networks with on-board processing capabilities[J]. IEEE/ACM Transactions on Networking, 2009, 17(1): 281-293.

[61] SONG G, CHAO M, YANG B, et al. TLR: A traffic-light-based intelligent routing strategy for NGEO satellite IP networks[J]. IEEE Transactions on Wireless Communications, 2014, 13(6): 3380-3393.

[62] RAO Y, WANG R. Agent-based load balancing routing for LEO satellite networks[J]. Computer Networks, 2010, 54(17): 3187-3195.

[63] CAINI C, FIRRINCIELI R. TCP Hybla: A TCP enhancement for heterogeneous networks[J]. International Journal of Satellite Communications and Networking, 2004, 22(5): 547-566.

[64] CAINI C, FIRRINCIELI R, LACAMERA D. PEPsal: A performance enhancing proxy designed for TCP satellite connections[C]//Proc. of the IEEE 63rd Vehicular Technology Conference. Cambridge: IEEE, 2006: 2607-2611.

[65] 徐明伟, 董恩焕, 杨芫. 空间网络传输控制协议: CN108965322B[P]. 2020-07-17.

[66] LI X, TANG F, LIU J, et al. AUTO: Adaptive Congestion Control Based on Multi-Objective Reinforcement Learning for the Satellite-Ground Integrated Network[C]//Proc. of the 2021 USENIX

Annual Technical Conference （USENIX ATC 21）. Berkeley：USENIX Association，2021：611-624.

［67］ DU P，NAZARI S，MENA J，et al. Multipath TCP in SDN-enabled LEO satellite networks［C］// Proc. of the MILCOM 2016-2016 IEEE Military Communications Conference. Cambridge：IEEE，2016：354-359.